# SIN PROTECCIÓN

Memorias

TÍTULO ORIGINAL
*Unprotected. A memoir*


Publicado por
Plankton Press S. L.
c/ Hernán Cortés, 3
29679 Benahavís (Málaga)
info@plankton.press
www.plankton.press

Primera edición en Plankton Press: abril 2025



ISBN: 978-84-19362-26-1
Depósito legal: MA 3037-2024

Fotografía de cubierta: Abrams 2021
Edición: Claudia Pérez Herrero
Diseño de cubierta: Ana Cordero Lanzac
Maquetación: Álvaro López
Impresión y encuadernación: Blanca impresores

Impreso en España - *Printed in Spain*

Tipografía: Sabon

Billy Porter

# SIN PROTECCIÓN

## Memorias

Traducción de Juan Naranjo

Plankton Press
2025

No volveremos a morir en secreto nunca más. El mundo solo gira hacia adelante. Seremos ciudadanos. Ha llegado el momento. Así que adiós. Sois unas criaturas fabulosas, de la primera a la última. Y yo os bendigo: más vida. Comienza la gran obra...

Prior Walter, en *Angels in America,*
*Part two: Perestroika* de Tony Kushner.

# Prólogo

Esta historia no va de salir del armario. Tampoco de quedarse dentro. Yo nunca podría haber pasado por heterosexual ni aunque hubiese querido, así que nunca he disfrutado del dudoso lujo de vivir una mentira.

Cuando tenía cinco años ya estaba muy claro que algo en mí fallaba. Todo el mundo lo sabía, y yo también. Por eso la gente adulta sacudía la cabeza y hablaba en voz baja cuando me tenía delante. Por eso yo tenía que hablar una vez a la semana con un «buen hombre blanco», en su despacho, en el edificio grande que había calle arriba. Ese hombre jugaba conmigo y me planteaba un montón de preguntas; a veces yo sabía la respuesta y otras me sentía confuso.

Eso sí, el motivo por el que iba allí no me resultaba nada confuso. El «buen hombre blanco» era médico y su trabajo consistía en ayudar a curarme. Yo desconocía el nombre de mi padecimiento misterioso, aunque sí sabía que se había manifestado de muchas formas inaceptables.

Por un lado, siempre me llamaban la atención pasatiempos nada apropiados para mí: la comba doble, la rayuela y las tabas eran cosas de niñas. No estaba bien querer una cocinita por Navidad, así que Santa Claus nunca me la traía. Lo que me llegaba en su lugar era una batería (aunque a la tía Dorothy le molestaba el ruido y raras veces me dejaban tocarla). Estaba mal visto no interesarse por jugar de *quarterback* o de centro, o evitar los deportes de contacto en general.

Por otra parte, siempre me pillaban con ropa muy inapropiada. Se me iluminaba la cara al ver colores que no debían interesarme, los tonos intensos como de joyas y los suaves colores pastel. También me encantaban tejidos que no debían gustarme: el tafetán y el encaje, el terciopelo y el lamé, telas que crujían, hacían frufrú y se arremolinaban a cada paso. No estaba bien adorar los espléndidos sombreros que llevaban las señoras en la iglesia, ¡ni los adornos de esos sombreros! Velos y plumas, flores y lentejuelas, cuentas y brillantes, cintas y lazos. El apóstol Pablo había decretado que las mujeres debían cubrirse la cabeza para la adoración y las señoras negras habían convertido ese dictado en una forma de arte.

Tampoco estaba bien embelesarse con la colección de zapatos de la tía Sharon, excitarse con esas filas de sandalias de pulsera y de tacones de aguja en colores plata, lila, violeta y malva; pasar la punta de los dedos por aquellos bordes de cuero, satén y piel de cocodrilo. Era especialmente inapropiado ponerme mi par favorito (los zapatos con el tacón más alto y rojos como una manzana de caramelo) y contonearme de acá para allá delante del espejo de cuerpo entero, abrumado por su esplendor en mis pies. Por eso me prohibieron entrar en su habitación.

Pese a que por aquel entonces yo no habría sabido expresarlo con palabras, ni siquiera para mí mismo, mi fijación por la moda iba más allá de la mera estética. Sentía que la ropa era un símbolo poderoso, que su relevancia no se limitaba al atractivo visual. Más adelante llegué a entender que vestirse con sus mejores galas era, para los fieles negros, una forma de resistencia. Muchos de ellos trabajaban entre semana como empleados del hogar, guardas de seguridad o vigilantes, y se les exigía llevar uniformes ideados para reforzar su estatus inferior. Por tanto, vestir de manera impecable y suntuosa el día del Señor equivalía a subrayar su dignidad y su valía en un mundo que pretendía despojarlos sistemáticamente de ambas cosas. Se trataba de una manera de afirmar que también ellos eran hijos de Dios y que, en Su casa, se adornarían de un modo acorde a la Gloria del Señor.

En aquella época yo no tenía palabras para nada de eso, solo la conciencia infantil de que la gente se comportaba de forma diferente dependiendo de la ropa que llevara, de que la moda podía ejercer una profunda transformación, por dentro y por fuera. El deslumbrante boato en la misa de los domingos me maravillaba y ansiaba formar parte de ello. Sin embargo, incluso en ese sentido mis deseos eran inapropiados, pues aunque me encantara lucir un traje de tres piezas para Pascua o Navidad, también me moría de ganas de vestirme como las señoras, desde el tacón de aguja hasta el tocado majestuoso.

Pero me estoy adelantando. Para retratar una infancia en la que se me incitaba de forma constante a buscar orientación en la Biblia, será mejor seguir el ejemplo de este libro sagrado y empezar «En el principio».

# Capítulo uno

El alma luminosa que ocupa el centro de la narración de mi génesis es Cloerinda Jean Johnson Porter-Ford. Mi preciosa madre, que con su amor me dio la vida, se aferró a ese amor para superar todas las pruebas y adversidades de las siguientes décadas y recorrer así su convulso viaje junto al mío. En mi medio siglo de vida nunca me he cruzado con ninguna persona que tuviese ni una mínima parte de su fe, de su encanto, de su coraje o de su resistencia. Si, tal y como dice la tradición cristiana, el sufrimiento terrenal es una preparación para el paraíso, mi madre se ha ganado el rango de arcángel en el más allá. Y aun así, todas las mañanas se levanta para perseverar en este mundo con el corazón lleno de gratitud. Siempre ha sido mi modelo de fortaleza y de fe. A diario le doy gracias a Dios por concederme el regalo de ser su hijo.

Mi madre nació con una enfermedad neurológica degenerativa que, de momento, ningún médico ni especialista ha sido capaz de identificar. Hoy tacharíamos la causa de dicha enfermedad de mala praxis médica, pero en 1946 las demandas judiciales no eran más que un sueño todavía lejano para la población negra. Ni siquiera podíamos sentarnos a comer en la misma barra que la gente blanca, ¿cómo íbamos a demandar a una persona blanca por daños y perjuicios? En las dos décadas siguientes, el movimiento por los derechos civiles alimentaría nuestra esperanza, nos tentaría con la promesa de la igualdad, aunque también nos enseñaría la brutal y despiadada respuesta de la sociedad blanca a esas expectativas. Palizas con porras, perros rabiosos esperando para atacar, manguerazos que lanzaban a un marica calle arriba como a una muñeca de trapo y el encarcelamiento y asesinato sistémicos de nuestros líderes: estos ejemplos de brutalidad blanca impactarían al mundo entero, pero a nosotros no, porque nunca nos autoengañamos con cómo eran de verdad las cosas. Este país se levantó sobre los hombros de mis ancestros, los esclavos, recordad, así que nadie albergó ilusiones de que pudiera hacerse justicia en nombre de mi madre.

Cuando mi abuela Martha Johnson se puso de parto la llevaron rápidamente a un hospital en el que no había ningún médico de guardia para sacar a la criatura. En aquellos tiempos, en los partos prematuros, los profesionales de la medicina administraban un tratamiento tocolítico a las madres: una medicación que retrasaba el nacimiento hasta cuarenta y ocho horas y permitía administrar esteroides para acelerar el desarrollo de los pulmones del bebé. El personal a cargo del cuidado de mi abuela decidió seguir ese protocolo. Solo había un problema: la llegada de mi madre no era en absoluto prematura. Mi madre fue puntual, como ha seguido siéndolo toda su vida. Cortar las contracciones de mi abuela y volver a encerrar a la niña en el útero tenía el mismo sentido que volver a meter a una mariposa en su crisálida.

El médico llegó poco después de que el tratamiento hiciese el efecto deseado. Consultó las notas del historial de mi abuela con aires de irritación e impaciencia, regañó al personal por la innecesaria complicación y prolongación del parto y, después, con unos pocos movimientos bruscos y brutales, sacó a la niña a tirones del vientre constreñido de la madre. El daño fue profundo e irreparable.

Hay una amplia variedad de enfermedades asociadas a este tipo de trauma durante el parto. Setenta y seis años después, seguramente nunca lleguemos a saber cuál fue la respuesta concreta del cuerpo de mi madre al desastroso manejo de su tránsito a este mundo. Ahora mismo, el constante deterioro de su sistema nervioso le ha inmovilizado las extremidades. No puede bañarse, ni comer, ni aliviarse sin ayuda. Depende de la bondad del magnífico personal de la residencia de Actors Fund en Englewood, Nueva Jersey.

Pero no siempre ha sido así. Pese a que ya de niña mi madre era visiblemente distinta, con dificultades para andar y temblores en todo el cuerpo, en otro tiempo tuvo mucha más movilidad que ahora. Aprender a caminar le resultó más difícil que a otros niños, pero lo terminó consiguiendo. Por mucho que le costara sujetar el boli y que su caligrafía pareciera una sucesión de garabatos, la cabeza le funcionaba perfectamente. Por desgracia, en la década de 1940 la enseñanza no estaba tan preparada como ahora y solían tratar a todos los niños discapacitados de la misma manera, como marginados, monstruos relegados a aulas sin ventanas en el sótano de la escuela, fuera de la vista de la sociedad convencional. Mi madre no sería una excepción. Durante sus años de primaria, estuvo en el grupo de niños con graves desajustes cognitivos y creció avergonzada junto a ellos.

«No soy tonta, solo tengo una discapacidad»: esa era y continua siendo su quejosa cantinela.

Mi madre se crio en Lawrenceville, Pittsburgh, en una modesta casa de tres plantas (llamémosla la Casa Grande) bajo el mando correctivo de su tía Dorothy. Mi abuela delegó en su hermana las responsabilidades de la crianza por motivos que fueron un misterio para mí durante toda mi infancia. En cualquier caso, en la Casa Grande la palabra de la tía Dot era ley, y ella misma la imponía con una vara de nogal y una lengua mordaz.

A Dorothy parecía molestarle la mera presencia de mi madre. Era como si la hubiese perjudicado por el simple hecho de haber nacido, como si le debiese dinero o algo por el estilo. Las hermanas menores de mi madre, las gemelas Karen y Sharon, tenían permitido participar en actividades sociales (cumpleaños, fiestas de pijamas, tardes en el parque con amigas), mientras que a mi madre la trataban como a la Cenicienta Negra —o Negricienta, como dice ella— antes del baile: siempre la tenían trabajando y raras veces la dejaban salir de casa. «De todas maneras no puedes hacer nada, ni vas a poder nunca, así que para qué», era el mensaje que recibía mi madre de la tía Dot y, con mucha frecuencia, del resto de la gente. El mundo la había dado por perdida antes de concederle la oportunidad de empezar.

La salvación pareció materializarse en la forma de William Ellis Porter, un muchacho apuesto, del color del chocolate puro, con ojos almendrados y una personalidad brillante. Era un hombre de mente abierta y sociable, una persona extrovertida que iba a misa y tenía trabajo, por lo que cumplía todos los requisitos. Y lo más importante: cuando conoció a mi madre pareció ver más allá de su discapacidad. Fue el primer hombre que mostró interés romántico por ella y, al final, lo que cualquier persona quiere es que al menos alguien la vea. Mi madre cayó prendada y el resto es historia.

Más adelante se enteraría de que ese hombre se había casado con ella por una apuesta con su mejor amigo: debía seducir a la «tullida de la iglesia». Mi madre era presa fácil: una mujer solitaria, ingenua, reclusa en su propia casa, que habría hecho casi cualquier cosa por salir de allí. Los motivos de su prometido son un poco más difíciles de entender; quizá se viera seducido por la perspectiva de tener una mujer a la que pudiese controlar. No creo que esperase que el jueguecito llegase tan lejos como hasta el altar, pero por improbable que parezca, siguió adelante y se casó con mi madre.

—Me largué de esa casa y prometí no volver nunca —me contaría más adelante mi madre, incorporada en la cama de la residencia y riéndose al recordar.

—¿Por qué te ríes?

—Porque tuve que comerme mis palabras. Apenas duramos un año. Nos mudamos a East Hills, a uno de esos pisos de protección oficial que el gobierno estaba construyendo entonces. Me quedé embarazada de ti bastante rápido y durante esos nueve meses todo fue bien. Pero ¡nada más tenerte el tipo se convirtió en Jekyll y Hyde! Empezó a beber, a gritarme y a pegarme. Iba por ahí diciéndole a todo el barrio que yo era una bruja vudú y que por eso estaba coja. Todo el mundo lo creyó. Nadie me dirigía la palabra.

Empezó a apagarse. Apartó los ojos de los míos y se le vidrió la mirada.

—Y ese horror, ¿durante cuánto tiempo...?

—No mucho. Estabas a punto de celebrar tu primer cumpleaños cuando, una tarde, llegó a casa del trabajo borracho. Tú estabas en la cuna, llorando porque tenías fiebre. Fue y te agarró, te zarandeó de un brazo y luego te dio unos azotes y te meneó tan fuerte que pensé que se te iba a partir el cuello.

—¿Y qué hiciste? —le pregunté.

—¡Te saqué de allí, por Dios bendito! ¡Vamos que si te saqué! Apañé la bolsa con tus cosas y una maleta y llamé a la tía Dot para que viniese a por mí.

—Pero si la odiabas...

—No la odiaba. Pero... No tenía nada, no tenía a nadie más. Bill se había convertido en un peligro para mi bebé. Tenía que protegerte.

Los ojos se le llenaron de lágrimas al recordarlo.

—No llores, mamá. No pasa nada.

—Sí, sí que pasa. Porque juré que no iba a volver nunca y no pasó ni un año y ahí estaba la tía Dot mirándome con esa sonrisita de «te lo dije». Aunque tenía razón. Tuve que comerme mis palabras.

Pasaron cinco años enteros hasta que mi madre logró huir de nuevo de la Casa Grande. Así fue como viví aquellos años decisivos de crecimiento personal en una casa llena de mujeres: mi madre, mi abuela, la tía Dot, Karen y Sharon. Mi madre y yo compartíamos la buhardilla, que nos ofrecía un mínimo de privacidad y la oportunidad de estrechar lazos entre madre soltera e hijo, lejos de la religiosidad tóxica que permeaba el resto de aquel hogar y que condenaba todos nuestros impulsos y deseos humanos. Dicha religiosidad conformaría los cimientos de la vergüenza y del autodesprecio interiorizados que he pasado toda la vida intentando purgar. La mejor manera que tengo de sobrellevar esos sentimientos es centrarme en mi arte, trabajar en exceso, mantenerme ocupado todo el día todos los días, para evitar verme de pronto en ese abismo emocional que solo parece agrandarse conforme envejezco.

En cualquier caso, los cimientos son casi imposibles de desplazar y, si escarbas lo suficiente, te darás cuenta de que siempre están ahí, bajo cada paso que das.

En 1976 mi madre y yo nos mudamos a un apartamento de dos habitaciones en el Hill District de Pittsburgh, un barrio que lleva más de un siglo siendo el epicentro de la comunidad negra en esa ciudad de Pennsylvania. August Wilson, el dramaturgo ganador de un Pulitzer y natural de Pittsburgh, inmortalizó el lugar con su serie de obras *Pittsburgh Cycle*, todas ambientadas allí. Se rumorea que la serie de televisión *Hill Street Blues* también se inspiró en esa zona, dado que su creador, Steven Bochco, fue alumno de la afamada Escuela de teatro de la Universidad Carnegie Mellon, en la parte baja del barrio. En cualquier caso, nuestra mudanza supuso una independencia lograda con mucho esfuerzo y un nuevo comienzo para mi madre.

Y también para mí. A los pocos días empezaba el colegio en un centro desconocido. Pese a que gran parte de mi infancia se mantiene borrosa, recuerdo aquel primer día de colegio con una nitidez abrumadora.

Tenía miedo, aunque al mismo tiempo estaba emocionado. Me encantaban los conjuntos que mi madre me había comprado el día antes en los grandes almacenes Sears & Roebuck. La marca Garanimals tenía un sistema para combinar las prendas: solo tenía que buscar los animales que salían en la etiqueta y emparejarlos. Mi madre me compró cuatro juegos: el de la jirafa, el del oso, el del león y el del tigre. Yo quería también el del mono, pero mi madre se negó. Me dijo que no quería que me pusiera nada que tuviese que ver con monos.

Mi madre estaba triste. Siempre lo estaba. Yo solo quería protegerla de la gente mala que se reía de cómo caminaba. No podía evitar andar como lo hacía. No era su culpa, había nacido así. Y mi madre siempre decía que Dios no cometía errores, así que ella había nacido como se suponía que debía ser. ¿Por qué la otra gente no lo sabía? ¿Por qué no la dejaban en paz?

—Baja la cabeza, niño, que vamos a llegar tarde ¡y sabes que odio ser una tardona!

—¡Ya estoy! —dije. Le agarré la mano y agaché la cabeza.

—Padre, en nombre de Jesucristo te damos las gracias, Señor, por nuestra vida, por nuestra salud y por nuestra fuerza. Gracias por la ropa que llevamos, por el techo que nos cubre y por la comida que ponemos sobre la mesa.

Gracias por bendecirnos con el despertar de un nuevo día. ¡Bendito seas, Señor!

A mi madre empezaron a temblarle las manos. A menudo le temblaba todo el cuerpo. No podía controlarlo, los temblores aparecían y punto. Cuando estaba triste, temblaba; cuando estaba feliz, temblaba; cuando estaba nerviosa por algo, temblaba mucho. Ese día se estremecía entera.

—Dios mío, te pido que bendigas a mi niño en su primer día de colegio. Dale la fuerza, la concentración y el valor necesarios. Ábrele la mente, Señor, y ayúdalo a aprender y a retener todas las lecciones, pues sabemos que la educación es la clave del éxito en esta vida. Y, por favor, mantenlo alejado de todo mal, daño y peligro. Te pedimos estas y todas las bendiciones en tu nombre y en tu gloria. Amén.

—Amén —repetí, y le di un último apretón.

Caminamos de la mano por la avenida Wylie hasta la escuela, que parecía un castillo en la cima de una colina. Aquel reino estaba rodeado por una valla de acero verde, del color de la espuma de mar, con pinchos arriba y abajo. En el filo inferior de la valla alguien había colgado un bebé muñeco que permanecía allí, solitario, con la cabeza empalada entre las varillas y el suelo.

Al ir hacia la entrada principal, donde había muchas madres merodeando con sus hijos, pude sentir la tensión de la mía. Cuando estaba rodeada de demasiada gente se ponía nerviosa y se le acentuaban los temblores. Le agarré la mano con más intensidad para calmarla y me devolvió el apretón con todas sus fuerzas. La gente nos miraba boquiabierta, niños y madres por igual, susurrando y señalándonos como si fuéramos un espectáculo de variedades.

—¡Esa mujer anda raro!

—Puaaaj... ¡Parece retrasada!

La multitud se abrió como el mar Rojo. Mi madre hizo caso omiso del alboroto; había llegado a dominar muy bien el arte de aislar el ruido. Cuando llegamos a la puerta de mi clase, se agachó para quitarme una pelusa imaginaria del hombro y me colocó el cuello de la camisa por última vez.

—Ven directo a casa después de clase, ¿vale?

—Sí, mamá.

—Es un camino recto, cuesta abajo, calle arriba.

—Ya lo sé.

—¿Te parece bien ir solo? Porque puedo volver y…

—Estaré bien solo —la interrumpí.

La gente nos miraba. La mano de mi madre se contrajo involuntariamente y me apretó el hombro.

—¿Tú vas a estar bien, mamá?

La miré a los ojos tristes y la abracé por la cintura.

—Mamá está bien. —Me acarició la coronilla—. No te preocupes por mí lo más mínimo, ¿vale? Mamá está bien.

Los primeros veinte minutos del día fueron prometedores. El aula era luminosa y estaba animada. La maestra era una señora agradable con un vestido estampado muy bonito. Me gustaban las imágenes y los gráficos de las paredes, con las letras del alfabeto, los días de la semana, las estaciones del año.

Sin embargo, al poco nos llevaron en rebaño por el pasillo hasta el gimnasio, donde un hombre con un silbato colgado al cuello nos puso en fila sobre un banco. Nos explicó la importancia de una buena condición física y anunció una evaluación inicial. Nos iría llamando por lista y haríamos una prueba individual de dominadas.

Primero llamó a las niñas. Una a una, fueron pasando y subiéndose a la caja de madera que había debajo de la barra de dominadas, a la que se agarraban con ambas manos para dar un salto y quedarse en el aire. Ninguna logró impulsarse hacia arriba. A continuación, los niños. El primero consiguió alzar la cabeza sobre la barra no una, sino cuatro veces. Después fueron saliendo los demás y todos tuvieron cierto éxito. Todos pudieron hacer al menos una dominada. El más alto, más fuerte y mayor de la clase (que había repetido curso ¡dos veces! y era de los que se habían burlado de mi madre esa mañana) hizo diez dominadas seguidas, con unos movimientos fluidos y preciosos. Aunque ardía con la furia que me generaba recordarlo señalar a mi madre y reírse, supe admirar la facilidad y la seguridad con la que se encaramaba por encima de la barra una y otra vez.

Me llamaron el último para hacer la prueba. Con valentía, eché mano de la barra como todos los demás y salté de la caja. Y ahí me quedé colgando, como el gatito de un cartel que había visto en el pasillo. Tiré con todas mis fuerzas y asesté patadas al aire en un esfuerzo por impulsarme, pero a los pocos segundos me di cuenta de la espantosa realidad: no era lo bastante fuerte para hacerlo.

El estómago se me llenó de un ácido que me recorrió los brazos. Aquella horrible desgracia no podía estar pasándome a mí, era imposible. ¡Seguro que conseguía hacer al menos una dominada, como los demás niños! Saqué toda la fuerza que tenía dentro, con la mirada desquiciada y la cara retorcida en una mueca, pero sin éxito. Los niños estallaron en una risa salvaje cuando caí a la colchoneta, derrotado.

—¡Ajajaja, nenaza marica! —se burló con desprecio el niño alto.

Marica. Nunca antes había escuchado esa palabra. Fue como si me chupasen todo el aire de los pulmones. El sudor me brotaba en la frente y bajo los brazos mientras intentaba no hiperventilar.

—Pero ¡si tiemblas igual que tu madre!

Era cierto. Me temblaba el cuerpo entero. Me encontraba mal y quería irme a casa.

La noticia de mi humillación con las dominadas se extendió por el colegio como una plaga. Conforme avanzó el día, fue evidente que nadie iba a dirigirme la palabra. En la cafetería coloqué mi almuerzo sobre una mesa vacía y comí allí solo. Había albergado la esperanza de que esa escuela fuese distinta a la Casa Grande, distinta a mi barrio, distinta al jardín de infancia, pero allí también era ya un marginado. Aguanté como pude el resto de la tarde, aferrándome a lo que me quedaba de dignidad, aliviado solo cuando oí el timbre que indicaba el final de la jornada escolar.

Pero el alivio duraría poco. Fuera del edificio se habían reunido muchos de los niños de la clase de gimnasia para bloquearme el paso. ¿Me estaban esperando a mí? ¿Para meterse conmigo? Le había dicho a mi madre que no me recogiera, así que tendría que dejarlos atrás yo solo.

Reuní todo el valor que tenía y me animé a avanzar en su dirección con la mirada fija en el suelo, y entonces, de repente y sin previo aviso, el niño alto me dio un empujón muy fuerte. Di contra el suelo y caí cuesta abajo. Traté de frenar, pero no pude: el mundo era un borrón de hierba, cielo y tierra, e incluso dentro de esa mezcla confusa de pánico y dolor fui consciente de las risas que flotaban a mi alrededor. Al parecer, todos los demás niños se estaban burlando de mí. Carcajadas, risotadas, risitas y… ¡BAM!

Di con el lado izquierdo de la cara contra la parte inferior de la verja y sus pinchos de acero. Pasados unos segundos de aturdimiento, intenté recomponerme y levantarme, pero no podía. Estaba encajado, empalado como un insecto en un alfiler, con uno de esos pinchos atravesándome la cabeza. El bebé muñeco y yo cruzamos miradas. Y entonces me envolvió la oscuridad.

Me desperté en la habitación de un hospital con mi madre al lado.

—¿Mamá? —susurré.

—Shhh, cariño. Ahora ya estás bien. Te caíste por la cuesta.

—No me caí.

—¿Qué pasó?

—Un niño grande me empujó muy fuerte.

El dolor esbozado en la cara de mi madre me afectó más que las palpitaciones de la cabeza. La voz se le quebró al preguntarme:

—¿Por qué, hijo?

Me encogí de hombros. Notaba el lado izquierdo de la cabeza tenso e irritado, como si alguien me lo hubiese llenado de grapas. Cuando traté de incorporarme, el dolor me cortó la respiración.

—Túmbate, cariño. Ya estás bien.

—Me duele la cabeza.

—Tienes puntos.

Alargué la mano para tocarme las suturas.

—¡No te los toques! El médico dice… que intentes no tocarlos.

Empecé a llorar.

—Perdón, mamá.

—No tienes que pedir perdón por nada, hijo.

Pero yo sabía que sí. Esa cosa que fallaba en mí iba a ser visible allá donde fuese, y ningún comienzo nuevo supondría diferencia alguna.

No quería volver a la escuela al día siguiente, pero mi madre no me lo permitió.

—Tienes que ir, cariño. Tienes que recibir educación. Es tu única salida.

—Pero es que no me gusta.

—Lo sé. Mamá también tiene miedo a veces.

—Allí no le caigo bien a nadie. Me llaman cosas. Quieren pegarme.

—¿Qué es lo que te llaman?

—Sarasa. Nenaza. Marica.

Mi madre apartó la mirada un momento. Se le arrugaron los labios y se concentró en su mundo interior. Me di cuenta de que estaba buscando las palabras adecuadas. Y entonces, de repente, parecieron venirle a la mente: los ojos se le iluminaron y me miró.

—A Cristo lo crucificaron, cariño. Tú vas a estar bien —me dijo.

Solo había un lugar en el mundo en el que la gente me viese con aprobación, admiración e incluso respeto. Ese lugar bendito era el coro de la iglesia baptista Friendship. Canté mi primer solo con cinco años, en la celebración anual del Domingo de Pascua, cuando interpreté *His Eye Is on the Sparrow* con mi voz clara de garganta abierta, mi voz soprano de niño de coro gospel. Ese día fue toda una revelación. De pie en aquel santuario, dejando que la canción fluyese a través de mí, me pareció ver una onda extenderse por toda la congregación, como una corriente eléctrica. Cuando me puse a cantar, el ambiente se cargó de energía y algo se alteró en los adultos que me rodeaban. El miedo y la vergüenza abandonaron sus ojos y todos alabaron lo que consideraban un don formidable que el Señor me había dado. Dios me había agraciado con el don del canto y eso me hacía especial.

Después de ese solo me apodaron *Lil' Preacher Man*, el Pequeño Predicador. La hermana Walker, la nueva directora musical, me invitó a unirme al coro de adultos. Y así, un año después, en mitad de mi desastroso primer curso escolar, el único punto de luz era la promesa del concierto anual del coro. Asistí con mi madre, durante meses, a todos los ensayos de sábado por la tarde. Me había aprendido mis partes con facilidad y cuando al fin llegó ese día tan esperado, estaba más que listo.

Temblando de emoción, me coloqué en la fila junto al resto del coro, en la escalera que daba al altar. La hermana Walker había decidido cambiar nuestras túnicas tradicionales por un conjunto sencillo en blanco y negro: los hombres llevaban trajes negros, camisas blancas y corbatas negras; las mujeres vestían faldas negras y blusas blancas. El órgano sonó y los integrantes del coro iniciamos nuestro desfile por el pasillo, balanceándonos de un lado a otro en el segundo y cuarto compás. La hermana Walker presidía desde el centro del altar, de cara a la congregación que nos recibía en pie con un fervor santo.

Yo avanzaba justo detrás de mi madre y delante de otra hermana. Lo iba dando todo mientras cantaba por el pasillo, con el corazón lleno de alegría y el pecho henchido de orgullo. «¿Veis? Tengo un don. Sé cantar. No me pasa nada malo». No alcanzaba a ver más allá de las cinturas del resto, así que iba mirando con alborozo el derroche de alta costura eclesiástica que me rodeaba: por el rabillo del ojo, a cada paso, captaba abrigos centelleantes y faldas de tubo, cinturillas altas y culos igual de altos, tocados elaborados y abanicos tipo paipái con la imagen de Martin Luther King con un halo en la cabeza o de un Jesucristo negro.

De forma tan repentina como el relámpago que cae sin aviso de tormenta, ¡ZAS!, me vi expulsado de aquella alegre procesión hacia uno de los bancos laterales. Ante mi grito de alarma, una mano me cubrió la boca con fuerza.

—¡Sal de entre los pies de los adultos, niño!

Aterrorizado, levanté los ojos y vi la mirada implacable de la hermana Freeman.

—Pero yo... yo soy el Pequeño Predicador... Se supone que tengo que cantar con...

—¡Calla ya, niño! ¡A los críos se los tiene que ver, pero no oírse!

La hermana Freeman me agarró con violencia por los brazos y me sentó con un golpe en el banco de madera.

Desesperado, intenté por todos los medios captar la atención de mi madre o de la hermana Walker, pero nadie se percató de mi ausencia, o quizá a nadie le importó. Solté un gemido. La hermana Freeman me dio un golpe seco en la boca, como a un preso que trabajara engrilletado entre muchos otros, y tampoco entonces nadie hizo nada; ni mi abuela, ni la tía Dorothy, ni siquiera mi madre, que seguía de pie en la primera fila de la sección de sopranos mientras me veía allí, preso de aquella extraña. El concierto continuó sin mí, atrapado en aquel banco junto a una mujer monstruosa a la que yo ni conocía, como si esa infracción no estuviese ocurriendo a la vista de toda mi familia, del coro, de la congregación y del propio Jesucristo.

Me pasé el concierto entero soltando lágrimas a borbotones. De todas las traiciones dolorosas que había sufrido en mi corta vida, ninguna me había hecho tanto daño como esa.

Y aun así, aquel horrible incidente me enseñó una lección básica y necesaria. Una verdad difícil de tragar se me clavó muy dentro ese día, tan permanente como aquel pincho de hierro de la valla del colegio: que un escenario me perteneciese por derecho no significaba que me fuesen a permitir ocuparlo. La hermana Freeman fue la primera persona en sacarme de un lugar prominente que me había ganado yo mismo, pero ni muchísimo menos sería la última. Ese día aprendí que si quería quedarme en un lugar así, tendría que luchar por ello, librar una batalla feroz e infatigable con todo mi corazón, mi alma y mis fuerzas.

En cualquier caso, en aquel momento me sentí vencido, ignorado y totalmente invisible. Nadie había dado un paso al frente para rescatarme y nadie iba a hacerlo. Mi madre me quería, pero carecía de poder en este mundo; tenía poco más que yo. Lloré en aquel banco hasta que tuve la sensación de que me habían escurrido el cuerpo entero como un trapo, entonces me di cuenta de que mi yo más sensible ya estaba bajo asedio: marcado y marginado, separado, silenciado y apartado.

Sin protección.

# Capítulo dos

*Dice que no me comunico. Dice que nuestra relación es tóxica. Y quizá lo sea. En realidad, sé que lo es. Ni siquiera podemos estar juntos en la misma habitación sin destrozarnos, en todos los sentidos. Cuanto más empuja él, más me retiro yo. Estoy al borde de la aniquilación personal permanente. Soy como una de esas casas viejas y desvencijadas que guardan secretos bajo las tablas del suelo. Secretos, mugre o caos. ¡Caos! ¡Caos! ¡Caos! Soy un puñetero caos y no tengo tiempo para ser caótico. La mierda se arremolina a mi alrededor demasiado rápido. Entrevistas, sesiones de fotos, galas benéficas,* The Twilight Zone, *trabajos como presentador, Hombre del Año de* GQ *en Alemania... ¡Ahora esta zorra es internacional! Premios Emmy y portadas de revistas... El año 2019 ha sido como salir disparado al espacio exterior en el* Challenger *de la NASA en 1984; sí, la nave esa que estalló y se hizo añicos ante los ojos del mundo entero. Eso es lo que siento por dentro. Como si algo no funcionase bien, como si me viese propulsado hacia el olvido y existiera la posibilidad de saltar por los aires en cualquier momento. A lo mejor eso es lo que quiero en realidad, ¡evaporarme en el puto aire! Como si nunca hubiese estado aquí.*

*Respira, cariño. Sigue respirando. ¡La vida es bella! Has conseguido llegar muy lejos, reina, ¿qué vas a hacer, rendirte ahora? No estás más loco que cualquier otra persona de este mundo. No eres nada nuevo. Supérate y asúmelo. Ponte de una vez los putos pantalones largos y compórtate como alguien de cincuenta años. No tiene sentido que Dios te haya traído tan lejos sin un plan... Ya estamos con el temita de Dios. Ni siquiera sé si creo en el cielo, en el infierno o en la eternidad. A ver, en serio, ¡una eternidad, para cualquier cosa, suena fatal! Mi abuela decía: «Tienes que creer en algo o te tragarás cualquier cosa». En eso creo yo. Creo en el amor. Creo en el encanto, en los sueños. Soy la prueba viviente de que todas esas cosas existen. Pero lo de Dios... Ese concepto hace que vuelva a sentirme abandonado. Siempre me he sentido así. Utilizado. Dios se usa como herramienta de control. No me gusta lo que han hecho los seres humanos con la idea de Dios. A lo mejor Dios no existe. A lo mejor los humanos solo estamos aquí abajo jodiéndolo todo y, cuando el universo se canse del experimento de la evolución, el mundo implosionará sin más.*

*¿Cómo lo dejo entrar? ¿Cómo voy a aprender de verdad a recibir amor? ¿Cómo puedo confiar en que sea algo incondicional? Y si no me siento seguro, ¿cómo voy a comunicar mis necesidades? No puedo seguir así. No puedo vivir llevando puesta la armadura del control. Equilibrando lo profesional y lo personal. He sido capaz de salir adelante, de compartimentar, de solucionar las cosas de forma individual... Más o menos. Pero aquí estoy, hecho un caos, ¡y a mí el caos no me gusta! ¡Yo arreglo cosas! Soluciono mierdas. Pero esto... esto no puedo arreglarlo. Ya llevo casi cuarenta años intentando arreglarlo. Lo peor es que sé que tiene razón. Él me conoce, me conoce de verdad, y para mi constante sorpresa (que oculto), incluso parece que me quiere. Entonces ¿por qué necesito mantenerlo a cierta distancia?*

*¿Por qué no puedo dejarlo entrar? Si soy sincero conmigo mismo, sé que algo en mí va mal, que soy incapaz de funcionar con eso llamado intimidad, que siempre me ha aterrorizado el amor de verdad, siempre he estado corriendo, enmascarado bajo una fachada, escondiéndome. Y sé por qué. Siguen quedando capas por retirar. Es algo que no desaparece nunca, y no hay un día en el que se haga más fácil de sobrellevar. No pasa ni un día. Ni. Un. Puto. Día. Mi sanación está cerca, mi siguiente capa de sanación, quizá. Dice que no me comunico. Y tiene razón... La siguiente fase llega aún más hondo... No puede ser de otra manera. El siguiente nivel de sanación ya está aquí. Ha llegado el momento.*

Tras varios meses de cuidadosa supervisión, el «buen médico blanco» emitió un veredicto.

—Billy es buen niño —le explicó a mi madre—. Solo tiene usted que meter a un hombre en casa que le enseñe a ser más masculino.

Lo dijo como si un hombre fuera algo que mi madre pudiese adquirir a voluntad, como un artículo de catálogo, y no una posibilidad muy remota para una madre soltera y beata sin ingresos y con una enfermedad degenerativa.

Aun así, al año de recibir esta prescripción para el sano desarrollo de mi persona, mi madre estaba en el altar con el señor Bernie Ford, mientras yo avanzaba por el pasillo con dos alianzas de oro sobre un cojín de raso.

Bernie era un hombre amable y, durante los primeros meses, me emocionaba tanto tenerlo en casa que amanecía todas las mañanas como en Navidad. No guardaba ningún recuerdo de mi padre; William Porter no había vuelto a aparecer en mi vida desde que mi madre se marchó. De hecho, se había vuelto a casar y estaba criando a tres hijastros en la otra punta de la ciudad. Los demás niños del colegio y del barrio tenían padres, hombres que conducían el coche de la familia, que hacían reparaciones en casa, que sabían manejarse con una caja de herramientas, que se ocupaban de la barbacoa en verano. Yo sentía una punzada muy honda por dentro cada vez que veía a un padre con su hijo lanzándose un balón, organizando el garaje o marchándose juntos de la ciudad para ir a pescar.

Con la incorporación de Bernie a nuestra familia, nosotros también teníamos a un hombre en casa. Fue como hacerse rico, como recibir una fortuna repentina que me generaba una continua y agradable sensación de sorpresa. Por fin, después de todos aquellos años, aparecía alguien que facilitaba el camino de mi madre en la vida: cambiaba el aceite de la caldera, le llevaba el coche al taller y acercaba el cubo de basura al bordillo. Bernie era una persona sociable y agradable, y dedicaba tiempo a enseñarme cosas, cosas de hombre, como poner clavos, cortar el césped o cambiar una rueda.

Yo había crecido rodeado de efectos personales femeninos: vestidos, enaguas, rizadores de pelo, lociones, perfumes y pintalabios. Esos objetos me intrigaban y me tentaban, pero las cosas de Bernie me excitaban de una manera distinta. El mero hecho de tener cosas de hombre tiradas por casa me llenaba el pecho de felicidad. Los tirantes en el respaldo de una silla, la caja para la limpieza de los zapatos en el armario del pasillo, el uniforme de guarda de seguridad colgado en el perchero. Me encantaban los distintos aromas asociados a él: aceite de motor, hierba recién cortada, desodorante Old Spice. Me encantaban sus camisas de trabajo ligeramente gastadas y sus pantalones meticulosamente planchados. Me encantaba oírlo hablar sobre los partidos de los Pirates o de los Steelers con los vecinos de arriba: su hermano David, que vivía en el apartamento de la segunda planta, y el señor Ray, que ocupaba el apartamento de un dormitorio de la tercera planta. En retrospectiva, he de decir que Bernie era un adelantado a su tiempo en cuanto al aprovechamiento de su propia casa para espacios de alquiler. Que no se me malinterprete: en nuestra casa no había lujos ni nadie se dedicaba a especular, pero el alquiler que recibíamos de nuestros dos inquilinos suponía una gran ayuda económica.

Las mujeres de mi familia habían cortado por lo sano su relación con los hombres antes de la llegada de Bernie. Todas —mi madre, mi abuela y la tía Dot— habían estado casadas en algún momento, e incluso seguían conservando los apellidos de sus antiguos maridos, pero eso era lo único que quedaba de ellos. Nunca supe siquiera el nombre de mi abuelo; me lo dijeron una vez, pero se me olvidó. A los hombres no se les mencionaba ni se les prestaba atención ni se confiaba en ellos. Aunque de Bernie sí se fiaban.

Una vez más, un hombre fue el billete de salida de la Casa Grande. Bernie, mi madre y yo nos mudamos al barrio de East Liberty justo antes del comienzo de mi segundo curso escolar en la Lemington Elementary School. Nuestra calle era un espacio residencial agradable que lindaba con un parque urbano. En el interior de esa extensión amplia y salpicada de árboles había un campo de béisbol completo, zonas de juegos y, lo mejor de todo, una piscina comunitaria; la veía por la ventana de mi habitación, así que fingía que teníamos piscina en el patio trasero de la casa, como la gente blanca de la tele.

Mi entorno había mejorado, aunque mi estatus social no. El acoso en la escuela Lemington era igual de predominante e incesante. A esas alturas parecía que, nos mudásemos o cambiara de colegio, no habría ninguna diferencia; era como si estuviese marcado de un modo que yo no entendía, de un modo que invitaba al abuso.

—Pon la otra mejilla —me decía siempre mi madre como respuesta al acoso.

Empezaba a primera hora, todos los días. Un niño que se llamaba... Bueno, llamémoslo DaShawn. Ese niño me buscaba la mirada. Levantaba la mano cerrada en un puño e imitaba el acto de golpearse ambos ojos para enseñarme el trato que me tenía reservado. «Después de clase, después de clase...», gesticulaba con la boca. Yo ya sabía por experiencia que aquello no era una amenaza vacía. El miedo y el terror se me asentaban en el estómago, una quemazón ácida que me era muy familiar.

Un día en concreto, DaShawn me buscó fuera durante el recreo. Ahí estaba yo, haciendo mis cosas de negro sin meterme con nadie cuando de repente se me plantó delante, flanqueado por su hermana y otras dos niñas del barrio.

Las hermanas Jackson vivían en mi misma manzana. Fueron las primeras personas de mi edad que conocí cuando me mudé a East Liberty. Me recibieron en el barrio con amabilidad y lo que prometía ser una amistad verdadera. Nos estuvimos bañando en la piscina a diario, todo el verano.

—¡Has llamado zorra a mi madre! —me espetó DaShawn.

—¡¿Qué?! —respondí aturrullado y escandalizado—. Eso no es verdad. ¡Y yo nunca digo palabrotas! ¿Quién te ha contado eso?

La mayor de las Jackson se cruzó de brazos y me fulminó con la mirada.

—¡He sido yo, zorra!

—¡Te voy a reventar! —bufó DaShawn.

Me pilló de sorpresa que las hermanas Jackson hubiesen malmetido contra mí; estaba sorprendido y confuso, después de lo agradables que habían sido conmigo todo el verano.

—Voy a esperarte a la salida para machacarte, zorra —me advirtió DaShawn.

De nuevo en clase tras el recreo, la concentración se me vino abajo. Todo parecía estar desarrollándose a cámara lenta. El mero hecho de ir hasta el sacapuntas eléctrico que había al fondo del aula era como intentar abrirme paso entre arenas movedizas. No podía pensar en nada más que en planear una ruta alternativa para irme a casa y que así DaShawn y las hermanas Jackson no me viesen.

«¿Por qué esa niña ha dicho esa mentira sobre mí?», me preguntaba. Había sido muy bueno con ella todo el verano. Habíamos jugado juntos a las tabas. Ella me había enseñado a saltar a la comba doble. ¿Qué había cambiado? Yo no habría llamado zorra a la madre de nadie. Ni siquiera sabía lo que significaba esa palabra.

Empecé a sudar. El corazón me iba a mil. Las manos me temblaban tanto que no tuve pulso ni para el examen de caligrafía. Me encantaba escribir en cursiva; era un tipo de letra precioso y los profesores siempre elogiaban mi caligrafía. Pero ese día no lograba controlar el lápiz y me estaba saliendo irregular y horrible. Como la de mi madre.

Cuando sonó el timbre que indicaba el final de las clases, corrí disparado al baño de niños y me quedé encogido de miedo en uno de los cubículos, sentado sobre la tapa del inodoro, con las piernas arriba y la mochila apretada en el regazo para pasar inadvertido. Respiraba agitadamente. El ruido de los niños gritando, enloquecidos por salir de la escuela, retumbaba en todo el espacio. Oí los portazos de las taquillas y los pies que golpeaban los pasillos. Esperé al menos quince minutos, quizá veinte, hasta que aquella cacofonía se apagó. Cuando por fin reuní el coraje para salir, me escabullí hasta fuera y exploré con la mirada el césped que había a la puerta del colegio. Por suerte no vi a nadie. Y estaba lloviendo. ¿Quién iba a querer pegarme bajo la lluvia? «Pero no voy a arriesgarme», pensé, y puse rumbo al camino de atrás, que era el doble de largo. Pero pasé un detalle por alto: el otoño había desprovisto a los árboles de sus hojas, lo que dejaba mi ruta a la vista de los ojos vigilantes de mis depredadores.

—¡Te estoy viendo, zorra! —bramó DaShawn.

Me quedé helado. Miré hacia el parque de juegos que había más abajo y allí estaban, esperándome junto a las barras de colgarse.

Eché a correr a través de los matorrales, derrapando y patinando con las hojas húmedas del suelo. Los arbustos espinosos me clavaban sus púas en la ropa. Una rama desnuda me dio un latigazo en la cara y me hizo perder el equilibrio. Me resbalé con las hojas y golpeé el suelo con el coxis. Gimiendo de dolor, seguí resbalando hasta la mitad de la pendiente, empapado, embarrado, sudoroso, con el corazón fuera del pecho, pero sin tiempo que perder.

DaShawn y sus secuaces corrían hacia mi casa desde la otra dirección. Tenía que llegar antes que ellos. Me levanté apoyándome en el barro y continué, concentrado en alcanzar la puerta lateral de mi casa primero. Si lograba llegar, mi madre estaría allí. Ella me protegería.

Me arranqué del cuello la cadena con la llave de casa. Estaba ya en el último tramo. Prácticamente había llegado. Levanté los ojos y vi a DaShawn doblando la esquina, con las hermanas Jackson siguiéndolo de cerca.

Me quedé petrificado. Él también. Cruzamos miradas.

Y entonces, como si alguien hubiese dado el disparo de salida, echamos a correr hacia la puerta de mi casa. Con el viento a mi favor y espoleado por el terror, conseguí ventaja, pero justo cuando alcancé la puerta y encajé la llave en la cerradura, DaShawn me dio un fuerte empujón desde atrás. La puerta lateral se abrió y perdí el equilibrio, aterrizando con la cara en las escaleras de la entrada que había ante mí.

—¡Aaaaaauuu! —aullé.

Me llevé las manos a la cara.

—¡Billy! Dios mío, ¿qué ha...? —Oí decir a mi madre desde la otra habitación, en voz alta y asustada.

Me di la vuelta y ahí estaba DaShawn, de pie en el descansillo.

—¡Aaaaaauuu! —bramé.

Un bramido gutural, animal. DaShawn seguía allí con una sonrisa de satisfacción, ni alarmado ni inquieto. En su rostro desdeñoso solo había diversión y desprecio.

—¿Qué piensas hacer, MARICÓN?

Esa palabra otra vez. ¿Era esa palabra la que volvía a la gente contra mí? ¿La que enfurecía a todo el mundo como si fueran perros de presa? ¿Qué significaba? Me palpitaba la cabeza. Me tambaleé hacia la cocina justo cuando Bernie salía a zancadas de allí.

—¿Qué te ha pasado, hijo?

—¡Que quieren pegarme! ¿Por qué todo el mundo quiere pegarme? —dije, llorando.

Con la mirada encendida, Bernie se agachó hasta que sus ojos estuvieron a la altura de los míos.

—¡Pega tú también, Billy! ¡Sal ahí fuera y pégales!

Me quedé mirándolo, con los ojos abiertos de par en par, sorbiéndome la nariz.

—Pero mamá dice que ponga la otra mejilla.

—¡Me da igual lo que te haya dicho tu madre! —vociferó Bernie—. Sal ahí ahora mismo y dale en la boca. ¡Pégale tú también y te dejará en paz!

«¿Pegarle yo? ¿Con qué, con la comba doble? Nadie me ha enseñado a pelear ni a protegerme. ¡Nadie!».

Entonces apareció mi madre en la cocina. Reconocí el terror en su cara; terror y algo más, algo parecido a la resignación. Como si el auténtico problema estuviese en quién y qué era yo, y no en la violencia desatada sobre mí como respuesta a ello.

—¡Ay, Dios mío, estás sangrando! —gritó.

La voz le subió de tono y se le quebró de la impresión. Me miré las manos. Solo veía rojo.

Me quité la mochila de la espalda y la tiré al suelo. Luego volví sigiloso a la puerta lateral a buscar a DaShawn y… ¡Seguía allí! Con una mueca burlona, riéndose de mí. Y al ver su cara de engreído algo hizo clic en mi interior.

Me tiré sobre él como el cisne que había visto en el canal de naturaleza, un cisne macho que masacraba a un intruso. Salimos disparados del descansillo de cuatro escalones y caímos contra el camino de gravilla que daba a la casa. La fuerza de mi placaje pilló a DaShawn tan desprevenido que estuvimos rodando por el suelo hasta que el impulso acabó dejándolo a él bocarriba, con todo el peso de mis cuarenta kilos encima, a horcajadas.

¡Rojo! ¡Rojo! No veía nada nada más que rojo mientras la sangre me goteaba por la nariz y salpicaba la cara de DaShawn. No oía nada. No veía nada. No paraba de aporrear y de rezar… aporrear y rezar.

De repente, una voz penetró mi trance, un chillido de desesperación. Era la voz de mi madre, alta e histérica. «¡Billy, para! ¡Para, hijo, por favor, para! ¡Vas a matarlo!».

Me sacudí la nebulosa carmesí y descubrí a DaShawn clavado debajo de mí, con las hermanas Jackson mirando, paralizadas por el terror y la incredulidad. Mi madre se retorcía las manos, con angustia en la mirada.

Sin embargo, junto a ella estaba Bernie. Al principio, su expresión me resultó tan ajena que no supe cómo interpretarla. Hasta que me dedicó un mínimo asentimiento de cabeza y me di cuenta de que era aprobación.

El maricón había ganado.

*«¿Señor Porter?».*

*Levanto la vista de las notas y el asistente de vuelo (un jovencito monísimo, negro y queer) se asoma tímido a mi asiento. Cuando une las manos en gesto de súplica, me percato de que está temblando. Eso me desarma.*

*«No pretendo interrumpirlo en un momento de privacidad ni robarle tiempo. Solo quería decirle que su presencia en este mundo es una bendición del cielo».*

*Más adelante, este muchacho publicará en sus redes sociales que fui de lo más encantador, como si hubiese tenido que recurrir a mis mejores modales y hubiese reaccionado de forma tolerante a otra interrupción más de mi soledad y mi trabajo. Lo que ese joven no puede saber de ningún modo es que cuando le dedico mi sonrisa más luminosa y le tiendo la mano, y le agradezco sus palabras y le digo que gente como él es la que me mantiene en pie, lo que me mueve es la verdad más sincera y sentida. Este tipo de encuentros me levantan el ánimo y me dan una fuerza enorme. No tengo palabras para agradecer tanta fe y tanto apoyo. Y agradezco también poder librarme, aunque sea por un momento, de los pensamientos lúgubres que me remiten a la época en la que mi propia naturaleza era mi lastre.*

Mi exitosa trifulca con DaShawn cimentó mi confianza en Bernie. Como he mencionado, en mi familia ya lo trataban como a un héroe. Se había ganado a todas las mujeres. Primero había rescatado a mi madre de su papel de Negricienta en la Casa Grande y ahora parecía estar haciendo lo imposible: convertirme en un hombre.

Por mi parte, yo estaba ansioso por recibir esa instrucción, por demostrar ser un aprendiz modélico. Adoraba a Bernie y me esforzaba por ganarme sus elogios. Entendía que él estaba ahí para guiarme, para darme «lecciones de hombría», y yo me sometía voluntariamente a sus enseñanzas. Bernie se tomaba la molestia de instruirme en destrezas básicas. Me enseñó a rastrillar las hojas otoñales de colores intensos, a recortar los setos y a echar sal y limpiar la acera cubierta de hielo en pleno invierno, para evitar que quienes paseasen por el barrio se resbalasen, se cayesen y nos demandaran. Me enseñó a lavarme la ropa solo. Me enseñó a preparar la hamburguesa perfecta: cebolla y pimiento verde mezclados con la carne picada, aderezado todo con la sal condimentada Lawry's. Me ayudó a manejarme con la caja de herramientas, instruyendo a mi yo de siete años en la diferencia entre un destornillador de punta Phillips y uno normal. Y me ayudó cuando, con catorce años y a punto de entrar en secundaria, se me hacía demasiado raro compartir habitación con una hermana diez años menor. Mi hermana y yo siempre hemos estado unidos, pero cuando éramos tan pequeños, la diferencia de edad nos impedía ser amigos de verdad. Y aunque esperaba con impaciencia el día en que mi hermana cumpliese dieciséis años y pudiéramos salir por ahí juntos, Bernie y yo hicimos una habitación privada para mí en el sótano. Menuda imagen: yo, con la cinta métrica, las gafas de trabajo, la motosierra y el nivel, midiendo al milímetro los tablones de madera y montando el armazón para dos paredes nuevas que se apoyaban en los dos muros exteriores de carga. Insisto con la imagen: mi culito de marica, midiendo y serrando los paneles de contrachapado que se convertirían en las paredes de mi habitación.

Bernie me enseñó a manejarme en el transporte público para que supiera llegar en autobús a casa de mi abuela, en Lawrenceville, cuando me tocase ir a ayudarla con el césped y los setos. Me enseñó a ser autosuficiente, a depender solo de mí, para no tener que hacerlo de nadie más. Mis lecciones de hombría estaban en todo su apogeo y yo las aprobaba con honores. Bernie era amable conmigo. Bernie se preocupaba por mí. Así que cuando sustituyó a mi madre como principal fuente de consuelo, lo acepté sin rechistar.

Durante años sufrí pesadillas. Los abusones de la calle y del patio del colegio me acosaban incluso en sueños. Cuando me despertaba berreando, con las sábanas empapadas en sudor, mi madre aparecía en mi habitación y se tumbaba junto a mí, sin más. Nunca hablaba. No hacían falta palabras. Su mera presencia era el único consuelo que yo necesitaba.

Una noche, con siete años, me desperté lloriqueando y en vez de mi madre fue Bernie quien vino a mi habitación. Igual que ella, se tumbó junto a mí sin decir palabra. Al principio me quedé desconcertado, deseando que fuese mi madre y no él, pero al poco su presencia se convirtió en un tipo de bálsamo distinto. Si antes era el calor maternal lo que me acunaba, en ese entonces me sentí rodeado y protegido por la fuerza masculina.

Las primeras veces que vino, Bernie se limitó a tumbarse a mi lado, como mi madre. Sin hablar, sin tocar. Solo el consuelo de la presencia y de la cercanía. Luego, una noche, se colocó de lado y me acercó hacia él, de forma que mi espalda quedó apoyada en su pecho. Acunado cerca de su cuerpo, volví a caer dormido en cuestión de segundos, con la misma sensación de paz y de felicidad de siempre. Me encantaba que me cubriese con el brazo, que su corazón latiese contra mi espalda. Me encantaba el aroma de su camiseta blanca interior recién lavada. Ningún terror nocturno podía alcanzarme con Bernie a mi lado. Porque tenía la protección de un hombre.

Y entonces llegó la noche en la que Bernie me sacó del borde del sueño para entablar «la conversación».

—¿Sabes algo de la cigüeña, las abejas y otros animales, hijo?

Yo tenía siete años.

—Creo… creo que sí.

—¿Crees que sí?

—Bueno. A veces doy de comer a los pájaros en el parque al salir de la iglesia —le dije—. Y el verano pasado me picó una abeja.

—Ah, ¿sí?

—Sí. Me dolió un montón.

—Claro. Lo siento mucho.

Me encantó esa conversación. Antes de Bernie, ningún hombre adulto se había tomado el tiempo de hablar conmigo con ninguna seriedad. Bernie me hizo preguntas y escuchó las respuestas. Parecía interesado en mis opiniones. De todos modos, cuando pasó un rato, retomó el tema que lo ocupaba.

—Hijo, cuando antes te he preguntado por la cigüeña y las abejas, no me refería a los animales que te puedes encontrar en el parque. Era una forma de hablar. Me refiero a algunas cosas que hacen las personas adultas para sentirse bien. He traído unas fotos para enseñarte con qué disfrutan los hombres adultos.

Y sacó un número de la revista *Hustler*. Los ojos se me abrieron de par en par al ver a una señorita blanca casi desnuda en la portada. Llevaba unas bragas transparentes y unas medias que solo le llegaban a los muslos. Yo sabía que ese era el tipo de cosas que mi madre consideraba pecaminosas. Las mujeres debían vestir de manera decente y no enseñar demasiado, y mucho menos enseñar algo de sus partes pudendas.

—Esta es una revista «de hombres» —dijo Bernie, como si me estuviese leyendo la mente—. Es de esas cosas que guardamos en secreto, que las mujeres no tienen por qué saber. De hecho, es como un secreto especial entre nosotros, los hombres. ¿Tú sabes guardar secretos?

Le aseguré que sí.

Estuvimos mirando detenidamente las páginas de la revista y Bernie me preguntó qué fotografías me gustaban más.

—Me gustan en las que aparecen las niñas con los niños —le dije.

A decir verdad, los hombres sin camisa de pecho esculpido y ropa interior abultada me resultaban especialmente cautivadores, pero tenía la sensación de que era mejor guardarme esa información.

Bernie pasó a una página en la que salía un hombre desnudo reclinado en una cama, recibiendo asistencia variada por parte de dos mujeres con poca ropa.

—¿Te refieres a fotografías como esta?

—¿Por qué ese hombre tiene pelo ahí abajo? —quise saber.

—Todos los hombres tienen pelo ahí. Algún día tú también tendrás. Seguro que no has visto nunca el pene de un mayor, ¿verdad que no?

Negué con la cabeza.

—¿Quieres ver uno? Hasta te puedo dejar tocarlo y jugar con él si estás seguro de que puedes mantenerlo en secreto.

Hizo que su propuesta sonara a privilegio especial y tentador.

—Estoy seguro —respondí emocionado—. Lo juro por que me muera ahora mismo.

—Muy bien. ¿Te gustaría ver el mío?

Le dije que sí.

*Cero pánico. Cero lágrimas. Ahora no. Vamos arriba, reina. En este avión no. Hoy no. No puedes venirte abajo en los aviones. Hay demasiada gente que te conoce y a la que representas, y ahora todo el mundo te está mirando. TMZ siempre merodea por aeropuertos y esas mierdas. ¿Qué vas a ponerte? ¿Qué vas a decir? Dicen que eres un ejemplo, te llaman innovador. Cuando se innova no se llora. ¡Ahora la zorra, la estrella, eres tú! Tu presencia es una bendición para la gente. Ese asistente de vuelo se ha acercado a tu asiento para decírtelo.*

*Tienes tus fallos y no pasa nada. Los fallos nos hacen humanos, nos dan encanto.*

*Tú respira. Respira. Inhala, exhala… Respiraciones hondas, purificantes…*

# Capítulo tres

En muchos sentidos, la secundaria supuso un punto de inflexión en mi vida. Por un lado, era la primera vez que me pasaba el día fuera del barrio. La Florence Reizenstein School, construida hacía poco en la frontera entre los barrios de East Liberty y Shadyside, era la escuela de secundaria más grande del distrito y reunía a mil seiscientos alumnos de una amplia variedad de barrios y procedencias. Quedaba a media hora de mi casa e iba en autobús escolar junto a muchos otros niños de East Liberty.

La Reizenstein era un experimento interesante. Se fundó con la intención de ofrecer educación de primera categoría a un cuerpo estudiantil diverso. El objetivo del proyecto era la desegregación. No obstante, siempre que intentamos hacer algo con este experimento democrático al que llamamos Estados Unidos surgen problemas y, aunque llegaban niños de todos los colores procedentes de todos los rincones de la ciudad, pronto acabamos segregados de un modo muy similar al que se daba fuera de aquellas paredes.

Al llegar a la Reizenstein nos hicieron una serie de pruebas (pruebas de aptitud, de cociente intelectual) para ubicarnos en aulas de enseñanzas específicas. Como era de esperar, los niños que habían pasado los años anteriores en escuelas de barrios pobres no estaban académicamente tan avanzados como sus compañeros más privilegiados. Por tanto, el Pittsburgh Scholars Program[1] quedaba copado por gente blanca, mientras que casi todos los niños negros iban a parar a clases convencionales.

Yo fui una excepción. A mí sí me admitieron en el Scholars Program, y me llevé una sorpresa enorme. No tenía ni idea de que fuese inteligente.

Me emocioné bastante con este asunto. Como estudiante de la primera generación tras la época de lucha por los derechos civiles, siempre se me dejó muy claro que la educación era mi único billete para salir de la pobreza y de la violencia, así que estaba muy centrado en sacar lo mejor de mí. Y por primera vez en mi vida, con once años, estaba conociendo a gente blanca y mezclándome con otras culturas. Eso también me emocionaba, aunque me resultase abrumador y ajeno al mismo tiempo. Ser un estudiante negro entre un mar de caras blancas intimidaba mucho.

Cuando conseguí adaptarme a ese nivel de separación (entre las clases convencionales y las del Scholars Program), apareció otra capa de estratificación. Aquel mismo año, las escuelas públicas de Pittsburgh pusieron en marcha otro programa: el de Centers for Advanced Studies (Centros para estudios avanzados o CAS). En realidad, era el último escalón

[1] El Scholars Program (o programa de becarios) se oferta en escuelas de todo Estados Unidos y tiene como función ofrecer un nivel superior en todas las materias impartidas para estudiantes con mayor talento y motivación, con el objetivo de aumentar su rendimiento y darles un acceso privilegiado (y a veces prematuro) a los estudios superiores. (Todas las notas al pie son del traductor de este libro, así como las traducciones de las citas, fragmentos y canciones).

dentro del ya avanzado Scholars Program. El grupo de estudiantes que accedía a él se subía a un autobús todos los miércoles para ir a una escuela llamada Banksville y pasarse el día estudiando cosas de las que yo podría haberme beneficiado, estoy seguro; cosas que alguien pensó que yo no tendría la capacidad de aprender.

Más adelante acabé por entender que mi asignación a ese nivel alto, pero no al más alto, fue lo que cristalizó en mi cabeza la siguiente idea: quizá no era lo bastante listo —¿lo bastante listo para qué? No lo sé. No lo bastante listo, sin más—. Todavía cargo con esa mentira. Aunque he aprendido a sortearla, su origen se remonta a aquella evaluación de sexto curso.

Sin embargo, por mucho que me doliera que me reafirmaran y negaran a la vez y de esa manera, esta realidad ayudó a reforzar mi motivación y mi convicción de que tendría que trabajar todo lo que pudiera y más para conservar mi posición en el mundo. Y dado que me quedé con la sensación de que se me había confiscado un rico alijo de oportunidades, me vi estimulado a buscar y crear mis propias posibilidades a cada paso que daba. Todo esto me condujo a cultivar mi capacidad de iniciativa y a ser mi mejor defensor.

Donde primero se manifestó todo esto fue en el ámbito de la educación física. La gimnasia seguía siendo el momento más temido de mi semana y, por desgracia, en aquella época estaba en el horario todos los días salvo los miércoles, porque a esa hora tocaba clase de salud. Los deportes competitivos aún me generaban muchísima ansiedad, aunque por entonces eran el aspecto menos estresante de la educación física. Me resultaba mucho más angustioso el tiempo que pasaba en el vestuario. Mi cuerpo estaba cambiando, como también lo hacía el de mis compañeros de clase. Muchos de los niños se estaban convirtiendo en hombres delante de mis ojos. Cada vez que me daba la vuelta en el vestuario, me veía ante unos músculos hinchados, unas extremidades esculpidas, pelo allí donde antes no había habido nada. Me aterrorizaba mi propia excitación y solo quería esconderme.

Entretanto, el señor Lutz, el profesor de música, me había invitado a unirme a la banda porque sabía que tocaba el saxo alto. Me encantaba la música y me atraía la experiencia de estar en una banda. El señor Lutz era un hombre cálido y muy afable que parecía estar de mi lado. Reconocía mi impulso creativo y se lanzaba de cabeza a fomentarlo.

Hablo con mucha frecuencia de los ángeles de mi vida: ángeles que bajaron en picado a indicarme la dirección correcta. El señor Lutz fue uno de ellos, otro fue el señor Highland, el profesor de gimnasia, que supo ver mi pánico y mi angustia y, cuando le pregunté si era posible dejar su clase e invertir ese tiempo en practicar con el saxofón, me dijo que sí. El único requisito era que fuese a clase de educación para la salud una vez a la semana.

Aquello fue un regalo del cielo. Me quitó mucha ansiedad de encima y me permitió estar más a menudo en un espacio creativo. Me entregué a mi saxofón: iba a la sala de instrumentos y me sentaba en el rincón del fondo a practicar y practicar. La música es sanadora, para mí siempre lo ha sido, y ese era un espacio en el que me sentía seguro.

Una vez que experimenté la bendición de salir del barrio, cada vez se me hacía más complicado regresar. Me descubrí tratando de ampliar la jornada escolar de cualquier manera posible. En las escuelas públicas de Pittsburgh había un montón de programas extraescolares. Además, ese fue el año en que Ronald Reagan salió elegido presidente, por lo que en un futuro no demasiado lejano todos aquellos programas se desmantelarían y la gente más vulnerable sufriría. Pero de momento seguían intactos. Había un tomo encuadernado de casi diez centímetros de grosor con todos los programas extraescolares, lleno de actividades distintas en las que poder sumergirse. Examiné aquellas páginas y fui a dar con un programa llamado Reizenstein Musical Theater (Teatro musical Reizenstein o RMT). Yo no sabía lo que era un musical ni sabía lo que era el teatro, pero aparecía la palabra «música» y pensé que quizá tuviese algo que ver con cantar, cosa que me encantaba hacer por encima de todo. Así que me apunté.

El primer día en el RMT, la directora, la señorita Schmidt, se puso delante de todo el grupo y nos explicó lo que era un musical de Broadway. Era una mujer menuda de pelo corto y gafas de carey. Tenía una manera muy concreta de presentarse ante la gente que más adelante llegué a identificar como propia de las lesbianas, aunque por entonces yo no sabía nada de eso. Solo sabía que me caía bien. Era fuerte, era poderosa y le ponía interés.

Nos dijo que el musical elegido para ese año era *Los hijos de la farándula,* de Rodgers y Hart. La semana siguiente habría una audición. Podíamos ir y cantar una canción (la que quisiéramos) delante del grupo, y luego ella asignaría los papeles para el espectáculo. Todos participaríamos; todos tendríamos algo que hacer. El espectáculo entero contaría con doble elenco, lo que significaba que, pasara lo que pasase, todos los miembros del RMT tendríamos un papel en el musical en alguna de las cuatro funciones. Según hablaba, una emoción nerviosa me iba llenando por dentro porque yo sabía que podía cantar; sabía que podía brillar en eso que aquella mujer llamaba «audición».

Al acabar esa primera reunión, mi abuela y mi tía abuela Dorothy estaban esperándome fuera. Era el 21 de septiembre, el día de mi undécimo cumpleaños, y habían ido a recogerme para hacer una excursión especial de celebración. Mi abuela y mi tía Dot me llevaron al centro. Cenamos de maravilla y luego fuimos al Heinz Hall a ver *The Wiz,* un espectáculo de Broadway que estaba de gira por el país. Fue una sorpresa. Yo no tenía ni idea de adónde íbamos. Y cuando se levantó el telón y los actores empezaron la función, aquello me impactó: «Dios mío, de esto hablaba la señorita Schmidt, ¡de esto! ¡Esto es un musical!».

Recuerdo pensar en lo mágico de aquella coincidencia, aunque la verdadera magia no había hecho más que empezar. El espectáculo no pudo fascinarme más. *El mago de Oz* lo conocía, claro, estaba muy familiarizado con su argumento, pero esa versión me estimuló profundamente. Se trataba de una adaptación afroamericana de la historia, los personajes eran todos negros y las canciones, todas de R&B, compuestas por el difunto Charlie Smalls; el libreto lo había escrito William F. Brown. Creo que contuve la respiración las dos horas y media que duró. Y entonces, al final de la velada, el personaje de Dorothy cantó una canción titulada *Home*.

La actriz se situó en el centro del escenario y entonó a pleno pulmón ese tema sobre un lugar rebosante de amor, *«where there's love overflowing»*, y que a mí me dejó en trance, conteniendo la respiración y devastado, todo a la vez. Cuando se encendieron las luces del teatro estaba llorando. A mi alrededor la gente empezó a ponerse en pie y a recoger sus cosas, a enfilar hacia los pasillos, pero yo era incapaz de moverme. Mi abuela y la tía Dorothy tuvieron que despegarme de la butaca y llevarme a cuestas hasta el coche.

Me desperté ansiando con todo mi corazón volver a escuchar aquella música. Quería cantar *Home* para la audición de la semana siguiente, pero no sabía cómo encontrarla y no tenía ni idea de por dónde empezar. Así que después de clase de coro me acerqué a la profesora, la señorita Rhoda Arnold. Ella fue otro ángel de mi vida. Le hablé de *The Wiz* y de la canción que quería aprenderme. Dos días después me llevó a un lado al acabar la clase y me dio la grabación del elenco de *The Wiz*, junto con la partitura. «Esto es para ti. Buena suerte con tu audición», me dijo.

Recuerdo nítidamente estar allí delante de ella, pasmado y agarrando con ambas manos el álbum de vinilo en su funda transparente. En la portada salía la silueta de una mujer negra, como a punto de separarse de unos tacos de salida en una carrera. El pelo y las extremidades formaban un remolino tras ella, una maraña fantástica. Recuerdo mi propio grito ahogado al darme cuenta de que la imagen era la misma que aparecía en el número de la revista *Playbill* que tenía en mi casa, en la cómoda. No me habría sorprendido ni emocionado más ni aunque me hubiesen regalado el mismísimo diamante Hope.

Me llevé el disco a casa y lo escuché hasta que los surcos se gastaron. Me aprendí *Home* y a la semana siguiente fui y la canté para la señorita Schmidt y para todos los niños del RMT. De nuevo, vi las caras de la gente que me oía cantar y sentí que la sala entera se ablandaba. Sentí que se abrían los corazones. En ese momento empecé a entender de verdad el poder de aquel don que se me había concedido. No tenía ni idea de lo que iba a hacer con él, pero sabía que, cuando abría la boca para cantar, de algún modo la oscuridad desaparecía y toda mi vergüenza se esfumaba.

Una semana después salió la lista con el reparto y, tal y como había dicho la señorita Schmidt, todos los papeles tenían elenco doble. Todos salvo el mío. Allí, en mitad del folio, estaba mi nombre solo: «Gus Fielding: Billy Porter». Iba a representar el papel de Gus Fielding en *Los hijos de la farándula* en los cuatro pases.

No tengo palabras para describir cuánto me gustaba el RMT: la sensación compartida de tener un objetivo, la manera en la que elenco y equipo nos convertimos en una familia unida, la diversión pura y la ilusión de ser otra persona durante unas horas. El espectáculo se estrenó a finales de marzo y la representación en sí fue una experiencia totalmente distinta a cualquiera que hubiese tenido antes. Estar sobre el escenario era como estar en casa. Me permitía respirar. Las luces, el vestuario, la orquesta, el público: nunca había conocido nada igual. Nunca había sentido una euforia ni una seguridad comparables. Me había enamorado perdidamente y no había vuelta atrás.

Llegado mi séptimo curso, era ya todo un experto en el arte de perseguir oportunidades creativas. Me faltó tiempo para apuntarme de nuevo a teatro musical. Ese año, sin embargo, la señorita Schmidt se había ido de la escuela y el señor Lutz se había hecho cargo del RMT. La obra de aquel curso fue *Juego de pijamas*. Seguimos el mismo proceso: se celebraron audiciones, salió la lista del reparto y de nuevo todos los papeles salvo el mío tuvieron elenco doble. El personaje de Hines era mío, solo mío. Me había convertido en la estrella del RMT.

Decidí continuar también con la banda. El señor Lutz se aseguraba de que diésemos conciertos fuera de la escuela de forma constante y era divertidísimo. Tocábamos por toda la ciudad, en diferentes actos y en conciertos navideños y de primavera.

Por último, la señorita Arnold encontró otro par de programas con financiación gubernamental que me podían interesar. El primero fue el All-City Choir, un coro que congregaba a estudiantes de distintas escuelas todos los sábados por la mañana para ensayar con Birdie Nichols, la profesora de coro. La señorita Nichols era una mujer negra y fuerte y un genio musical. Lo suyo era la disciplina: llegar puntuales y estar preparados. Nos enseñó a leer partituras, a estar en un grupo, a armonizar juntos: herramientas que íbamos a necesitar en nuestras vidas diarias. Era una mujer muy especial, severa y dura, aunque quizá algunas personas usarían otras palabras para describirla. Yo la adoraba. Me encantaban la disciplina y la concentración. Me encantaba el hecho de que alguien se preocupase tanto como para asegurarse de que yo hiciera lo correcto. Apreciaba mucho esas mañanas de sábado y la maravillosa sensación de tener un sitio al que ir y algo que hacer. Los niños necesitan un lugar en el que implicarse, un lugar que les haga sentir que importan. Fue todo un regalo y una bendición que existieran esos programas «de enriquecimiento», rebautizados por nuestros cínicos funcionarios gubernamentales como «de ayuda social».

La segunda oportunidad que me encontró la señorita Arnold tenía lugar los sábados por la tarde en el centro Creative and Performing Arts (Artes Creativas e Interpretativas o CAPA), un instituto nuevo. El CAPA era una escuela especializada recién inaugurada, con un programa de media jornada fundado en 1979 por el doctor Harry Clark, académico y docente afroamericano, y prominente músico de jazz dentro del mundillo de Pittsburgh. El CAPA tenía su sede en la Baxter Elementary School, en el barrio de Homewood. En el mismo edificio se desarrollaba todos los sábados un programa llamado Centers for the Musically Talented (Centros para talentos musicales), que ofrecía clases gratis a cualquiera que cumpliera los requisitos de admisión.

Sí. Clases gratis. Clases. Gratis. Este milagro debo subrayarlo: «clases de música gratis» para cualquier persona con el talento suficiente para entrar. Todos los sábados por la tarde teníamos a nuestra disposición una asombrosa variedad de oportunidades. Había una clase de teoría, una clase particular de voz y otra de saxofón. Y había un taller de ópera, en el que interpreté el papel estelar de Amahl en *Amahl y los visitantes nocturnos*, de Gian Carlo Menotti. Asistí también a clases de coro y de ritmo y percusión. Aproveché muchísimas facetas de una educación musical que terminaría conformando el artista que soy.

Esas oportunidades ya no existen. Y debo insistir en este sentido, porque aquel fue el año en que todo empezó a desmantelarse. Reagan salió elegido y dichos programas comenzaron a desaparecer. La idea del cuidado de los demás dentro de la comunidad se desmoronó. La educación pública en Estados Unidos ha ido mermando poco a poco durante los últimos cuarenta años, hasta dejar solo una versión reducida y anémica de lo que era.

En aquel tiempo, durante lo que fueron mis cursos de séptimo y octavo, yo salía de casa a las ocho de la mañana todos los sábados y no volvía hasta después de las seis de la tarde, aprovechando lo que Bernie me había enseñado sobre el transporte público para moverme por mi cuenta entre un sitio y otro. Era lo más cercano al paraíso que había conocido hasta entonces. Este programa estaba destinado a niños de secundaria, pero a mí me aceptaron en séptimo, así que me codeaba con estudiantes mayores. Por primera vez en mi vida me sentía en el grupo de los guais. Había encontrado a mi gente. Todo el mundo me respetaba por mi talento y a todo el mundo le caía bien. Nadie quería pegarme. Y eso de por sí era una cosa alucinante: «Nadie en aquella escuela quería pegarme». Todo era amor. Éramos una tribu. Estábamos unidos.

Si bien en la escuela las cosas mejoraban de froma indudable para mí, en la iglesia iban cada vez peor. Antes de entrar en secundaria ya me había ganado la reputación de hereje. Este problema en concreto se inició en la escuela dominical, cuando tenía diez años. La profesora nos había dicho que todos estábamos hechos a imagen y semejanza de Dios, que Él nos amaba y que sabía lo que íbamos a hacer incluso antes de que lo hiciéramos. A mí me resultó confuso, así que le hice una pregunta.

—Si Dios nos ama y nos ha hecho a Su imagen y semejanza, y sabe lo que vamos a hacer antes de que lo hagamos, ¿por qué crea a personas que sabe que no van a elegirlo a Él, solo para mandarlas a un infierno en llamas para toda la eternidad?

Se hizo un silencio largo y espantoso. Seguidamente, con un tono de pura reprimenda, la profesora dijo:

—A Dios no se lo cuestiona. Dios es soberano.

Esa fue la respuesta que me dio.

—¿Qué significa «soberano»? —tartamudeé.

—¡Significa que Dios puede hacer lo que quiera cuando quiera!

Incluso con diez años, entendí que eso no era una respuesta. Habría preferido que un adulto, cualquier adulto, sencillamente admitiese que no sabía qué responder. Pero la pregunta que planteé implicaba escarbar demasiado hondo para que esos seguidores ciegos la aceptasen y me marcó como pagano y pecador dentro de mi iglesia. Cuestionar los modos de Dios era un tabú absoluto y no iban a tolerarlo.

Pese a todo, esa no fue mi principal transgresión, no. Mis molestas indagaciones palidecían junto al pecado cardinal de la homosexualidad. Daba la impresión de que cada vez que aparecía por la iglesia el sermón viraba hacia la abominación de la actividad homosexual, de los hombres que se acostaban con hombres. No había motivo aparente para que ese tema saliera a relucir de forma tan incansable, y no podía evitar pensar que de algún modo sabían lo mío.

*¿Cómo saben lo de Bernie? Me insistió en que era un secreto, un secreto que quedaba entre nosotros. Pero el pastor está diciendo que soy un pecador, que me acuesto con otro hombre y eso está mal. ¿Qué se supone que voy a hacer? Yo creía que eran mis lecciones de hombría, que hacer lo que él me indicara me convertiría en más hombre. Eso fue lo que dijo el psicólogo. Ese era el plan, ¿no? Mamá y Bernie lo planearon así porque lo prescribió el médico.*

Mientras trataba de luchar contra la idea de arder en el infierno para toda la eternidad, me sumergí en mis estudios y en el teatro, dos cosas que seguían aportándome alegría, aunque el tiempo que pasaba en casa se empezó a parecer cada vez más a estar en un campo de minas. Y es que cuando llegaba, durante la cena, empezaban los piececitos bajo la mesa con mi padrastro, y luego esas otras cosas en mitad de la noche, cuando él volvía del trabajo, aunque yo ni siquiera supiera cómo llamarlas. Aquel hombre estuvo en mi habitación, como mínimo, dos veces por semana durante cinco años.

No puedo parar de llorar. Supongo que por eso nunca me he permitido ir hasta allí, hasta el corazón del dolor, al vórtice. Tengo la espantosa sensación de que si me permito llegar ahí no voy a volver. Me duele el corazón. Se me hace un nudo en el estómago. Siempre son nudos, eso no es nada nuevo, pero los recuerdos no paran de brotar más rápido de lo que soy capaz de procesar. En séptimo curso tenía la barriga plagada de úlceras. En octavo fueron nódulos en las cuerdas vocales. Me pasé tres meses sin poder hablar y seis sin poder cantar. Hice todos los ensayos en el RMT para *Oliver* —en el papel de Fagin— sin emitir ni una nota hasta una semana antes de las funciones. Recuerdo pensar que mi voz no volvería nunca, o que quizá hubiese cambiado de algún modo. ¿Cómo iba a combatir los terrores de este mundo sin mi arma secreta, sin mi salvadora?

Me siento como Mary Barnes. El año que entré en la Universidad Carnegie Mellon, la clase del último curso montó la producción de una obra llamada *Mary Barnes*. Mary era una artista y escritora inglesa que padecía esquizofrenia y que se convirtió en pintora de éxito. Yo me senté en el Kresge Theatre del campus y vi a una mujer que parecía ser muy estable, una enfermera que había servido en la Segunda Guerra Mundial, ingresar por voluntad propia en un manicomio. Llegado el final del primer acto, la mujer había retrocedido hasta el punto de estar en lo más alto de la gran escalinata, desnuda y cubierta de mierda. Tengo esa imagen grabada en la memoria porque ya entonces, en la primavera de 1988, supe que me esperaba algo similar; ya entonces supe que mi cordura pendía de un hilo. Y aquí estoy, muchas décadas después, en lo más alto de mi vida y de mi carrera, ¡cubierto por toda la mierda de mis traumas!

Mi terapeuta le ha puesto nombre a esa mierda: ¡Dolor Nunca metabolicé mi dolor y toda mi vida ha estado repleta de él. Tienes que metabolizar el dolor, reina. Te está matando. Literalmente. Me veía a mí mismo como un adulto. Me escindí de mí mismo a los siete años y empecé a sentirme como un hombre hecho y derecho. No tuve otra elección. ¿Cómo iba a saber que esas sesiones con Bernie al abrigo de la noche estaban mal? Tenía siete años.

Creía que eran algo bueno para mí. Creía que me harían más fuerte, más masculino. Y de pronto el pastor dijo que iba a arder en el infierno justo por eso. Empecé a perder el autobús «accidentalmente» después de clase. Al saber que el tiempo que pasaba con Bernie era pecado, lo único que quería era permanecer lo más lejos posible de él. Teníamos ensayos después de clase tres días por semana, y los otros dos no quería irme a casa, sin más.

Después de perder el autobús varios días seguidos, el señor Halapatz, el director de actividades, notó que pasaba algo. Él fue otro ángel. Me dejaba hacer las tareas en su despacho hasta las 17:30 y luego me llevaba a casa. Eso me permitía evitar a Bernie, que hacía turno desde las cinco de la tarde hasta la medianoche. Lo estuve evitando un semestre entero, y entonces, cuando el RMT terminó por ese curso, por fin reuní el valor para enfrentarme a él. Una noche, cuando se marchaba de mi cama, sencillamente le dije:

—No quiero hacer esto más. El pastor dice que es pecado, así que quiero parar.

Bernie acababa de levantarse y se giró a medias hacia mí cuando oyó aquello. Durante un instante las palabras quedaron suspendidas en el aire, entre nosotros, mientras esperaba su respuesta, agradecido por la oscuridad que ocultaba su cara y la mía. Tras una pausa larga y sobresaltada, se limitó a responder:

—Vale, muy bien.

Y continuó su camino hacia la puerta.

Nada más, eso fue todo: el fin de una era. Bernie nunca volvió a entrar en mi habitación. Pasó una noche y luego otra. Una semana y después dos, y luego muchas más. Me di cuenta de que, después de todos aquellos años, esa historia se había acabado de verdad, de manera abrupta: Bernie no iba a volver. Y sentí el mismo alivio que si me hubiese liberado de una presión en el cuello que no me dejara respirar.

Sin embargo, aquello tuvo también un efecto inesperado: agudizó mi sentimiento de culpa, añadió una capa más a mi vergüenza, aunque pasaron años hasta que averigüé por qué. Si pude pararlo cuando quise, con solo pedírselo, eso significaba que siempre había tenido el control en mis manos. Al no haberle pedido que parase en todos esos años, había estado pidiéndole lo contrario: pidiéndole que me hiciera lo que me hizo.

Al final del séptimo curso, me había lanzado de cabeza a actuar en dos musicales y estaba familiarizado con muchísimos más cuyos vinilos iba sacando de la sede en Oakland de la biblioteca Carnegie. *Oklahoma!, My Fair Lady, West Side Story, Gypsy, Pippin, A Chorus Line, Chicago, Sonrisas y lágrimas, Damn Yankees, Annie, Vivir de ilusión…* Y la lista seguía. Cada uno de ellos encendía una chispa distinta en mí. Las letras eran inspiradoras, cómicas e inteligentes. Ofrecían una salida frente a la rigidez moral y los juicios de la iglesia; prometían un mundo más extenso y vital que aquel en el que yo estaba atrapado.

Sin embargo, era imposible no reparar en que ninguno de ellos se había escrito pensando en mí. No había ni una sola persona negra en ningún elenco original. *The Wiz* había sido mi primera y última experiencia con actores de Broadway que se me pareciesen. Atesoré esa noche durante mucho tiempo, me aferré a ella todo lo que pude durante los meses y años que siguieron, pero no volví a experimentar nada igual.

Y entonces llegó el segundo domingo de junio de 1982 (una fecha que en algunos círculos se conoce como «la Navidad gay»). Estaba solo en la cocina, fregando los platos de la cena mientras veía los premios Tony en la pequeña televisión a color que teníamos en la encimera. Sentado en un sillón de terciopelo con el respaldo alto, Tony Randall presentó una escena de uno de los espectáculos nominados a mejor musical: *Dreamgirls*. Entonces salió de entre bambalinas Jennifer Holliday en el papel de Effie, una cantante a la que expulsan del grupo que lidera. Cuando Holliday empezó a cantar me quedé petrificado. Se me erizó la nuca y sentí un hormigueo en las raíces del pelo. Me hice un ovillo en el suelo, pasmado, con los ojos fijos en la pantalla.

Desde los primeros instantes de aquel solo supe que estaba siendo testigo de algo extraordinario. La actuación de Holliday era una demostración magistral de pena infinita y virtuosismo vocal. Daba la impresión de que no había sitio al que su voz no pudiera llegar. Holliday era una tempestad enrabietada que soltaba bramidos y aullidos, lamentos y rugidos, y tronaba con aquel abrasador canto de sirena y de mujer rechazada.

Nunca había visto a nadie dar tanto en un papel. La Effie de Holliday no se dejaba nada en el tintero. Me costaba imaginar la valentía necesaria para sumergirse a tanta profundidad en sus vivencias agónicas, ante un público y en directo. Era un acto simultáneo de voluntad pura y rendición absoluta.

Y con todo, su actuación prendió en mí una luz que supe reconocer: Holliday cantaba exactamente como lo hacíamos en la iglesia. Cantaba usando el góspel con el que yo me había criado. Había llevado al escenario de Broadway aquel potentísimo sonido góspel lleno de energía, ese azote para el alma, y había conseguido que el público convencional se extasiara con él: en ese embelesamiento de su audiencia, entendí un mensaje expresamente destinado a mí. Pensé: «Esto puede ser algo más que una actividad extraescolar divertida en mi vida. Yo también puedo hacer esto de los musicales y ganarme la vida así».

Y aunque en aquel momento fui consciente de ese hecho, había muchísimo más que entonces no podía saber.

Por muy fascinado que estuviese con la actuación de Holliday, nunca habría podido imaginar hasta qué punto fue un presagio de las siguientes décadas de mi vida. Aún no entendía que Effie, el personaje de Holliday, era una cantante a la que despedían en parte porque no encajaba en la idea que la industria tenía de la chica perfecta, una *dreamgirl* auténtica: alegre y guapa, delgada, con chispa y sonriente, percibida por la sociedad dominante como inofensiva y benévola.

No conocía el argumento de la obra; no tenía ni idea de lo que ocurría a continuación. Por lo que había visto representado sobre el escenario de los premios Tony, parecía que aquel era el final del camino para Effie: se te acabó el tiempo, has perdido. La habían rechazado, abandonado, tirado a la cuneta. Aún no sabía que Effie se marchitaría alejada de los focos durante muchos años, ni tampoco que al final, cual ave fénix, se levantaría de sus cenizas. Ni que cuando lo hiciera sería asumiendo su verdadero yo en todo su esplendor: fuerte, real, corpulenta, a todo pulmón, y negra, negra y más que negra.

Tampoco tenía manera de saber entonces hasta qué punto llegaría a identificarme con su mensaje, emitido con la ira más que justificada de mil furias incitadas por los fuegos del infierno. Contra el hombre al que ama, sí, pero también contra una industria desalmada, despiadada y deshumanizante que estaba empecinada en sacarla de los focos:

> *And I'm telling you I'm not going.*
> *And you and you and you, you're gonna love me...*[2]

[2] «Y ya os digo que no me voy. / Y tú y tú y tú, vais a quererme».

# Capítulo cuatro

Según avanzaban los cursos fui haciéndome un experto en el arte de trazar mi propio camino. Comprendí desde muy joven que, prácticamente en todos los casos, necesitaba saber por adelantado los siguientes cinco movimientos que debía hacer para sobrevivir y prosperar. Ya en séptimo era consciente de que la normativa de zonas en mi ciudad me destinaba a cursar secundaria en el infame Instituto Westinghouse, ubicado en el peligroso barrio Homewood-Brushton. El Westinghouse estaba infestado de drogas, violencia y bandas. ¿Alguien recuerda la película de 1989 *Escuela de rebeldes*, con Morgan Freeman en el papel de director tiránico pero siempre preocupado? ¡Así era esa diva, sí! Yo sabía muy bien que si me veía obligado a ir al Westinghouse, mi culito de marica no iba a salir vivo de allí. Tenía que encontrar una forma de estudiar en otra escuela.

Después de pasar por la Reizenstein y estar rodeado de gente blanca por primera vez en mi vida, empecé a darme cuenta de lo pobre que era mi familia y de todo lo que no teníamos. También me di cuenta de lo rígida y restrictiva que era la gente de mi iglesia. Cuando nunca has experimentado alternativas a tu propia cultura o a tus circunstancias, no siempre sabes que hay algo diferente fuera de tu burbuja, que otra manera de vivir es posible. Pero una vez inmerso en un ambiente distinto, con las oportunidades que eso conllevaba, tomé la decisión consciente de permanecer en la luz.

Por otro lado, como prestaba atención llegué a conocer muy bien el funcionamiento del sistema educativo, sabía que si tenía un buen rendimiento académico se me ofrecería la opción de aprender una lengua extranjera. Sabía también que una de las opciones era ruso y averigué que estudiarlo en octavo era la clave de mi futuro, por improbable que pareciese.

Sí, precisamente esa clase de ruso en octavo fue la «Operación Salvar a un Marica», porque también sabía que el mejor instituto público en la ciudad era el Taylor Allderdice. Ese centro estaba en el barrio de Squirrel Hill, donde vivía toda la comunidad judía; tenía una reputación excelente y se encontraba entre los diez mejores del país, y yo quería ir allí. Pues bien, si asistía a clases de ruso en octavo y aprobaba, el único instituto de la ciudad que ofrecía ruso era el Allderdice, así que si quería continuar con mis estudios de ruso, tendrían que admitirme. Eso no solo me permitiría evitar el Westinghouse, sino que supondría además una subvención del ayuntamiento para mis necesidades de transporte. Dado que no había autobús escolar para ir de mi barrio a Squirrel Hill, la Autoridad Portuaria debía suministrarme un bono mensual e ilimitado para el transporte público. Y a su vez, eso resolvería mi problema de cómo llegar a todas las actividades extraescolares que se amontonaban ya en mi vida. Porque al contrario de a la gente blanca con la que me juntaba, mis padres no me llevaban en coche a ninguna parte, ni a mí ni a mi culo inquieto.

Forjé este plan secreto durante el verano de sexto a séptimo; pensaba las cosas con tanta antelación porque estaba así de desesperado por encontrar una salida. Sabía que la única manera de sobrevivir era pasar el mayor tiempo posible fuera de mi barrio. También mantuve las miras puestas en el CAPA, el instituto que albergaba el programa Centers for the Musically Talented, donde pasaba las tardes de los sábados. Muchos de mis compañeros de programa cursaban allí la segunda mitad de la jornada escolar, así que, si lograba también una plaza en ese centro, ya tendría un grupo de amistades esperándome. Y podría dedicar la mitad de la semana escolar a todas mis actividades creativas.

Por supuesto, aquel último año antes de ir al instituto volví a apuntarme a teatro musical, y fue durante ese curso cuando viví mi primera experiencia con los peligros del casting tradicional.

Según mi información, el musical que tocaba ese año era *Oliver*, así que fui a la biblioteca pública de Carnegie, busqué el disco y lo saqué. Para la audición me aprendí el solo de Oliver, *Where Is Love?* Di por sentado que, después de dos años haciendo de segundón, por fin me darían el papel protagonista.

Y entonces salió la lista del reparto. Ponía: «Oliver Twist – Eric Pearson».

Ni me molesté en mirar qué papel tenía asignado; echando humo, enfilé el pasillo hasta la sala de instrumentos e irrumpí en el despacho del señor Lutz.

—¿Por qué no hago de Oliver? —Exigí saber sin más preámbulo.

El señor Lutz estaba ante su maltrecha mesa metálica y no parpadeó siquiera. Como si me hubiese estado esperando, como si sencillamente estuviésemos retomando una conversación ya iniciada, me dijo:

—Billy, vas a hacer de Fagin.

—¿Fagin quién es?

—Fagin es el villano.

—¿Y por qué no hago de Oliver?

—Pues porque no eres apropiado para Oliver. Hace falta una inocencia que tú no tienes. Eres mucho más apropiado para Fagin.

—Merezco el protagonista, me lo he trabajado mucho. He hecho todo lo que tenía que hacer —espeté—. Y ese tal «Fajín el de la faja» no es el protagonista.

El señor Lutz me dedicó una miraba amable.

—Bueno, se pronuncia «Feiyin» y sí es el verdadero protagonista.

—A ver, ¡el musical se llama OLIVER, no FAGIN! ¡No tiene mucha pinta de ser el protagonista!

—Vete a casa. Léete el guion y entenderás a qué me refiero —me dijo.

Me fui a casa a leer el guion, lo que a mi edad significaba contar cuántas frases me tocaban. Entonces me di cuenta de que Fagin ni siquiera entraba al musical hasta la última escena del acto primero. Me dolió la garganta del alarido de indignación que solté: «Pero ¿cómo va a ser este personaje el protagonista? Menuda mierda —maldije para mis adentros—, pero... En fin...».

Y entonces, de pronto, no podía cantar. Si en séptimo había tenido úlceras, en octavo llegaron los nódulos vocales. Mi cuerpo reaccionaba al trauma que estaba viviendo, aunque en mi entorno no hubiese ningún adulto consciente o dotado con las herramientas necesarias para plantearse por qué iba yo por ahí con boquetes de ácido en el estómago. A lo mejor era porque había visto una noticia sobre el extraño «cáncer gay» que estaba matando a los gais; o quizá porque mi pastor usaba su púlpito para maldecir a los homosexuales por ser una abominación. «*¿Qué es* "gay"? ¿Qué significa "homosexual"?» Ni siquiera lo sabía, pero tenía la leve sospecha de serlo, de ser esa abominación. Lo busqué en el diccionario y, por supuesto, yo era la viva imagen del término «homosexual». Para añadir sal a la herida, mientras emitían aquella alarmante noticia a la hora de la cena, mi padrastro hacía piececitos conmigo bajo la mesa. Por aquel entonces visitaba mi habitación al menos dos veces por semana, lo hizo durante unos cinco años. Estoy intentando asimilarlo. Estoy intentando sentir compasión por Billy, el Pequeño Predicador. El Billy de siete años... El Billy de doce años... Estaba solo. *Estabas totalmente solo, cariño. Tenías doce años y creías que ibas morir de sida y no tenías a nadie con quien hablarlo.*

El médico me ordenó estar seis meses sin cantar y tres meses sin hablar nada. Tendría que llevar un cuaderno encima a todas partes para comunicarme con la gente. Tendría que aguantar seis meses de ensayos para *Oliver* sin cantar; no podría ni intentarlo hasta una semana antes de las funciones. Mis cuerdas vocales corrían peligro. El depresor lingual mostraba a mis pequeñas salvadoras al borde de una hemorragia. El médico no podía prometerme que fuese a volver a cantar algún día. Me preocupaba qué diría el señor Lutz, si me buscaría un sustituto, qué iba a hacer yo si no podía cantar nunca más, cómo iba a sobrevivir.

Pues bien: me aguanté, recobré la compostura y sugerí que, por el bien de la producción, me sustituyesen.

«¡De eso nada!», dijo el señor Lutz. Su confianza y su fe en mí y en mi recuperación me ayudaron a creer en mí mismo. Me aprendí el papel en silencio, memorizando el texto, grabando la música en mi disco duro mental, y le ordené a mi cuerpo que se curase. Al final lo pasé de maravilla y la noche del estreno aprendí lo que significa la entrada de una estrella en escena. ¡A veces hay que hacerse esperar! Fagin no aparecía hasta casi la mitad del espectáculo, así que para cuando salí deslizándome de entre bastidores todo el público estaba esperándome, aguantando la respiración. Entré al escenario recibido por una estruendosa ronda de aplausos.

Protagonista o no, fui la estrella del espectáculo y canté el *Reviewing the Situation* de Lionel Bart una octava por encima de lo usual, con mi mejor acento de Pittsburgh.

No obstante, después de esa apasionada historia de amor de tres años con el teatro musical, mi madre lanzó una bomba sobre mis planes perfectamente estructurados. «No, no vas a ir al CAPA. Quizá te lo pases muy bien, pero no tiene ningún futuro. Vas a hacer algo con ordernadores», me dijo.

En retrospectiva debo reconocer que fue bastante visionaria. A decir verdad, en cierto modo me asombra su capacidad premonitoria. En aquella época no había indicios de que los ordenadores fueran a ser lo que son ahora. Estudiar informática habría sido una buena inversión, pero yo no tenía ningún interés, así que la desafié y fui de todos modos a la audición para entrar en el CAPA.

Cuando terminé mi canción, me aceptaron de inmediato.

—Lo siento, pero no puedo volver. Mi madre no me deja —les dije.

El doctor Harry Clark, fundador y primer director de la escuela, estaba entre el público. Frunció el ceño, desconcertado.

—¿Perdón?

—Mi madre no va a dejar que me matricule. Quiere que estudie informática.

Me quedé sorprendido cuando el doctor Clark se levantó y empezó a avanzar por el pasillo del auditorio.

—Venga conmigo a mi despacho. Vamos a llamar a su madre ahora mismo —me dijo.

Mientras caminaba tras él notaba el sudor brotarme desde el borde del pelo y bajo los brazos. *Dios mío, mi madre me va a matar. ¡Se supone que ni siquiera debería estar en esta audición! Me va a cruzar la cara.* Pero yo sabía que tenía que ir a esa escuela. El arte no era un capricho pasajero en mi vida. Aquel amor ferviente estaba ahí para quedarse. Había encontrado mi pasión e iba a perseguirla a toda costa, iba a luchar por ella con todo lo que tenía, a soñar por encima de mis posibilidades, ¡a encontrar la salida!

Cuando mi madre se enteró de que había hecho la audición para el CAPA, colgó el teléfono, se subió al coche y a los quince minutos estaba en el instituto. Y me alegré muchísimo de tener precisamente al doctor Clark para defender mi causa ante ella. Esa formidable eminencia afroamericana, ese académico con el título de doctor, saludó a mi madre con el mayor de los respetos y a continuación, dándole un leve toque en esa espalda tan menuda que tenía, la llevó hasta su despacho.

Después de que mi madre se sentara ante su mesa, en la silla que había a mi lado, el doctor Clark se echó hacia delante, la miró a los ojos y empezó a hablar con una intensidad calmada y pensativa.

—Señora Ford, su hijo tiene un don. Es un don tan profundo, tan potente y tan excepcional que podría cambiar el mundo, en serio. Habrá quien diga que es un don de Dios. Y si ese don se desperdiciase, sería una pérdida catastrófica, casi diría que una tragedia.

—No quiero perder a mi hijo en las calles. No quiero que acabe en la cárcel —apeló mi madre.

Le temblaban las manos. Se le humedecieron los ojos al pensar en ese final sistémico e inevitable.

El doctor Clark repasó todos los beneficios de mi matriculación en el CAPA: que me mantendría centrado, que era algo que me encantaba, que tendría tiempo de sobra para cambiar de rumbo más adelante si no salía bien. Mi madre se mantuvo muy quieta mientras lo escuchaba y cuando el hombre terminó de hablar, su mirada pareció volverse hacia dentro, como lo hacía cuando se paraba a pensar o cuando consultaba con Dios. Yo tenía las manos muy apretadas sobre el regazo mientras ella reflexionaba, sin moverme, sin atreverme apenas a respirar. Durante aquellos instantes, el silencio fue tal que oí el tictac del reloj en la pared del despacho.

Por fin, mi madre pareció volver con nosotros. Enderezó la espalda y levantó la barbilla. Miró al doctor Clark a los ojos.

Y dijo que sí.

Hice un pacto con mi madre. Mientras me fuese bien en los estudios, podría hacer cualquier actividad extraescolar que quisiera. Así que aquel primer año lo dediqué a mantener mis notas y a asegurarme de que todo el mundo supiera que estaba muy implicado en mi educación. Debía cerciorarme de que cuando llegase la hora de cantar, no me pondrían limitaciones.

La primera mitad de mi jornada escolar la pasaba en el Taylor Allderdice y la dedicaba a todas mis clases académicas: inglés, matemáticas, ciencia, historia y, por supuesto, ruso. Luego, a mediodía, me subía al autobús camino del CAPA. Tenía la sensación de haber encontrado a mi tribu. Aquello era puro disfrute. El CAPA lo llenaban los inadaptados y los futuros maricones de Estados Unidos, y yo me sentía como en casa. Por primera vez en mi vida era popular. El único inconveniente fue estar deseando que llegara el musical anual de la escuela y, de pronto, enterarme de que no había.

El motivo era que la escuela se dividía en departamentos, y que todos esos departamentos eran entidades independientes. El primero era el Departamento de Teatro, que solo se encargaba de las actuaciones y de montar las obras. El segundo era el de música, y solo de música; en este departamento podías cantar o tocar un instrumento, y punto. El Departamento de Baile se ocupaba única y exclusivamente de la danza. Y luego estaba el Departamento de Artes Visuales, dedicado a pintura, escultura, fotografía y demás.

Tras haber sido la estrella del RMT en años anteriores, noté muchísimo la ausencia del teatro musical. Había un vacío, y se lo dejé bien claro a mis profesores. ¡Yo quería estar en un musical! Como lo había estado los tres años pasados, como los actores y cantantes de *The Wiz,* como esos glamurosos miembros del reparto de *Dreamgirls* en los premios Tony. ¡Quería estar sobre el escenario!

En la primavera de mi primer curso, uno de mis profesores me habló de la Civic Light Opera (Ópera ligera municipal o CLO), una compañía de Pittsburgh que montaba funciones de verano reutilizando escenografías y vestuarios de otros espectáculos. Actuaban en el gran Heinz Hall, el teatro en el que había visto *The Wiz.* En cuanto me enteré, no lo pensé dos veces. Quería estar sobre el escenario y quería estar sobre ese escenario en concreto: el mismo que había acogido a los deslumbrantes actores de mi musical favorito de todos los tiempos. Sería una cosa bárbara.

Las audiciones para la Civic Light Opera se celebraban un domingo por la mañana. La cuarta planta del Heinz Hall rebosaba de candidatos listos para cantar. Iban todos vestidos para impresionar, con el pelo arregladísimo y la partitura plastificada o guardada con mucho cuidado en una carpeta. A algunos los acompañaban lo que al poco identifiqué como sus «madres escénicas»; otros llevaban a sus entrenadores vocales, muchos de ellos muy conocidos entre el personal artístico de la CLO.

A esas alturas se me daban bien las audiciones y mi canción seguía siendo *Home.* Iba vestido con mi ropa de la iglesia y aparecí allí sin ningún contacto, pero si había algo que sabía hacer en el mundo, eso era cantar, y me llevé a todo el teatro en el bolsillo.

Me invitaron a volver el domingo siguiente para una segunda audición. Las segundas audiciones eran algo nuevo y confuso para mí. ¿Qué significaba eso y qué debía hacer?

«Vas a bailar —me dijeron por teléfono—. Así que la semana que viene trae ropa con la que puedas moverte bien y te indicaremos unos cuantos pasos, y además tendrás que cantar otra vez».

La semana siguiente, después de rogarle a mi madre que me permitiese perderme la misa del domingo, me monté en el autobús y volví allí con lo que yo creía que era un atuendo adecuado: una camiseta y unos pantalones de chándal. Cuando eché un ojo a la sala, vi a un montón de niños blancos vestidos con prendas de baile muy caras de la marca Capezio (leotardos y mallas) y zapatillas para bailar. Según parecía, había ropa y zapatos especiales para el baile. ¿Quién iba a saber eso?

No tardé mucho en confirmar que yo bailarín no era. Cuando el coreógrafo se puso delante de toda la sala y nos enseñó el conjunto de pasos en secuencias de ocho, todos los chicos que me rodeaban lo pillaron como si llevaran haciendo aquello desde antes de nacer. *¿Perdooona? ¿Esta gente se está aprendiendo esto del tirón? ¿Aquí y ahora? ¿En este momento?* ¡Yo no sabía ni por dónde empezar! Aquello estaba por completo fuera de mi alcance. Mientras el sudor se me colaba en los ojos, que me escocían por la sal y por el fijador del pelo, y las piernas casi cedían bajo mi cuerpo, supe que lo había echado todo a perder. «Bueno, pues se acabó. Nunca seré artista de musical», pensé.

El hombre que llevaba la audición, una persona muy agradable, nos separó en grupos de cuatro. Cada grupo hizo entonces el conjunto de pasos ante un jurado que observaba atentamente, señalando y susurrándose cosas unos a otros. Después del baile hubo otra prueba. Todo el mundo tenía que cantar, otra vez, aunque esta vez delante de nuestros compañeros. Debíamos hacer una demostración de fuerza, dejarlo salir todo para que la gente lo viese y lo juzgase. Me sentí ligeramente fuera de juego, porque lo del baile era nuevo para mí y tenía la camiseta y los pantalones empapados como buena muestra de ello. Aquella audición conjunta era un sistema muy popular en la década de 1980: centenares de futuros artistas metidos en estudios de baile o salas de música atestadas y aromatizadas con el tufo de nuestros cuerpos, como sardinas en lata, peones que luchaban por lograr un hueco bajo los focos. La competencia la podías tener delante, detrás, a la derecha o a la izquierda. Existía la posibilidad de que te entrasen unos nervios incapacitantes que echaran a perder tus opciones de alcanzar la gloria, y solo por el mero hecho de oír a otra persona cantar la misma canción que tú en la audición, ¡y seguramente hacerlo incluso mejor!

Cuando un grupo terminaba, ponían a la gente en fila, hombro con hombro, a lo largo de la sala.

—Si oís vuestro nombre, dad un paso al frente, por favor —dijo aquel hombre tan simpático.

Entonces empezó a repasar una lista sujeta a un portapapeles. Yo estaba ahí, casi sin respirar, rezando para que dijera mi nombre, ordenándole que lo hiciera. Pero no lo hizo. Cuando llegó al final, sentí un espasmo de decepción en la barriga.

Seguidamente, el hombre añadió:

—A quienes acabo de nombrar: muchas gracias por vuestro tiempo. Muchísimas gracias.

Un silencio se apoderó de la sala según se asentaba el significado de esas palabras y luego, lentamente, los descartados empezaron a reunir sus pertenencias: bolsas de baile, envases de comida, ropa. Algunos lloraban. Los padres entraron en la sala para recoger a sus hijos y consolarlos. Los míos no estaban allí. Yo había ido al Heinz Hall solo, en transporte público. No se me había pasado por la cabeza que se suponía que al menos uno de mis padres debía estar conmigo. Para mi madre esas actividades no tenían sentido y mi padrastro me había enseñado a ser autosuficiente. ¡Aquel bono mensual de transporte de la Autoridad Portuaria era lo único que necesitaba para sacar mis mierdas adelante!

El hombre agradable se dirigió entonces a todos los artistas y padres que no se habían marchado:

—Hola a todos. Me llamo Joe Franze y soy el fundador y director artístico del Civic Light Mini Stars. Quería encontrar una manera de implicar a la juventud de nuestra comunidad a través del teatro y esto fue lo que se me ocurrió para conseguirlo.

Siguió hablando y contando que la compañía Mini Stars sería la embajadora de la Pittsburgh Civic Light Opera en toda la ciudad; que actuaríamos en varios festivales de verano, funciones oficiales estatales y fiestas privadas. Los ensayos tendrían lugar los domingos de doce a cinco, en las instalaciones de la pista de patinaje del parque Schenley.

Levanté la mano.

—Disculpe, señor. Yo creía que estaba haciendo la audición para la Civic Light Opera.

—Y así es. Eso has hecho. Esto es la Civic Light Opera y esta *troupe* es la Mini Stars.

—Pero yo creía que estaba haciendo la audición para actuar en el escenario. En el de abajo, en el Heinz Hall.

—Bueno, de hecho estaba a punto de decir que la Mini Stars es la compañía de entre la que la CLO elige a los niños, si es que necesitamos a niños en los espectáculos del escenario principal.

*¿Niños? ¿Por qué sigue refiriéndose a mí como niño? Yo no soy un niño. Tengo catorce años. ¡Soy un hombre hecho y derecho!*

—¿Y cuánto nos van a pagar? —pregunté a continuación.

El hombre levantó las cejas en gesto de sorpresa.

—Nuestros participantes consideran un privilegio estar en la Mini Stars. No hay remuneración —respondió.

Yo sabía que aquello no iba a salir bien. Yo quería mis vaqueros marca Jordache; quería mis Chardon. ¡Quería mis trapitos, cari! Y si no me los pagaba con mi dinero, nadie iba a hacerlo. Además, no había manera humana ni divina de que mi madre me permitiese saltarme la misa de los domingos para ensayar con los paganos. Empecé a recoger mis cosas.

—¡Espera, espera! —exclamó Joe Franze—. ¿Qué haces? ¿Adónde vas?

—Es que no puedo. No puedo meterme en esto. ¿Actuar gratis y encima ensayar los domingos? Mi madre nunca me va a dejar, en la vida.

Se hizo un silencio en la sala mientras todos los niños y sus madres escénicas se quedaban mirando espantados. No me imagino qué estarían pensando. ¿Este crío negro, rechazando una oportunidad así? ¿Quién se cree que es? Al momento había salido por la puerta y estaba bajando las escaleras. No había llegado muy lejos cuando uno de los socios de Joe Franze, Paul Palmer, vino corriendo detrás de mí. Me pidió que no me fuese, que me lo pensara.

—Creo que te iría muy bien estar rodeado de otros niños que aprecian y disfrutan las mismas cosas que tú —me dijo.

*Otra vez con el rollo de los niños. ¡Que aquí no hay ningún niño!*

—Bueno, es que mi madre no va a dejarme faltar a la iglesia, así de simple. Y no tengo manera de ir a los ensayos. No hay ningún autobús que llegue a la pista de esquí del parque Schenley.

—Por eso no te preocupes. Nosotros nos encargamos de llevarte y de traerte para que ensayes. Y hablaremos con tu madre y conseguiremos su permiso.

—¿Conseguir su permiso para que trabaje los domingos? ¿Gratis? ¡Buena suerte!

Ángeles. ¡Ángeles! Aquel gigante amable de dos metros me acogió bajo sus alas y me llevó de vuelta a la sala. Y todo lo que me prometió acabó pasando. Nunca sabré cómo consiguieron el permiso de mi madre, pero hubo llamadas, conversaciones y planes, y se involucró incluso el director artístico en persona, Joe Franze, que se encargaba de mi transporte para ir a los ensayos y a las actuaciones. Aquella experiencia resultó tener para mí un valor incalculable. Si bien mi capacidad para cantar no se cuestionó en ningún momento, también se me exigía bailar junto a un puñado de niños blancos privilegiados que llevaban años recibiendo formación reglada. Yo llegaba con retraso a esa tarea y lo sabía, pero me presentaba allí, me esforzaba al máximo en todos los ensayos y practicaba los movimientos de baile por mi cuenta en cualquier hueco libre que tenía.

En la Mini Stars había un grupo de diez o doce niños que venían de un mismo estudio de baile, el Center for Theater Arts del Mt. Lebanon. Una era Kerry Nowe.

—¿Y tú dónde estudias baile? —me preguntó un día.

—¿Estudiar?

—¿Que dónde vas a clases de baile?

—A ningún sitio. Me gustaría, claro, pero mi madre no tiene dinero para esas cosas.

La madre de Kerry, Judy Nowe, escuchó la conversación. Era la fundadora y directora artística del Center for Theater Arts. En aquel mismo instante me ofreció una beca completa y yo la acepté muy agradecido, sin tener la menor idea de cómo iba a apañarme. El Mt. Lebanon era un barrio muy blanco y muy rico a las afueras de Pittsburgh. Desde el CAPA eran unas dos horas en autobús. ¿Conseguiría llegar a las clases a tiempo? ¿Me dejaría mi madre volver a casa tan tarde? No sabía cómo iba a hacerlo, pero aquello costaba un total de cero dólares, así que encontraría la manera. Una semana después, ya tenía agendado ir al centro los martes por la noche para una clase de claqué y una de ballet, para empezar por lo básico. Debía ir al estudio en autobús después de la escuela y tardaba por lo menos noventa minutos en llegar hasta allí. Luego tenía que subirme al autobús de vuelta y confiar en estar en casa a las once de la noche.

Pero a esa gente blanca le preocupaba que me moviese en transporte público yo solo tan tarde, así que los ángeles se reunieron y trazaron un plan. Billy Hartung era otro de mis compañeros de clase, nos hicimos amigos de inmediato y sus padres se ofrecieron para llevarme a casa todos los martes, aunque eso significara ir hasta la otra punta de la ciudad y luego volver. Al salir de clase nos apretujábamos todos en la ranchera familiar. De camino a la autovía parábamos en el Wendy's, donde siempre elegía una hamburguesa sola, patatas fritas y mi postre preferido: un Frosty cremoso. Estuvieron llevándome a casa toda las semanas durante dos años seguidos. La preocupación que mostraron por aquel niño negro del gueto es una cosa que no olvidaré jamás y que agradeceré siempre.

Billy Hartung acabó teniendo una carrera impresionante. Actuó en *Footloose* y en *Sideshow* en Broadway, así como en la versión cinematográfica de *Chicago*. Después regresó a Mt. Lebanon, donde vive con su hermosa familia, trabaja como director artístico del Center for Theater Arts y continúa la tradición familiar de crear cadenas de favores, así que ayuda a niños a activar y a lograr sus sueños a través del arte.

En cuanto a mí, no pasa un solo día en que no me sienta agradecido por mis ángeles. Y es esta gratitud la que me mueve a participar en todas las acciones benéficas que puedo, a hacer donaciones a una gran variedad de causas y a llegar a todos los fans que me sea humanamente posible, sobre todo a niños mariquitas negros y a criaturas trans del mundo entero.

Ha sido un privilegio indescriptible protagonizar espectáculos de Broadway y exitosas series de televisión. Me siento profundamente honrado por los premios Tony, Grammy y

Emmy que he ganado. No obstante, me recuerdo a diario que no hay nada más importante que ampliar el legado de los ángeles que han aparecido en mi vida. Tengo la sincera convicción de que si no abro puertas a los desfavorecidos y a los vulnerables, si no los animo, no merecería la confianza que ellos depositaron en mí y no haría justicia suficiente a sus dones.

# Capítulo cinco

En los últimos años antes de pasar al instituto, mi talento me había convertido en una estrella, pero una vez en él quedó claro que eso no bastaba. Tenía que mejorar, trabajar más, ser mejor bailarín. Y aprender a actuar.

El año que entré en el CAPA me sentí muy fuera de mi zona de confort. Ya el primer día me acorraló Peggy Hughes, la directora del Departamento de Teatro; un torbellino de mujer, con el pelo rubio muy corto. Era una «fuerza de la naturaleza», como decimos en el mundillo. Llevaba un cuaderno bajo el brazo y fue directa al grano.

—Me han dicho que quieres subir al escenario, actuar, hacer musicales. Mi propuesta es la siguiente: vente al Departamento de Teatro.

—Pero ya estoy en el de música. Soy cantante —le respondí.

—Tú eres mucho más que un cantante. ¿Quieres subir al escenario, chico?

—Bueno, sí, sí que quiero.

—Pues deja el Departamento de Música y vente a probar un semestre en el de teatro.

La señorita Hughes me dijo que me incluiría en su producción de *Nuestra ciudad* de Thornton Wilder (obra de la que yo nunca había oído hablar), en el papel del señor Webb, y me prometió que podría regresar al Departamento de Música si aquello no me gustaba. A mí me pareció una propuesta magnífica, así que aparecí por allí y me di cuenta de que, una vez más, llegaba tarde: no tenía ni idea de lo que estaba haciendo.

Ese año aprendería que actuar no consiste solo en memorizar una serie de frases y proyectarlas con claridad y estilo, y que tampoco es una versión superior de la mímica. Se trata más bien del nivel de humanidad y de empatía del actor. Es una forma de comunión profunda con el personaje que se representa y también con el público. Encontrar una conexión sincera entre tu persona y tu personaje es solo una parte del trabajo.

La señorita Hughes era una profesora de interpretación y una directora increíble. Trabajaba de verdad con nosotros, se preocupaba por nosotros y nos ayudó a entender las múltiples razones por las que *Nuestra ciudad* —que en un plano superficial parecía una obra sentimental y pintoresca, un homenaje a los valores convencionales— suponía un desvío radical con respecto al teatro tradicional y era una pieza muy subversiva. Fue una espléndida introducción a la interpretación, porque me lanzó directo al vacío: no tenía ni un solo punto de apoyo a mi alcance. No había telón, ni decorados ni atrezo. Nada de vestuario pomposo. Ni drama serio ni comedia, y lo más terrorífico: tampoco canto. Al final del semestre, y pese a no haber estado en ningún musical, sentí que la intuición de la señorita Hughes me había llevado por la dirección correcta, y es que el Departamento de Teatro ofrecía una serie de lecciones que serían esenciales para mí. Decidí quedarme y dejar el de música durante el tiempo que estuve en el CAPA.

Seguí muy comprometido con mi régimen de danza, cada vez más exigente. Uno de mis amigos del CAPA, Curtis

Clark, era un bailarín extraordinario y una inspiración constante para mí. También había un par de profesores en la escuela que habían abierto su propio estudio en el centro: Buddy Thompson enseñaba baile de jazz y Leslie Anderson daba ballet. Buddy y Leslie me conocían de la escuela, así que me armé de valor y fui a plantearles la posibilidad de formarme con ellos en su First Side Studios, aunque la matrícula quedaba muy por encima de mis posibilidades. No pudieron ser más rápidos en concederme una beca. Ángeles. Los ángeles de mi vida...

A partir de entonces, me levantaba a las seis de la mañana, iba a dos escuelas distintas y luego me montaba en el autobús que me llevaba al centro, donde daba tres o cuatro clases de baile por día. Después volvía a casa en autobús, engullía una cena muy tardía, hacía los deberes y trataba de estar en la cama a la una de la madrugada. Y me despertaba cinco horas después para repetirlo todo. Las cosas no se consiguen si no te las trabajas. Mi creencia en el trabajo duro viene de las generaciones que me precedieron. Mi tía Dorothy siempre me decía: «Si siempre estás preparado, nunca tendrás que prepararte». Yo me estaba preparando para el mundo y estaba dispuesto a hacer lo que fuese necesario.

También me recordaba a mí mismo que esa era la única manera de conseguir la ropa que quería.

Por esa época, Curtis me habló de un trabajo que le había salido el verano anterior actuando en el parque de atracciones Kennywood, uno de los puntales de Pittsburgh desde 1899. Curtis tenía previsto volver a trabajar allí el verano siguiente y decidí que me uniría a él si podía. Por mucho que disfrutase de ser una Mini Star con la Civic Light Opera, sabía que cuando acabasen las clases necesitaría un trabajo de verano de verdad, uno que se pagara con dinero real.

Las audiciones conjuntas se celebraban en la sala de instrumentos del Departamento de Música de la Universidad de

Duquesne. Todos los aspirantes —bailarines, cantantes, músicos— estaban de nuevo en un mismo espacio, analizando a la competencia, listos para devorarse entre ellos, *El señor de las moscas* en todo su esplendor. Yo seguía cantando mi tema de confianza en las audiciones, el de *The Wiz,* y había añadido *Be a Lion* para ampliar mi repertorio. Mejor no tocar lo que funciona.

Dado que Curtis había trabajado allí el verano anterior, conocía ya a los directores de entretenimiento y claramente tenía un pie dentro. Yo, por mi parte, no estaba tan seguro, sabía que el baile seguía sin ser mi punto fuerte, pero había estado trabajando mucho, así que me veía todo lo preparado que podía en aquel momento.

Canté y arrasé. Bailé y... ¡No estuve nada mal! No le di vergüenza a nadie, ni siquiera a mí mismo. A Curtis y a mí nos ofrecieron un puesto en el momento.

Como solo tenía quince años, necesitaba un permiso especial de un tutor para subvertir las leyes contra el trabajo infantil. Mi madre estuvo encantada de firmar, emocionada de verme con un trabajo. Ganaba 4,25 dólares la hora, trabajando de 12:00 a 23:00, de martes a domingo. Hacíamos seis pases al día, cuatro de ellos distintos. La mayoría del elenco estaba en edad universitaria y venía de fuera de la ciudad. Esa gente se alojaba en un motel a unos diez minutos del parque. Todavía hoy no estoy seguro de por qué mi madre me permitió quedarme allí también. Supongo que se dio cuenta de que eso me facilitaba muchísimo ir a trabajar. Creo que estaba contenta de no verme tirado por las calles y de que no le causara problemas. Yo era un niño bueno, aprobaba todas las asignaturas y ganaba mi propio dinero. Y el verano se fue desarrollando sin un solo escollo, hasta que mi madre recibió una llamada de teléfono de un miembro de nuestra iglesia, de una prima lejana. Resultaba que la cadena local de noticias había ido al parque Kennywood a hacer un reportaje y en los clips de transición aparecía uno de nuestros espectáculos.

Como contexto, acababa de estrenarse la película *The Blues Brothers* y estábamos representando un número inspirado en ella. Yo salía a escena flanqueado por dos muchachas vestidas con gabardina y sombreros de fieltro y lucía una peluca afro verde, enorme, mientras cantaba a voz en grito el *Think* de Aretha Franklin. A mí me resultaba divertidísimo, pero al parecer nuestra iglesia no compartía el mismo concepto de diversión, así que mandaron a una embajadora para reprender a mi madre y decirle que mi actuación era una vergüenza ante Dios.

Una vergüenza ante Dios. Con quince años estaba trabajando casi setenta horas a la semana, ganando dinero para aliviar la presión económica de mi familia, y era una vergüenza ante Dios.

Mi madre no pasó por el aro. «¿En serio? ¿Eso es todo lo que tienes que decirme? Pues me vas a permitir que te recuerde lo que hacía tu hijo cuando iba al instituto. ¡Tener hijos, eso hacía! Mi niño tiene quince años y va a trabajar a diario. Ahora tiene su propio dinero en el bolsillo y se paga sus cosas. Así que a menos que quieras hacerte cargo tú de cubrir sus necesidades, a otro perro con ese hueso».

Me resulta muy curioso que mi madre reaccionara en aquella ocasión. Dio la cara por mí, aunque no fuese muy propio de ella. Entendía que yo estaba en un buen lugar, en el lugar adecuado. Y aún hoy sigo preguntándome qué era lo que les resultaba tan vergonzoso. ¿La canción? ¿El baile? ¿La peluca? No lo sé.

Aunque en realidad sí que lo sé: todo el mundo percibía siempre el elemento queer, el punto marica. Ese «algo malo» que había que arreglar. Y quienes lo odiaban estaban perdiendo el control sobre mí.

Conforme mi relación con el teatro se hacía más profunda, lo mismo ocurría con mi relación con el baile. En mi penúltimo año en el CAPA nadie me ofreció mayor guía en ese terreno que Lenora Nemetz.

«A Bob le vas a encantar —me dijo una vez Lenora—. Va a adorarte. Me muero de ganas de que lo conozcas, así que tenemos que prepararnos bien».

Eso me lo dijo delante del espejo, en la clase de baile. Estábamos ella y yo. Me había llevado a la clase a mí solo. Había un hueco libre y teníamos algo de tiempo. Quería que la imitase ante el espejo. Piernas dobladas hacia dentro, pies apuntando el uno al otro, brazo izquierdo por detrás de la espalda, hasta llegar a la pierna derecha. Era extraño retorcer el cuerpo como un pretzel humano. Empezaron a darme tirones.

«Los tirones se pasan. El trabajo de Bob Fosse es muy específico. Todo se basa en lo individual, en la interpretación, en el relato. La sencilla contracción de un dedo, el simple pulso de un trasero, pueden valer más que mil palabras».

Lenora entró en el CAPA en mi penúltimo año y daba clases como artista invitada. Era una estrella en Pittsburgh, se había ido a Nueva York con diecisiete años y a los diecinueve ya trabajaba como suplente de dos de las artistas de musicales más formidables de la historia. El espectáculo era *Chicago* y las señoras en cuestión, Chita Rivera y Gwen Verdon. Lenora era una «chica Fosse». Había aprendido del maestro, del mismísimo maestro.

Fosse era un coreógrafo muy estimulante que a mí me fascinaba y me llegaba al alma por varias razones. La primera era el hecho de que los aspectos más icónicos de su trabajo estuviesen inspirados en sus propias imperfecciones. Como estaba perdiendo el pelo, los sombreros se convirtieron en una parte esencial de sus espectáculos. Tenía los hombros redondos y ese era el motivo de su clásica postura encorvada. No le gustaban sus manos, así que siempre llevaba guantes en sus números. Tenía los pies torcidos hacia dentro y no podía conseguir hacer el tipo de rotación esperable en ballet, por lo que desarrolló un estilo en el que las piernas se doblan hacia el interior y los pies apuntan el uno al otro. Me embriagaba su manera de dar la vuelta a esos «defectos» y convertirlos en oro estilístico. Era como un mensaje directo para mí: que mis propios «defectos» y vulnerabilidades podían ser en realidad flechas que apuntasen al corazón de mi poder como artista y, me atrevo a decir, de mi capacidad artística.

También me resultaba liberador el erotismo evidente del estilo de Fosse. Durante mis años de crecimiento personal había experimentado muchísima represión sexual por parte de mi iglesia. Pero ahí estaba él: un maestro indiscutible que celebraba la expresión sexual, la integraba, disfrutaba de ella. Después de tanta autocensura, por fin algo me animaba a prescindir de esa rigidez moral, y me resultaba electrizante.

Creo que Lenora intuía todo eso, las múltiples maneras en las que Fosse podría conformarme, moldearme y salvarme. Ella veía más allá de mi talento. Me veía el alma y el corazón. Quería a Lenora con todo mi ser, y la sigo queriendo. Por lo que fuera, me consideraba especial. Se tomó como una cuestión personal conseguir que yo avanzase y encontrara una salida.

Entretanto, cuanto más mejoraba mi baile, más mejoraba mi compensación económica. Una vez saboreé la sensación de que me pagasen por actuar, me mantuve atento a otros bolos remunerados. Aquí entran en escena Don Brockett y su compañía productora local. Don era una celebridad en Pittsburgh, más conocido por hacer del chef Brockett en la serie infantil *Mister Rogers' Neighborhood*. Era el maestro de lo que llamamos teatro empresarial o espectáculos industriales, es decir, hacía montajes especializados para empresas, para promocionar productos nuevos. Y para hacerlo siempre estaba buscando a artistas con talento.

En la primavera de 1986, Don publicó un trabajo importante para una empresa internacional de productos de impresión. El anuncio decía: «Don Brockett busca un actor/cantante/bailarín. Tiene que saber ganarse a público en directo. Imprescindible claqué».

Se trataba de un bolo para tres personas. Ya habían seleccionado a dos artistas, los llamaremos Hombre 1 y Mujer 1, otros dos jóvenes de Pittsburgh a quienes les había ido bien. Mujer 1 era una bailarina de claqué formidable que se había mudado a Nueva York para formar parte del elenco original de un gran musical de Broadway, muy llamativo; por algún motivo, estaba de vuelta en Pittsburgh. Hombre 1 se había mudado también a Nueva York y allí había protagonizado varios musicales ostentosos de Broadway; en aquella época volvía con frecuencia a Pittsburgh en condición de director/coreógrafo. Su reputación lo precedía y todo el mundo lo adoraba.

Tuve que ir a la audición justo después de acabar las clases de la mañana en el instituto, así que llegué tarde. La sala estaba ya atestada por unas doscientas personas, todas para competir por el mismo puesto. Hombre 1 estaba enseñando un conjunto complicado de pasos de claqué, rápido y elaborado. Solté mi bolsa, me puse los zapatos de claqué y me lancé a aprender aquellos pasos, o a intentarlo. El espacio estaba tan abarrotado que no veía ningún espejo ni tampoco a Hombre 1, así que intenté pillar la combinación fijándome en la gente que tenía delante.

—¡Cambio de fila!

Era una norma de las clases de baile y de las audiciones, para contrarrestar la masificación e igualar el terreno de juego. Así todo el mundo tenía la oportunidad de aprender el conjunto de pasos directamente del coreógrafo, delante del espejo. Cuando pasé al frente de la sala pude ver por primera vez a Hombre 1: el pelo le chorreaba de sudor, llevaba una camiseta de tirantes empapada y le brillaban todos los músculos del cuerpo.

Era el hombre más atractivo que había visto en persona. Tenía el aspecto de una estrella de cine antiguo y fácilmente podría haberse manejado solo en cualquier película de Hollywood. Era un hombre de pelo oscuro y ojos azules, con facciones esculpidas y un cuerpo glorioso. Llevaba el trasero enmarcado por unos pantalones de baile de licra, acampanados —muy de los sententa—, de la marca Capezio y muy populares entonces, que le hacían unas piernas grandes como troncos de árboles y se le ceñían a la entrepierna en todos los puntos pertinentes. Me quedé sin respiración, pero no iba a consentir que ese bulto de licra se interpusiera entre mi dinero y yo. ¡No, cariño! De eso nada. Tenía claro mi objetivo. Estaba centrado y listo para hacerme con ese bolo.

Nos dividieron en grupos de ocho y clavé los pasos de claqué. ¡Mis dos años de clases gratis en Mt. Lebanon, con aquella gente blanca, estaban dando sus frutos! Nos llamaron otra vez para cantar y supe que tenía un pie dentro.

Había escuchado a los demás. Eran en su mayoría bailarines y muchos no sabían dar una nota ni por casualidad.

Me seleccionaron para ese bolo como Hombre 2 y me vi de nuevo ante un dilema. Tenía dieciséis años y aún me quedaba otro curso para acabar el instituto; aceptar ese trabajo me exigiría saltarme dos días de clase. Y justo eso fue lo que hice. ¿Que por qué? ¡Porque esta zorra iba a ganar billetes!

El espectáculo suponía una semana de ensayos nocturnos y tres días de función en Baltimore, Maryland. Nos cubrían los viajes, las comidas y el alojamiento y recibíamos treinta dólares por día; iba a ganar en total mil quinientos dólares por aquel bolo. Recordemos que era 1986 y que yo tenía dieciséis años, así que eso eran muchos vaqueros Jordache.

Los ensayos me parecían muy relajados. Estábamos solo los tres y me trataban como a un adulto, porque básicamente lo era. Ellos no eran mis padres ni mis canguros y yo tenía dieciséis años como para treinta: me consideraba un hombre hecho y derecho, algo que ocurrió por necesidad y que en retrospectiva fue bastante problemático. Me vi obligado a madurar demasiado rápido en la vida. Me da lástima ese niño que nunca conoció la inocencia.

Hombre 1 me enseñó a bailar como un hombre. Me enseñó a bajar al suelo, a mantener los pies en la tierra, a ser fuerte. Esas enseñanzas no nacían de una aversión a mi manera natural de expresarme, él no sentía vergüenza ajena de mí por no ser lo bastante masculino. Sencillamente me estaba trasladando su conocimiento, como el maestro nato que era. Y para mi gran sorpresa, cuando acabó conmigo ¡yo bailaba como un hombre! Sea lo que sea eso.

Hombre 1 y yo encajamos bien. De inmediato se convirtió en un mentor para mí, fue la progresión natural de las cosas. Durante ese tiempo, todas las noches después de ensayar Hombre 1 y yo nos quedábamos solos. Hombre 1 me llevaba a mi barrio y nos pasábamos lo que me parecían horas sentados en el coche, en el camino de entrada a mi casa, charlando y charlando sin parar. En él encontré a un mentor… y a un amor. Me tenía en shock.

De camino a Baltimore, sentado solo en el tren de Amtrak, me di cuenta de que aquel era mi primer bolo fuera de la ciudad. Nos alojábamos en un hotel. ¿Tendría una habitación para mí solo? ¿Compartiría habitación con Hombre 1?

*Dios mío, ¿qué hago si dormimos en la misma habitación? No puedo estar cerca de ese hombre sin empalmarme.*

*¡No puedo compartir espacio con él! Se va a dar cuenta, se va a dar cuenta nada más me vea entrar. ¿Y voy a verlo desnudo? Si yo solo pienso en que me bese, en que se restriegue conmigo, en que me magree. Eso es lo que quiero. Me muero por que pase, pero es una abominación. Tengo que borrarlo, sacarlo de mi cabeza, ¡fuera!*

Me registré en el hotel. Ni siquiera reuní el valor para preguntar en recepción cómo estaban organizadas las cosas, si tenía compañero de habitación o si dormía solo. Me limité a ir a la habitación y dentro vi dos camas dobles. La incertidumbre me aceleró el corazón. Eran las cuatro y media de la tarde. Teníamos ensayo en la sala de convenciones a las seis, así que me dije que no tardaría en saberlo.

Y entonces oí el clic de una llave en la puerta.

—¡Hola, guapo!

Ahí estaba él. Como una visión en tecnicolor a los pies de mi cama. Como si acabara de salir de las páginas de mi revista *International Male*. El miedo y la excitación me asfixiaron como un vendaval. Mis plegarias fueron contestadas: Hombre 1 era mi compañero de habitación.

Esa noche, de vuelta en el hotel después del ensayo, Hombre 1 se lio un porro y me ofreció una calada. La rechacé educadamente, porque «Di no a las drogas» (qué cosa más cuca, ¿verdad?). Me preguntó por mi vida, mi familia, mi iglesia. Yo admiraba a ese hombre: estaba haciendo lo que yo quería, encarnaba mi sueño. Había vivido en Nueva York y trabajaba en Broadway. Era amigo de Michael Bennett, el genio y la mente maestra responsable de *A Chorus Line* y *Dreamgirls*, que además había sido su mentor. Estaba ante la grandeza.

—¿Quieres que intercambiemos unos masajes? Tengo los músculos agarrotados y seguro que tú estás igual —me dijo.

—Claro —respondí tratando de sonar natural.

—¿Por qué no empiezas tú dándome uno?

Se quitó la camiseta y se tumbó bocabajo en la cama. Llevaba unos pantalones cortos de deporte y nada de ropa interior.

—En realidad nunca he dado un masaje. No estoy seguro de lo que hay que hacer —confesé.

—Siéntate encima de mi culo, húndeme el codo en la paletilla y ve bajando, y ya está —me indicó.

—Vale.

Hice lo que me había ordenado. Me puse a horcajadas sobre su culo, me empalmé de inmediato y me aparté de él de un salto como si el cuerpo le ardiera.

—¿Qué pasa?

—¡Nada! Nada, es que tengo que ir al baño. No tardo.

Corrí al baño y me quedé allí temblando. Tenía la polla dura como una piedra y los calzoncillos húmedos y pegajosos. Qué cosa más bochornosa, joder. Estuve al menos diez minutos encerrado en el baño, quizá veinte, tratando de controlar la respiración, deseando que se me bajara la empalmada.

Cuando por fin regresé a la habitación, Hombre 1 dijo:

—¿Por qué no empezamos por ti? Túmbate.

Me eché bocabajo en la cama, como me indicó. Entonces él se puso a horcajadas encima de mi culo y empezó a presionar con firmeza.

¿Cómo podría describir el milagro de esas manos en mi cuerpo? ¿De estar tumbado debajo de aquel hombre, de ser el centro de toda su atención? Empezó a trabajar con los músculos de mi cuello y luego pasó a mis hombros, deteniéndose con el codo bajo mis omóplatos. Con las puntas de unos dedos fuertes me fue presionando en todas las vértebras, liberando miedo y vergüenza, liberando en mí algo que me pareció esperanza. Quizá sea raro que lo diga, pero era esperanza: la de que quizá alguien entendiese por lo que estaba pasando y pudiera ayudarme a creer que mis deseos hacia el mismo sexo no estaban mal, que sencillamente eran igual de naturales y de esenciales que los latidos de mi corazón.

Cuando me colocó bocarriba ya no me daba vergüenza mi excitación. La erección tensionaba la abertura de mi suspensorio y de mis pantalones de baile nuevos, de la marca Capezio. Hombre 1 tenía la boca cálida y, con un solo movimiento, se tragó todo mi rabo. No tardé mucho en correrme. Medio minuto o así. A lo sumo.

Entonces se fue al baño a por una toallita húmeda. Cuando volvió estaba desnudo. Con suavidad me limpió el semen de la barriga y se metió en la cama conmigo. Me abrazó por atrás y noté su erección apretada contra la raja de mi culo. La tenía más larga que yo, más gorda que yo. Era como la de Bernie y, por experiencia, yo sabía bien lo que hacer.

Hombre 1 había sido muy amable conmigo y lo correcto era devolverle esa amabilidad, ¿no? Casi me da una arcada por el tamaño, pero, al igual que con Bernie, conseguí relajarme, respirar por la nariz y tragármela entera.

Después de lo que pasó en los treinta segundos siguientes, ya no me sentía avergonzado en absoluto. Ahora entiendo que lo que ocurrió en aquella habitación de hotel en Baltimore no estuvo bien. Pero por aquella época no éramos conscientes. Los niños gais no teníamos experiencias normales de maduración con nuestros pares, porque muchos de nosotros debíamos ocultar nuestra auténtica naturaleza ante el resto. Con bastante frecuencia, nuestra exploración sexual y nuestra liberación llegaban a través de hombres más mayores y experimentados que nos enseñaban a querernos a nosotros mismos sin avergonzarnos. Hombre 1 fue una figura importante para mí en el viaje hacia la autoaceptación, así que, en otras palabras, en aquel momento estuvo bien y, por tanto, siempre lo ha estado.

# Capítulo seis

*¿Este hijo de puta acaba de pedirme que se la chupe como quien no quiere la cosa? ¡¿En serio?! He recurrido a él en busca de guía, he recurrido a él por petición de mi madre. La homosexualidad es una abominación. Ya lo pillo. Todas las semanas lo oigo decir en el púlpito, se lo oigo al gobierno y lo oigo en cualquier sitio al que voy. No conozco otra cosa que la homofobia legitimada por la religión o el gobierno. Llevo toda la vida pidiéndole al Señor que la extraiga de mi cuerpo. Yo no pedí nacer así, pero pasó, y Dios no comete errores, ¿no? Entonces ¿por qué mi mera presencia en este planeta resulta una denigración tan grande? Mi madre está preocupada por mi salvación, y lo entiendo. No conoce otra cosa; joder, ni yo tampoco. Me pidió que fuese a hablar con un pastor, para espantar la pluma a base de rezos. Yo me mostré más que dispuesto. ¿Pero tú te crees que quiero ir por el mundo llevando una vida abominable? Yo quiero ir al cielo, como el resto. No quiero perder la cabeza, pero mi cordura pende de un hilo. A lo mejor tengo que dejar ir a toda esta gente de la iglesia. Mi padrastro abusó sexualmente de mí durante años y nadie hizo nada. Ni una sola persona de mi entorno fue lo bastante santa para dar un paso al frente y*

*protegerme, y resulta que soy yo la abominación. ¡Y ahora este hijo de puta acaba de pedirme, básicamente, que le chupe la polla! Es pastor, se suponía que debía ayudarme a rezar para que se me quitara la homosexualidad. ¡Está claro que tendré que salvarme solo!*

En la primavera de 1986, vi en la revista *Backstage* que *Dreamgirls* iba a celebrar audiciones abiertas en Chicago. Fue como si me cayese un rayo: sentí la electricidad en la médula espinal. Y desde ese momento fue como si una fiebre se hubiera apoderado de mí. Tenía que estar allí. Encontraría la manera. De algún modo llegaría a Chicago y haría esa audición, y así podría entrar en *Dreamgirls* y salir de mi casa para siempre.

La audición era un viernes por la mañana. No recuerdo por qué, pero de pura casualidad no tenía instituto ese día. Había acumulado además algunos ahorros de los muchos trabajos que había hecho hasta ese momento, así que le dije a mi madre que iba a pasar la noche en casa de un amigo.

Ese jueves a última hora preparé la mochila para una noche, me fui en autobús a la estación de Amtrak, en el centro, y compré un billete de tren de ida y vuelta. Luego viajé en ese tren toda la noche, trece horas seguidas, hasta Chicago. Llegué el viernes por la mañana con mi partitura, mi ropa de baile y una dirección. Al poco estaba en la cima de un enorme rascacielos de entreguerras con vistas al lago Michigan. La planta estaba vacía, o eso me pareció. Entonces encontré la sala. No había nadie.

No me lo podía creer. ¿Nadie quería hacer una audición para *Dreamgirls*? ¿Nadie entendía el impacto que ese musical tenía en mí... en el mundo? Estuve unos quince minutos sentado en el suelo y justo cuando iba a rendirme aparecieron dos hombres, uno negro y uno blanco. No tardaría en saber que el hombre blanco era Vinnie Liff, fundador de

Johnson-Liff, la empresa neoyorquina de casting. El hombre negro era Weyman Thompson, que no solo había interpretado al personaje de Curtis Taylor Jr. en la gira nacional de *Dreamgirls,* sino que además era lo que llamaríamos el director residente del musical. Michael Bennett, el director-coreógrafo, les había entregado las riendas a Vinnie y a Weyman para que se conservara la integridad de la obra, dado que en esos momentos se estaban representando producciones de primera clase por todo el mundo.

En cuanto llegó el pianista me llamaron para que pasara a hacer la audición. Canté a viva voz *Just Once* de James Ingram, una de mis baladas de R&B preferidas. Cuando acabé, Vinnie Liff me miró con una expresión que me inquietó. Había visto esa mirada en miles de ojos: era la mirada de un adulto en presencia de un niño precoz.

—No ha estado nada mal, chico, nada mal —dijo. El tono de su voz me alarmó aún más. Era amable y paternal y, en cierto modo, condescendiente—. Tienes una voz impresionante. ¿Me dices tu edad?

Supe que no tenía más remedio que mentir. En las condiciones se especificaba que los solicitantes debían tener entre dieciocho y veinticinco años. Yo tenía dieciséis.

—Dieciocho años, señor.

—Vaya… Maravilloso —dijo con cautela—. Y… ¿por casualidad hoy no tenías clase?

—No, señor. No tenía.

—¿A qué universidad vas?

—Bueno, en realidad sigo en el instituto. Estoy en el último curso.

Otra mentira, estaba en el penúltimo.

—Muy bien. ¿Y a qué instituto vas?

—Estoy en el Taylor Allderdice y en el Creative and Performing Arts de Pittsburgh.

Subió de repente las cejas.

—¿Eres de Pittsburgh? ¿Y por qué estás en Chicago? ¿Tienes familia aquí?

—No, señor.

—Entonces ¿estabas por casualidad en Chicago?

—No, señor. He venido… he venido para la audición.

Se reclinó en el asiento y miró de reojo a Weyman.

—¿Has venido… desde Pittsburgh… hasta Chicago para esta audición?

(Más tarde me enteré de que el Actors' Equity, nuestro sindicato de actores, exige a los productores de Broadway que celebren audiciones abiertas cada seis meses, lo necesiten o no. Así que en realidad ellos no necesitaban a nadie. Aquella era una de esas audiciones obligatorias).

—¿Y cómo has venido?

—Me subí en un tren anoche y he llegado esta mañana. He venido directamente aquí y me vuelvo a Pittsburgh en el tren en cuanto acabemos.

Vinnie soltó un silbido largo, de tono bajo.

—Guau. Eso sí que es entrega, muchacho. Te irá bien, muy bien.

—Gracias, señor.

—Bueno, me gustaría poder ofrecerte un trabajo ahora mismo, pero la verdad es que, por mucho talento que tengas, eres un poco joven todavía.

—Pero ¡si tengo dieciocho años! —dije con la esperanza de no sonar tan frenético como estaba—. En las condiciones ponía que el rango de edad que buscaban era de dieciocho a veinticinco.

—Sí, sí, lo sé. Tienes «dieciocho» —respondió Vinnie—. De todos modos, eres demasiado joven para nuestro espectáculo. Aunque sí quiero decirte una cosa. —En ese momento me miró directamente a los ojos y empezó a hablar en una voz baja e intensa que reconocí como franca y sincera—. Sigue así. Tienes un talento extraordinario. Y con ese ímpetu que has demostrado hoy, te irá bien. Sigue trabajando, sigue practicando y vuelve a vernos pronto.

Eran unas palabras amables, pero no me proporcionaron consuelo. Supe que ningún argumento que pudiese aducir lograría hacerle cambiar de veredicto, pero en cualquier caso me quedé ahí un momento, barajando ideas en mi cabeza, en busca de alguna forma de alterar ese resultado desastroso. Aquello no podía acabarse así, ¿no? ¿Después del viaje que había hecho? Notaba el corazón como un pájaro atrapado que batía sus alas recortadas dentro de la jaula que era mi pecho y, al mismo tiempo, sentía las lágrimas cálidas agolparse al fondo de mis ojos. De algún modo logré contenerlo todo mientras me marchaba de la sala de audiciones.

Pero estuve llorando todo el camino de vuelta a casa.

Al regresar a Pittsburgh volví a centrarme en mis estudios. Sabía que tenía que mejorar. Necesitaba salir de la situación en la que estaba y, si quería lograrlo, sabía que tenía que ser el mejor. Como decía siempre mi madre: «¡Para que te dejen pasar tienes que ser diez veces mejor que tus compañeros blancos!». Cuando llegase a una audición, a cualquiera, no podía caber ninguna duda de que yo era el único apropiado para el papel.

Una noche, después de una clase muy tardía en el First Side Studios, tuve que tomar una decisión: subir a un autobús directo a mi barrio, que me dejaba a diez minutos andando de casa, o ir en dos autobuses distintos y bajarme a solo unos pasos de mi puerta. El riesgo del segundo plan era que, en el transbordo, tendría que esperar el otro autobús en Homewood, uno de los peores barrios de la ciudad. Pero esa noche en concreto estaba demasiado cansado para que me importase nada. Había dado seis clases de baile. Las piernas me temblaban de la fatiga, tenía el cuerpo exhausto. Solo quería, como decía mi tía, «meterme en mi camita».

Así que ahí estaba yo, a las once de la noche, debajo del puente, esperando el autobús 74A que debía llevarme a casa. A los pocos minutos distinguí a una pandilla de niños al otro lado de la calle, subiendo la cuesta. A primera vista no me inspiraron ninguna alarma, pero después de que hubiesen recorrido varias manzanas en dirección opuesta, cruzaron a mi lado de la calle y volvieron hacia donde yo estaba. De repente, entendí que venían a por mí.

Lo que nunca olvidaré de ese momento es lo fatídico que resultó: no hubo sorpresa ninguna. Llevaba toda la vida esperándolo, preparándome. Desde que alcanzaba a recordar, el mundo entero me había dicho que llegaría, así que ¿cómo iba a verlos caminar directos hacia mí y notar otra cosa que no fuera una sensación de final inevitable? No tenía energías para luchar. Ni siquiera tuve voluntad para correr. No había nada que hacer más que dejarlos venir a por mí.

—Eh, ¿tú no vas a esa escuela de maricones de ahí arriba? —dijo el cabecilla cuando estuvieron cerca.

Sabía que se refería al CAPA, que estaba en aquel barrio.

Lo miré a los ojos con fuego en los míos.

—No sé de qué escuela de maricones me estás hablando.

Me sentía yo mismo y no pensaba seguir siendo un cobarde delante de esa gente.

—Claro que sabes de qué escuela de maricones te estoy hablando, maricón —me espetó.

Los niños me rodearon. Eran seis en total.

—Yo voy al CAPA, no sé si te refieres a es…

BAM. Fue como si me cruzaran la cara con un madero. Caí al suelo. Empezaron a soltarme puñetazos, patadas, insultos.

—Esto es lo que a ti te gusta, maricón. Pues toma, maricón. Esto es lo que consigues por querer ser más listo, maricón. ¡CONSIGUES ESTO, maricón!

Después de varios golpes en la cabeza perdí la consciencia. No sé cuánto tiempo estuve ahí tirado, noqueado en la acera. Cuando me desperté con la cara contra el pavimento, estaba solo. Y tenía frío, mucho frío, frío hasta en los huesos, aunque el invierno ya había acabado. Me sentía como si me hubiera pasado un coche por encima y luego me hubiesen arrastrado por el cemento. La cabeza me palpitaba y tenía el cuerpo machacado.

Pero lo que más me dolió fue lo que vi cuando me incorporé apoyándome en un codo. Había un grupo de personas al otro lado de la calle, mirones, espectadores que lo habían visto todo y no habían hecho nada. Seguían allí de pie, observándome, y en ese instante se marcharon sin decir ni una palabra. Ninguno se dignó a preguntarme siquiera si estaba bien, nadie trató de ayudarme de ningún modo.

Lentamente, me puse en pie con mucho trabajo y me arrastré hasta la gasolinera que había a unas cuantas manzanas. Desde una cabina de teléfono, cerca de los surtidores, llamé a mi madre. La sangre me goteaba por la cara y salpicaba en el suelo metálico de la cabina mientras le pedía que me recogiese y me llevara al hospital.

Mi madre gritó al verme. Yo todavía no sabía cómo tenía el rostro, pero no tardaría en ver una máscara de sangre seca y supurante. Tenía un ojo y la mandíbula hinchados, y la cara toda negra y azul.

El diagnóstico fue un ojo morado y fracturas en la mandíbula y en una costilla. Lo único que pudo hacer el médico fue decirme que me marchara a casa y me curase.

«Duerme algo y durante los próximos días procura descansar todo lo posible —me indicó—. Deberías estar curado dentro de un par de semanas».

¿Curado en qué sentido? ¿Cómo se cura uno de vivir a diario en una sociedad tan llena de odio y tan peligrosa que ni siquiera puedes pasear tranquilo por la calle? ¿Cómo se cura uno de algo así?

A la mañana siguiente debía protagonizar el espectáculo anual del CAPA con el que se promocionaba la matriculación en la escuela: una versión abreviada de *Mucho ruido y pocas nueces*. Igual que en mis primeros años, el papel para el que me habían elegido era solo para mí. No había nadie asignado para sustituirme. Si me quedaba en casa, el espectáculo corría peligro.

Me levanté a las seis de la mañana, como siempre, y me preparé el desayuno. Mi madre, mi hermana pequeña y yo permanecimos en silencio sentados a la mesa, juntos. Mary Martha Elizabeth Ford es el nombre completo de mi hermana. La llamamos M&M para abreviar. Tiene diez años menos que yo. Nuestros apellidos son distintos porque somos de padres distintos. Bernie era su padre. Ella era muy pequeña cuando pasó todo esto y yo no quería que se asustara con mis moratones y mis heridas. Quería enseñarle fuerza y resistencia. Así que tomé la decisión consciente de seguir moviendo el culo.

Cuando fui a por mis cosas para irme, vi el terror en los ojos de mi madre.

—El médico te advirtió que necesitabas descansar. Creo que hoy deberías quedarte en casa —me dijo temblando con el cuerpo entero.

—No puedo, mamá, no puedo. Si me quedo, ganan ellos. ¡Así nunca voy a conseguir salir!

Noté sus ojos clavados en mi espalda mientras me dirigía hacia la puerta lateral. Cuando tuve la mano en el picaporte, me di la vuelta y hablé por encima del hombro:

—Nunca voy a dejar de hacer lo que hago. Nunca voy a dejar de ser quien soy —dije furioso—. Y si no les gusta, tendrán que matarme.

Y me fui.

Ese día supuso un punto de inflexión en mi vida. Fue el momento en que dejó de importarme hacer que todos los demás se sintieran cómodos con quien era yo. Esa tarde actué delante de cientos de personas con el ojo morado, la cara llena de marcas y la mandíbula fracturada. Si alguien me preguntaba qué me había pasado, le contaba la verdad, aunque lo que quedaba sin decir era incluso más revelador. El mero hecho de mi presencia y de mi participación envió un mensaje claro a todos los que me rodeaban. Y ese mensaje era: estoy entre vosotros y no me arrepiento de nada, estoy aquí para quedarme, estoy aquí tal y como soy. Y quien tenga algún problema al respecto… ¡que se joda!

Iba a seguir siendo quien era. No iba a permitir que nadie me arrebatase mi vida ni mi trabajo. No iba a disculparme ni a ocultarme más, ni a intentar ser algo que no era.

Quería que todo el mundo me viese la cara, que asimilaran la sangre y las marcas, que fueran testigos del odio y de la crueldad: que vieran lo que el mundo le hace a una persona que es diferente.

Miradlo.

Admitidlo.

¡Y arregladlo ya!

# Capítulo siete

Conforme avanzó mi penúltimo curso de secundaria y fui poniendo las miras en el verano, empecé a confiar en conseguir alguna mejora. El año anterior, trabajando en Kennywood, había hecho los seis pases diarios al aire libre, bajo una atracción muy alta con tentáculos conocida como el Monongahela Monster, separado del público por un foso y con el sol como foco. Y donde, según subían las temperaturas, la luz directa del sol y el calor abrasador se hacían cada vez más agobiantes.

La mejora que yo esperaba me permitiría actuar en un parque distinto con un presupuesto más elevado y en el que podría bailar a cubierto. Había visto las salas de actuaciones de otros parques: el Cedar Point Busch Gardens, el Kings Dominion y el Geauga Lake. Esa gente sí que montaba espectáculos de verdad, con sus cambios de vestuario —de un vestuario auténtico— y con su personal dedicado exclusivamente a ello (en Kennywood la ropa venía principalmente de los almacenes Gap y tenía que lavarla a mano todas las noches y ponerla a secar porque en nuestro motel no había lavandería). Disney, junto con todos esos otros parques, había empezado a celebrar audiciones en Pittsburgh para sus próximas temporadas de verano.

Mi madre me firmaba permisos para saltarme clases o salir temprano del Allderdice y así poder ir al centro a las audiciones. Me encantaba hacer audiciones: era la oportunidad de demostrar lo que sabía hacer. Y me sigue encantando. Cuando alguien duda de tus capacidades, lo único que puedes hacer es demostrar que se equivoca, y eso se hace arrasando en la sala de audiciones. El que arrasa, pasa.

Pero en todas me fue ocurriendo lo mismo. Cantaba y volvían a llamarme. Bailaba y volvían a llamarme otra vez. Luego me dejaban entre un grupito de artistas hasta el final del día y entonces el personal del casting nos decía: «Felicidades, estáis en nuestras listas. Pronto os seleccionaremos para actuar. Tendréis noticias nuestras».

Esperé meses y nunca me llamaron de ninguno de esos sitios. Cuando llegó mayo y no había recibido ninguna oferta de otro parque de atracciones, acepté la que tenía sobre la mesa y volví a Kennywood. Estaba bien; era un sitio divertido que ya conocía. Así que ahí seguí, esperando que llegara mi momento mientras hacía mis seis pases diarios, alojado en el motel. De pronto, una mañana me presenté en el trabajo y al parecer era el Día de las Familias en Kennywood, porque mi madre, M&M y su padre, Bernie, habían venido a disfrutar del parque y a verme actuar.

Al principio fue un día agradable. Toda la familia junta. Estuvieron viendo mis espectáculos. Y entonces, durante un descanso, se separaron: mi padrastro y mi hermana, que tenía seis años, decidieron alquilar un hidropedal durante media hora mientras mi madre esperaba en la zona de público al aire libre. A mi madre ya le costaba más caminar sin ayuda y, aunque aún no necesitaba silla de ruedas y se movía con andador, le apetecía descansar.

La dejé en su asiento, con un dulce de masa frita, unas patatas con queso y una Pepsi y, de camino al vestuario, vi a Bernie y a M&M pedaleando por el foso que separaba nuestro escenario del resto del parque. De repente, de la nada, verlos juntos me provocó una oleada de náuseas enorme. No tenía ni idea de por qué. Corrí a la papelera más cercana, vacié el estómago del almuerzo que acababa de tomar y me quedé ahí de pie, tratando de buscar sentido a mi estado. ¿Qué mierda me estaba pasando? ¿Qué tenía en el estómago y por qué estaba tembloroso, sudando?

Entonces volví a verlos, entraron pedaleando en mi campo de visión. *Ay. Ay. Dios mío. Ese hombre me tocaba. Ay, Dios, y yo estaba desnudo, y él también, estábamos en mi cama y me estaba tocando. Tenía su polla metida en la boca. Ay. ¡Dios!*

Seguidamente, por encima de esos pensamientos apareció otro que era aún más terrible y que desplazó a los demás. *¿Qué va a hacerle a ella?*

En ese instante no reparé en que, de algún modo, había logrado pasar cuatro años seguidos sin tomar conciencia del abuso. Lo había eliminado de mi mente, me había desvinculado del recuerdo, que no había vuelto a mí en ningún momento. Me había separado del trauma y lo había compartimentado para poder sobrevivir. Pero al ver a mi hermana me vino todo como una inundación, mi hermana de seis años, junto a él. Se suponía que ese hombre tenía que protegernos. ¿Qué era eso? ¿Quién era él?

Dentro de aquel vértigo de confusión y preguntas sin respuesta, se me cruzó un singular rayo de claridad: tenía que cuidar de mi hermana, tenía que asegurarme de que ella estaría bien. No sabía si mi padrastro era un gay reprimido que seguía dentro del armario o un pedófilo defensor de la igualdad de oportunidades, pero no podía permitirme seguir ni un segundo más haciéndome preguntas, sin actuar.

Así que se lo conté a mi madre, en ese momento y lugar. Volví directamente al banco en el que estaba sentada y le dije:

—Mamá, Bernie abusó de mí.

Mi madre me miró con la cara blanca de la impresión, sin entender nada.

—¿Qué?

—Bernie abusó sexualmente de mí.

—¿De qué estás hablando?

—Durante años. Fueron años. Desde que tenía siete hasta los doce. Pasaba constantemente. Y… ¡soy gay!

¡A mi pobre madre le explotó la cabeza! No tenía manera humana de procesar esa información. Se había criado en un entorno religioso y protegido en el que ese tipo de cosas nunca se hablaban ni se admitían. Era algo que había ocurrido siempre, pero nadie lo decía en voz alta. Y yo lo dije.

—Me tocaba y más cosas. Y no te lo estoy contando porque quiera que hagas algo. Es decir, ya no se puede hacer nada. Por mí, supongo. Te lo estoy contando para que cuides a M&M. Tienes que proteger a tu hija.

Y entonces tuve que volver como una exhalación al vestuario, a cambiarme de ropa para no llegar tarde al siguiente pase.

Eso fue todo. Nunca volvimos a hablar de ello, o al menos no en mucho tiempo. Me vieron actuar todo el día y luego se fueron a casa como si nadie hubiese contado nada, como si esa información nueva no tuviese ninguna importancia.

Pero para mí ya nada fue igual. Se había accionado la palanca de la memoria y no había manera de escapar a la cascada de imágenes que me sobrevenían a todas horas del día, independientemente de lo que me esforzase por bloquearlas. Agradecí una barbaridad poder vivir en aquel motel todo el verano, aunque cuando acabara tendría que sobrevivir el último año de instituto de algún modo, de alguna manera.

Como ya había hecho antes tantas veces, tracé un plan para mi supervivencia: cero contacto. Evitaría cuidadosamente hasta el mínimo contacto con Bernie. Cuando llegaba a casa por la noche, entraba por la puerta lateral y me iba directo abajo, a la habitación que habíamos construido juntos. Me recluía allí hasta la mañana siguiente. Y después volvía a marcharme.

Por su horario, Bernie salía de casa para ir al trabajo a las cuatro de la tarde y regresaba en torno a medianoche, por lo que no tenía que cruzármelo en ningún momento. Pasó un periodo de meses, entre septiembre y marzo, en el que vi a mi padrastro un total de cuatro veces, e incluso en esas ocasiones fue solo de pasada. Me aseguraba de no estar nunca en casa, de que mi horario estuviese tan apretado que nunca tuviera que ver a nadie ni pensar en nada. Levantarme, ir al instituto, luego al CAPA, luego a clases de baile; o a un trabajo, si tenía algún bolo; o a una fiesta, si era fin de semana. Hacía lo que fuese para evitar ir a casa.

Empecé el último año de instituto con el pie torcido: sin que me diese cuenta, me colocaron en una clase de cálculo avanzado que no me servía de nada y que no tenía sentido que estudiara. Cuando rellené la solicitud para que me cambiasen de clase, el asesor académico no tenía ni idea de dónde ubicarme. Ya había completado todos los requisitos académicos que necesitaba para graduarme, así que, muy agradecido, acepté cursar horas de estudio, lo que me dejaba cuarenta y cinco minutos más de margen para estudiar o dormir dentro de mi horario imposible.

Alexandra Berger fue la primera persona que conocí en la zona de estudio. El Allderdice era un instituto grande y nunca me había cruzado con ella. Era guapísima, con los ojos azules y cálidos y el pelo largo, castaño y rizado. Los dos éramos artistas. Creo que fue eso lo que nos unió.

Aquellas horas de estudio se convirtieron en nuestro tiempo para hablar. De todo: la vida, el amor, la familia, el daño, la decepción, el dolor. La primera semana ya me mencionó a su hermano mayor. «Va a la Universidad de Nueva York. Está en el programa de teatro», me dijo. Y de algún modo, sin ningún comentario explícito, entendí lo que estaba dejándome caer: el hermano de Alex era gay y a ella le parecía que yo también, y no pasaba nada.

Al poco, le pedí que fuera mi pareja en el baile de graduación. No quería mandarle a nadie señales equívocas y no sabía a quién más pedírselo. Alex era guapa, era mi amiga y yo sabía que nos lo íbamos a pasar bomba. Me dijo que sí y de ese modo quedó solucionado otro posible problema.

Alex era la última de sus hermanos que quedaba en el hogar familiar y sus padres acababan de mudarse a una casa moderna y muy cara en Mount Washington, con ventanales del suelo al techo que daban al resplandeciente horizonte de Pittsburgh. La familia iba a restaurantes de lujo una vez por semana y a Alex le permitían llevar a un invitado, que siempre era yo. No ocurrió solo un par de veces, sino todas las semanas, durante un año entero. Ángeles. *¡Otra vez!*

Martin y Judy Berger eran una dulzura de padres. Estaban siempre presentes, escuchaban y se involucraban. Se machacaban a trabajar para dar a sus hijos las oportunidades que seguramente ellos nunca tuvieron. Recuerdo el tiempo que pasé con los Berger con muchísimo cariño porque, aunque ellos no lo supieran, me enseñaron una serie de habilidades que necesitaría más adelante, incluida la de saber estar en restaurantes de alta gama: pedir la comida, elegir qué tenedor o cuchillo usar primero y distinguir una copa para vino tinto de una para vino blanco. En el transcurso de aquellas veladas se me respondieron cientos de preguntas. ¿Qué eran los ejotes, el *filet mignon*, una reducción balsámica? ¿Qué era la rúcula? Alex y su familia han sido amigos de mi familia desde entonces. Me apoyaron desde el principio y eso no lo olvidaré nunca.

A mitad de mi último año en el CAPA, una tarde Peggy Hughes me llevó prácticamente a rastras a su despacho. Lenora Nemetz ya estaba allí.

—¿Qué pasa? ¿Qué problema hay, qué he hecho?

—Nos hemos enterado de que piensas irte a Nueva York cuando te gradúes.

—Sí, ese es el plan.

—Bueno, pues no. Vas a ir a la CMU, la Universidad Carnegie Mellon.

—¿La escuela esa que hay en esta misma calle?

—La escuela esa que hay en esta misma calle tiene uno de los mejores departamentos de teatro del país —me espetó Peggy.

Lenora entró en la conversación.

—Billy, tienes un talento enorme. Eres uno de los mejores cantantes que he escuchado en mi vida y ahora además eres un bailarín fenomenal...

—Pero cada vez que abres la boca para hablar, eres un desastre —matizó Peggy.

Y entonces, al unísono, afirmaron:

—¡Tienes que aprender a actuar!

—Bueno, vale... —dije atónito—. A ver, confío en vosotras... y quiero aprender a actuar. Pero si voy a la universidad, no quiero quedarme aquí. Voy a solicitar matricularme en algún sitio fuera de Pittsburgh. Quiero salir de aquí. Necesito salir.

—El programa de la CMU sigue el esquema de un conservatorio —me dijo Peggy—. Será como si no estuvieras aquí. Tendrás el día entero ocupado. Empezarás a las ocho de la mañana y acabarás a medianoche, todos los días, durante cuatro años. Confía en mí. Ni siquiera te enterarás de que estás en esta ciudad. Las audiciones son dentro de un par de meses, así que necesitamos que te prepares. Un monólogo clásico y un monólogo contemporáneo, uno de drama y otro de comedia. Tendrás que cantar dos canciones y darás una clase de baile. Eso es la audición. Deberías solicitar otro par de escuelas, por si acaso. Te diremos cuáles en breve.

—Bueno, ¿pero cómo voy a pagar todo eso? Los estudios universitarios son caros.

—Hay maneras. Hay préstamos, subvenciones, becas. Y eres buen candidato para todo eso.

Mi audición para la CMU fue en el Departamento de Teatro de la propia universidad. Representé mis dos monólogos ante uno de los profesores de interpretación del programa y mis dos canciones ante uno de los profesores de voz. Di la clase de baile con el director del Departamento de Baile. Y al acabar, mientras recogía mis cosas para irme, se me acercó un caballero alto y mayor.

—¿Puedo hablar un momento contigo? —me preguntó.

—Por supuesto.

Me llevó a una sala aparte, la sala de la orquesta, llena hasta los topes de instrumentos.

—Solo quería preguntarte en qué otras universidades has solicitado plaza y saber cómo de seriamente te estás planteando matricularte aquí.

—¿Eso... eso quiere decir que me han aceptado?

—Bueno, extraoficialmente: sí.

Me quedé quieto un momento, estupefacto y abrumado. Entonces repetí la información, intentando no sonar todo lo incrédulo que me sentía.

—¿Me han... aceptado... definitivamente en la CMU? ¿En el acto, aquí y ahora?

—Sí —repitió—. Nos encantaría que formaras parte de la Carnegie Mellon y es mi responsabilidad, como director de ayuda financiera, averiguar cómo podemos ayudarte a aceptar.

—Bueno, pues me alegro de que me lo pregunte —le dije—, porque pienso matricularme en la escuela que me dé la mayor cantidad de dinero.

Me preguntó si me habían aceptado en algún otro sitio. Y sí: en la Cincinnati Conservatory of Music y en la

Northwestern, pero ninguna me había ofrecido aún un paquete de ayuda económica.

Sonrió como si eso fuera una buena noticia.

—Entonces nos gustaría ser los primeros.

Mi madre lloró de la emoción cuando me concedieron suficientes becas y subvenciones para pagarme el acceso a unos estudios universitarios. Era el primero de toda nuestra familia en ir a la universidad. Ella se había planteado mi educación como la mayor prioridad de su vida y parecía que sus sueños se estaban haciendo realidad. Respecto a mí, notaba una profunda sensación de validación. Había luchado por seguir el dictado de mi corazón y toda esa inversión estaba sufragándome la matrícula de la universidad.

Llegada la mitad de la primavera, me sentía más o menos en un constante estado de euforia. Tenía el futuro inmediato asegurado y mi huida definitiva de casa estaba a la vista. El final del curso escolar albergaba una sensación de libertad y desenfreno.

Y entonces, un sábado por la noche llegué a casa sobre las dos de la madrugada, después ir a mi iglesia a un concierto del coro de góspel. Había sido una noche electrizante de música y adoración, seguida por muchas horas de socialización con primos y amigos. Lo hacíamos cada dos por tres: asistir a alguna función en la iglesia y luego irnos al Eat'n Park más cercano, una franquicia local que abría las veinticuatro horas y donde nos sentábamos a hablar y a hacer comunidad, a veces hasta muy pasada la medianoche. Yo no tenía hora límite de llegada, y mucho menos cuando estaba en la iglesia y mi madre sabía dónde encontrarme.

Por tanto, me resultó extraño cuando detuve el coche frente a mi casa y vi que todas las luces estaban encendidas. Había logrado esconderme de mi familia durante seis meses. Mi horario estaba tan repleto que apenas los veía. Pero cuando entré esa noche, mi madre me abordó en el salón. Se encontraba al borde de la histeria.

—¿Dónde estabas?

—¿Perdón?

—¿Que dónde estabas? ¡Son las dos de la mañana!

—En... en la iglesia —le dije desconcertado—. Ya lo sabías.

Mi madre estaba de los nervios. Temblaba, sudaba y estaba furiosa.

—¡No me repliques! ¿Que dónde estabas?

—Estaba en la iglesia —repetí—. He salido un rato con el grupillo. Hemos ido al concierto y luego al Eat'n Park, como siempre.

—¡Que no me repliques!

—Pero... si solo te estoy respondiendo. Me has preguntado que dónde estaba y te lo estoy contando. ¿Por qué me gritas?

—Son las dos de la mañana. Mañana por la mañana tienes escuela dominical. ¡Tienes que ser puntual! Es increíble que llegues a casa tan tarde.

—¡Siempre llego igual de tarde después de los conciertos de góspel! Me levantaré para la escuela, no te preocupes. Sé que eso es lo que quieres y lo cumplo.

—No es lo que quiero yo —me espetó—. Es lo que Dios quiere de ti.

—Vale.

—Pero ¿tú sabes qué hora es, hijo?

Era su voz y ahí estaba él, en la puerta: Bernie, mi padrastro, en calzoncillos y sin camiseta, con esa barriga sumamente hinchada que le colgaba por encima de la cinturilla. En una mano llevaba sujeto un cinturón por la hebilla, que se balanceaba a un costado de su cuerpo.

—Mira, hijo, no deberías aparecer por casa tan tarde. ¿Qué te crees que estás haciendo?

A mí no me salían las palabras para responderle, pero parecía que él sí tenía más cosas que decirme.

—Estoy bastante harto de ti, entrando y saliendo de esta casa a tu antojo, sin hablar con nadie, como si fueras un hombre, como si fueras el que lleva los pantalones.

Me armé de toda la paciencia que pude para no decir ni una palabra ni reaccionar de ninguna manera. No entendía el drama que se estaba montando a mi alrededor, pero sentía la necesidad de aguantar para no verme arrastrado por él.

Mi madre tenía la mirada desorbitada. Retorcía las manos y se mecía adelante y atrás.

—¿Ves la hora que es...? —insistió Bernie señalando el reloj de la repisa de la chimenea—. Las dos de la madrugada. Eso significa que acabas de ganarte tres meses de castigo. Nada de televisión y nada de extraescolares.

—¡Ah, vaya, que ahora estás tratando de hacer de padre!

Las palabras me salieron disparadas sin que pudiera contenerlas.

—¿Qué me has dicho, hijo? ¿Te crees que eres lo bastante hombre para replicarme?

Chasqueó el cinturón. Yo seguí firme en mi sitio y lo miré directamente a la cara.

—Ah, ¿que vas a pegarme? ¿Eso es lo que crees que vas a hacer?

Volvió a chasquear el cinturón y vino hacia mí. Me quedé inmóvil. Nos pusimos en guardia, mirándonos a los ojos.

—Como me toques, será mejor que me mates —le dije.

Bernie parpadeó, pero no retrocedió.

—¿Qué has dicho? ¿Qué me has dicho, hijo?

—Que como me toques, va a ser mejor que me mates.

Silencio.

Y entonces mi madre gritó:

—¡Díselo!

Me giré hacia ella asustado.

—¿El qué?

—¡Díselo! ¡Dile lo que me contaste en Kennywood! ¡Venga! ¡Dile lo que me contaste que te hizo!

—Eh… no… no, no es el momento ahora…

Pero mientras yo balbuceaba, Bernie intervino:

—¿De qué hablas? ¡Yo no le he hecho nada a este niño! ¡No le he hecho nada que no se tuviera merecido!

—¿Que no se tuviera merecido? —repitió mi madre estupefacta.

—¡A este niño le pasa algo! ¡Algo le falla en la cabeza! No está bien, tiene algo que no está bien. Yo no le he hecho nada a este niño que no se mereciese. Es mentira. Te está mintiendo.

—¿Mintiendo en qué? —le solté—. Acabas de delatarte.

El comentario se quedó suspendido en el aire un instante mientras Bernie se percataba de su error, pero no tardó en recuperarse y retomar la bronca.

—¡Es un mentiroso! Quiere destruirnos. ¡Quiere romper esta familia!

—¿Qué familia? Esta familia es una farsa.

—¡En mi casa me respetas! Te juro por Dios que me vas a respetar y que vas a respetar a tu madre si tienes pensado volver a poner un pie en esta casa.

Miré a mi alrededor: a mi madre, a mi padrastro, a esa casa que contenía tanto trauma.

—Mi madre siempre tendrá mi respeto —le dije—. Pero ¿tú? Tú para mí no eres nada.

Y me di la vuelta sin otra palabra más, bajé las escaleras a mi habitación y cerré la puerta con pestillo.

A los dos meses me marcharía para trabajar en Kennywood un último verano, a lo que seguiría la universidad en otoño. Ni siquiera recuerdo volver a hablar con Bernie, hasta aquel día en el hospital.

# Capítulo ocho

—¿Estás bien esta mañana? —me pregunta mi marido.

*Para ser sincero estoy en una nebulosa. Llevo meses así. Es como... como si estuviese espantando de forma constante los demonios del pasado.*

*No duermo bien. Mi cabeza no para. Necesito tomarme una pastillita mágica y pasarla con un sorbito de tequila o de whisky o de algo. Algo que me deje noqueado. Para poder descansar.*

*Pero, aparentemente, no descanso muy bien. Me duele el corazón. No puedo respirar.*

*Más de tres millones de casos de coronavirus en este país, y subiendo. La gente se está muriendo. Cientos de miles de personas ya han muerto. Nos mienten en la cara. La realidad ya no importa. Hemos estado en cuarentena, refugiados en nuestras casas durante meses. Cincuenta millones de personas se han ido al paro. La economía se ha hundido. George Floyd está muerto. La gente se está levantando.*

*Lomismolomismolomismolomismolomismo. Sesenta y un mil casos nuevos registrados en veinticuatro horas.*

*No logro recobrar el aliento. Me duele la cabeza. Me duele el corazón. Me va a mil.*

—¿Estás bien, cariño? Te has pasado toda la noche dando vueltas en la cama y sacudiéndote. Te has llevado toda la sábana. Me has dado en la cabeza con el codo.

—No. Supongo que no estoy muy bien. —Las lágrimas brotan solas—. No estoy nada bien.

En mi segundo año en la Carnegie Mellon me parecía haber hecho audiciones para todos los teatros de verano del país. Incluso fui con mi clase de teatro musical, subidos en unos cuantos coches, a las audiciones para conjunto de la Civic Light Opera en el centro de Pittsburgh. La CLO era el no va más: una de las últimas compañías de teatro de verano que quedaban, lo que equivalía a seis espectáculos en seis semanas. Quienes recibían la bendición de ese bolo tenían el año solucionado. En total, eran siete semanas de trabajo intenso. Había un conjunto de canto de diez personas y uno de baile de otras diez: cinco hombres y cinco mujeres en cada uno, veinte artistas en total. Este conjunto, lo que llamaban el coro, no cambiaba en toda la temporada. Ocupaban el fondo del escenario en los seis espectáculos, mientras que a los artistas principales se les contrataba para papeles protagonistas concretos. A algunos de los actores principales los seleccionaban para varios papeles en una misma temporada, pero la mayoría iba cambiando.

Estar en el coro de la CLO de Pittsburgh era lo más de lo más en términos de prestigio, porque no solo te daba acceso a la tarjeta del sindicato Actors' Equity (que te permitía hacer audiciones para Broadway en Nueva York), sino que aparte de la maratón de siete semanas de musicales, ¡te cubrían el seguro médico de un año!

Con catorce años había sido Mini Star de la CLO; solo duré un año y luego lo cambié por el bolo en el parque Kennywood, porque una reina tiene que cobrar. Después, todos los años pasaba por aquel extenuante proceso de audición de dos semanas. A los espacios de ensayo del Benedum Center acudían en masa jóvenes aspirantes salidos de programas de teatro de todo el mundo (es decir, de la propia Pennsylvania, de Ohio y de Maryland, los estados colindantes, aparte de un puñado de artistas de la costa Este; en fin, que era algo muy codiciado). Y en lo estratégico, una vez que entrabas, estabas dentro, es decir, que si algún miembro del coro quería volver en temporadas posteriores, solían aceptarlo de forma automática. Ahora hablemos de su infraestructura racista, que solo permitía la presencia de dos tabletas de chocolate entre los veintidós puestos; sí, solo dos. Y ya estaban ocupados por Denise Sheffey y David Jennings Smith, ambos nacidos en Pittsburgh, ambos con formación en ópera y, creo, profesores de humanidades en el sistema escolar público de Pittsburgh. ¡Esas muñequitas agarraron los dos puestos y no los soltaron en décadas! Lo que implicaba que mi descarado culito negro no tenía la más mínima posibilidad. Y es que mientras mis homólogos caucásicos competían en general por dieciocho puestos, yo solo por dos, que además estaban ocupados por cuota. Oooh, pero esta zorra estaba más que decidida. Porque después de prestar mis servicios como Mini Star de la CLO durante el año de Nuestro Señor de 1984, siendo el mono de feria de los blancos y encima gratis, me parecía que debía tener un pie dentro del conjunto cuando alcanzase la edad requerida. ¿Verdad? Me debían al menos eso, ¿no?

El requisito mínimo de edad para entrar al coro de la CLO era de dieciocho años, por temas del seguro, sin duda, pero según mi experiencia con empleadores, mi fuerte era conseguir que se saltaran esa inoportuna legislación contra el trabajo infantil, así que empecé a hacer audiciones para el coro de la CLO con dieciséis años. Durante tres años seguidos, meneaba mi culito feliz hasta los lugares de ensayo del Benedum Center y les enseñaba lo que era capaz de hacer.

En esos tres años anteriores había surcado todos los niveles y capas de selección y segundas audiciones, sin llegar a conseguir nunca el bolo, pero convirtiéndome en un profesional del proceso. Estaba muy emocionado, porque en esa nueva ocasión pude abrir el camino a mis compañeros. Mi clase de la Carnegie Mellon estaba compuesta por algunas de las personas con más talento que he conocido. Ty, Natalie, Jeff, Tami, Natascia y Jack. La troupe de la CMU iba a apoderarse de todas las pelucas y de todos los bolos. Pasamos juntos el primer corte, el de canto. Luego bailamos y pasamos el corte también, y entonces nos invitaron a volver para las audiciones finales el fin de semana siguiente.

En aquel momento yo estaba interpretando el papel de Mary Sunshine en la producción de *Chicago* de la compañía profesional Playhouse de Pittsburgh. Era un papel principal y compartía camerino con uno de mis mentores/ángeles, Joe Franze, el fundador del programa CLO Mini Stars y el hombre que me había facilitado una de las oportunidades de aprendizaje más importantes de mi vida al llevarme a todos los ensayos y representaciones de Mini Stars. Solo cinco años después, ahí estaba yo, compartiendo camerino con él en una producción profesional mientras estudiaba a tiempo completo y ganaba dinero de verdad.

Entré en ese proceso de audiciones de la CLO con la firme determinación de que sería mi último intento si no conseguía el bolo ese año. Empezaba a entrever la verdad. ¿Gana el mejor? ¿La persona más idónea para el puesto es quien lo obtiene? No exactamente. Y pese a que pueda resultar borde o soberbio por mi parte, tenía el lujo de estar en aquella sala rodeado de mis competidores, viendo lo que ofrecía cada cual, y puedo decir humildemente y con elegancia que no había ningún motivo para que no me dieran esos bolos a mí.

En retrospectiva, debí haber imaginado que algo pasaba cuando canté mi corte de dieciséis compases del tema «A Piece of Sky», de *Yentl.* ¡Y en la misma clave que Barbra!

—¿Eres consciente de que cantas fuera de tono? —me soltó el director musical.

Me pilló con la guardia bajada.

—No, no soy consciente, porque no canto fuera de tono.

*¿La perra esta viene a por mí o qué? ¡¿Está intentando leerme la cartilla por mi manera de cantar?!*

Había dos personas más en la sala. Uno era el director artístico, Charlie Gray, y la otra persona era Wendy Bobbitt, al piano. Wendy era mi acompañante en mis clases particulares de voz en la CMU. La miré. Tenía la cara roja como un tomate por el desconcierto.

—¿Me estoy perdiendo algo? ¿He cantado fuera de tono, Wendy?

A ella también la pillé con la guardia baja, pero sabía que me conocía. Me oía cantar todas las semanas y era la directora musical del programa Mini Stars. ¡Seguro que me ayudaba a zanjar esa mierda!

—No he notado nada fuera de tono, no. A mi oído, era el correcto —murmuró con una voz apenas audible.

—¿Quieren que vuelva a cantarla? A lo mejor se ha enturbiado algo el sonido con el eco de esta sala tan enorme.

—Sí, por favor. Vamos a escucharla otra vez —respondió aquel hombre con sarcasmo.

¡Hundí a aquellas perras con mi voz! No tuvieron forma de hacerme la cama, de echarme la culpa. Y esto fue lo que empezó a ocurrirme hasta que se convirtió en una piedrecita que tuve metida en el zapato durante décadas. En mi carrera, he merecido muchas veces trabajos que no me han dado, por varios motivos: demasiado negro, demasiado gay, demasiado específico, demasiado a secas. Pero que nadie llore por mí, porque no soy el único que se ha enfrentado a esos desafíos.

Este negocio es una perra mala y, como dice siempre mi amigo Nathan Lee Graham: «Este negocio no está montado para que fracases. ¡Está montado para que renuncies!».

¡Y yo no pensaba irme así!

En las últimas audiciones del fin de semana siguiente, mis colegas de la CMU y yo acudimos al Benedum. Después de seis horas extenuantes de audiciones, llevaron a todo el mundo a la sala de ensayos de la tercera planta para hacer el corte final. Quienes lo pasan no necesariamente consiguen el bolo, pero entran en la lista de sustitutos para la temporada, por si alguno de los miembros del coro tiene que retirarse. Acabábamos de terminar de bailar una giga muy sencilla al ritmo de «Get Me to the Church on Time», de *My Fair Lady*. Era la combinación de pasos para el conjunto de canto, así que, sinceramente, con todas las clases que los blancos me estaban dando gratis, aquella giga tan común y corta era pan comido. Lo clavé; iba a pasar el corte final sin ninguna duda. Estaba de pie junto a mi amiga y hermana, Patricia Phillips. Ella era mestiza y había atravesado el techo de cristal racista; llevaba trabajando ya tres años en el coro y su puesto racialmente ambiguo estaba consolidado. Fueron diciendo nombres, por orden alfabético.

—Pat Phillips, John Preston…

Empecé a hiperventilar.

—Me han dejado fuera —le susurré a Pat.

Las lágrimas empezaron a brotar.

—No, qué va, es imposible.

Intentó consolarme. Ella estaba allí. Había visto mi audición. Dejarme fuera no tenía sentido para nadie que tuviese ojos y oídos funcionales.

—Me han dejado fuera. Los nombres van en orden alfabético. ¡Tengo que irme!

Agarré mis cosas con la cabeza gacha y salí corriendo de la sala de audiciones para encerarme en un cubículo del baño. No quería llorar. Esas perras no merecían mis lágrimas. Pero estaba destrozado, avergonzado. Todos mis compañeros de clase habían pasado el corte final y a mí me habían dejado fuera.

¿Por qué lloraba? ¿Por qué me importaba tanto? Sabía que había todo un mundo más allá de la CLO. Sabía que aquello era una mierda. Pero dolía muchísimo. Yo quería mi tarjeta del sindicato, quería mi billete de salida. Pero... nada. Me llamaban al final de todas las audiciones, me «metían en la lista» y nunca sabía nada más de nadie. Siempre el elogio, nunca el trabajo.

Unos meses antes, el director musical de una audición para los parques temáticos de Disney me llevó a un lado y se sinceró. Ese director musical era de Pittsburgh y conocía mis dones; había trabajado con él.

—No vuelvas más a Disney. En mi opinión personal, no van a contratarte nunca —me susurró en un rincón oculto, fuera de la sala de audiciones.

—¿Por qué?

Tragué saliva.

—Eres demasiado bueno para ellos. Eres demasiado especial. No quieren a nadie especial. Quieren a gente insulsa y mediocre que encaje con...

Y se fue apagando.

—¡Gente blanca! —comenté con mordacidad.

El color le desapareció del rostro, de un tono ya de por sí alabastro.

—Quieren a gente blanca, ¿verdad? —insistí.

Y después de respirar hondo, el director musical se limitó a responder:

—Sí. Quieren a gente blanca.

Lo llamaron para volver a la sala de audiciones.

Alguien golpeó la puerta de mi cubículo.

—Billy, soy Ty. Déjame pasar.

Ty Taylor era el otro chaval negro de mi clase de la CMU. Nos hicimos hermanos de inmediato al conocernos en una fiesta de bienvenida para estudiantes de primer año en la residencia universitaria. Actualmente sigue siendo uno de mis mejores amigos y es el líder de un grupo de rock llamado Vintage Trouble. ¡Es una puñetera estrella del rock! Siempre lo ha sido.

—¡A la puta mierda! ¡No necesitas esta basura de la CLO! Porque sabes que es una gilipollez, ¿no?

Me dio un abrazo fuerte.

—No lo entiendo. ¿Qué he hecho? ¿Por qué me odian tanto?

Me eché a llorar. Ty me agarró la cara entre las manos. Me obligó a mirarlo a los ojos.

—Ya sabes de qué va todo esto. Ninguno de nosotros dos va a conseguir este bolo. Ya tienen su cuota. Ahora vete y disfruta del resto del día, deja de perder el tiempo. Vente a mi casa esta noche, prepararé cena para los dos.

El siguiente martes por la noche, mientras me embadurnaba la cara para hacer de Mary Sunshine en *Chicago,* Joe Franze entró en nuestro camerino y se sentó a mi lado. Me frotó los hombros y, con un tono de voz muy optimista y reconfortante, me dijo:

—Me costó diez años de audiciones entrar en la CLO. Tú también lo conseguirás. Cuando sea el momento.

Miré el reflejo de aquella preciosa alma en el espejo: mi mentor, mi amigo. Y mientras me daba los últimos retoques en la cara de drag queen de mi personaje, que un crítico describió como evocadora de una joven Diahann Carroll, le respondí:

—No tengo diez años de vida que perder. Gracias, pero no.

—Tienes una voz demasiado aguda para los escenarios de Estados Unidos. Nunca vas a conseguir trabajo.

Estaba sentado, estupefacto, mirando directamente a los ojos de la nueva directora del Departamento de Voz y Expresión Oral de la Carnegie Mellon. Era una mujer de armas tomar; eso siempre me ha gustado. Las mujeres fuertes estaban en mi equipo. Pero aquello era distinto.

Ese mismo día había recibido una carta de la escuela en mi casa —el apartamento que pagaba con mi propio dinero— dirigida «a los padres de William E. Porter II». Esas «cartas» para los padres eran cosa seria por aquel tiempo. Nadie quería recibir una. Estaban las cartas enviadas a las niñas gordas, para que adelgazaran, y las cartas que llegaban a todas las divas afeminadas, para que se hicieran machotes. Y por supuesto, las cartas más tradicionales para informar sobre el progreso académico, que tenían varios niveles: 1. Advertencia. 2. Periodo de prueba. 3. Último aviso. 4. Abandono recomendado. Y no nos confundamos: «Abandono recomendado» significaba «¡Te han dado la patada!». Expulsado. Devuelto al sitio del que hubieras salido, mancillado por la vergüenza del perdedor con un cartel de «Nunca serás un actor de verdad».

Estar en el primer o segundo curso de la Escuela de teatro en la Carnegie Mellon, en la década de 1980, era como ser la diana humana del juego ese del tanque de agua en las ferias, siempre alerta por si alguien acertaba y te tiraba. En mi clase de primer año en la CMU éramos unos sesenta estudiantes; cuatro años después, nos graduamos diecisiete. Era un sistema brutal y te dejabas la piel. Cualquier cosa podía valerte una carta; cualquier cosa podía echarte. Incluso cosas que no controlabas. Como mi condición queer.

La mía era una carta de «último aviso» para el Departamento de Voz y Expresión Oral, y había llegado de la nada, sin advertencia previa, nada de nada. Así que le hice una visita a la nueva directora del departamento y me quedé a cuadros con lo que escuché.

—Te sugiero que te tomes un año libre. Quizá deberías empezar a fumar. Vete a Nueva York. ¡A lo mejor consigues un trabajo y ya no quieres ni volver!

*¿Esta perra va en serio? ¿De verdad viene a por mí? ¿Echarme de aquí? He reservado cuatro años de mi vida para aprender a dominar mi oficio, para prepararme para llevar la vida de un artista. Este es el sitio que se supone que tiene que enseñarme a hacerlo. Sé que no soy el mejor actor del mundo, pero estoy aquí para mejorar. Vengo aquí a diario, puntual, y me reviento a trabajar para hacer todo lo que se supone que tengo que hacer, ¿y ahora tengo un último aviso?*

*Y decirme que empiece a fumar... ¡Voy a reventarle la cara a esta perra! Está jugando con mis subvenciones y mis becas. ¡Tengo que mantener una nota media alta para seguir recibiendo ese dinero y poder quedarme en este programa!*

Por las mejillas me caían unas lágrimas cálidas que enviaban el falso mensaje de que necesitaba el consuelo de esa mujer o alguna basura similar. Alargó la mano para tocarme la mía.

—¿Estás bien?

Aparté la mano de un tirón.

—¡No me toques! No seas condescendiente. No finjas que te importa. Primero me dices que nunca voy a subirme a un escenario en este país y al momento me sueltas que a lo mejor consigo trabajo y no quiero ni volver. ¿Esto qué es?

Me temblaba el cuerpo.

—Bueno... Me refería... No quería decir que no fueras a trabajar en nada, hablo del tipo de trabajo que podrás tener —se dignó a decir, por soltarme unas migajas, supongo.

Tenía que zanjar esa mierda.

—Mira, si mi voz es «demasiado aguda para los escenarios de Estados Unidos» ahora, en diciembre, eso significa que lleva siéndolo desde que empezamos a trabajar juntos en agosto. ¿Verdad? Entonces ¿por qué no he tenido noticias antes?

¡Le callé la boca! Los blancos estos no están acostumbrados a que nadie los cuestione, a que nadie les llame la atención por sus gilipolleces.

—He venido a todas las clases del semestre. ¡Y puntual! Me he comprometido. ¿Por qué me estoy enterando de esto ahora? ¿Y con un «último aviso»? Sin una carta de advertencia, sin una carta de periodo de prueba.

Se le empezó a poner la cara colorada como solo les pasa a los blancos, cuyo tono de piel cambia muy a menudo por el bochorno y la vergüenza.

*La perra esta no tiene ni idea… ¡Conmigo no!*

Me incliné hacia adelante para decirle:

—Y que quede claro: estudiar en esta universidad cuesta veinte mil dólares al año, ¡y la factura, cuando llega, me llega a mí! ¡Yo pago ese dinero! Ni mi madre ni mi padre, ¡lo pago yo! Así que si crees que me pasa algo, que tengo que solucionar algo…, si mi voz es «demasiado aguda» para los escenarios de Estados Unidos, ¡os pago para que lo arregléis! ¡Haced vuestro trabajo!

Mi siguiente parada fue el despacho de la directora de Teatro, Liz Orion. Entré hecho una furia, dejando atrás al asistente ejecutivo y colándome como un torbellino delante de su mesa. La vi claramente abrumada por mi cabreo. La pillé desprevenida.

—¡¿Esto a qué viene?! —dije mientras estampaba la carta de aviso en la mesa.

Fingió amnesia.

*Eres la directora del departamento. Estáis todo el día de reunioncitas, así que sabes muy bien de lo que estoy hablando.*

—¡¿Y encima me van a poner un aprobado raspado en Expresión Oral y poco más en Canto?! Sé que mi interpretación no es maravillosa y estoy trabajando para mejorarla, pero ¡este ataque contra mi voz es inaceptable!

Liz leyó la carta con detenimiento.

—Billy, esto es una mera formalidad. Por favor, no te lo tomes como algo personal.

¡Juro por Dios que me iba a explotar la cabeza!

—Mis subvenciones y mis becas para esta escuela dependen de que mantenga unas notas altas, estas facturas desorbitadas las pago yo solo, así que por supuesto que es personal, ¡porque esto me lo va a joder todo! Así que, formalidad o no, ¡se tiene que arreglar! ¡Ya!

—Bueno, ¿qué quieres que haga? —dijo Liz acorralada.

—Primero, déjale a esa mujer las cosas claras. Yo no me merezco un aprobado raspado y lo sabes, y ella también lo sabe.

Liz se quedó sentada en silencio. Contemplativa. Serena.

—Yo me encargo.

Y a volar. Planté cara a los abusones: los miré a los ojos y gané. Aunque todavía no había acabado.

—Y otra cosa... La nota que me ha puesto la aficionada esa que va de profesora de voz también tiene que cambiar. ¿Esa nota... en Canto? Necesito tener la nota más alta y que el próximo semestre me pongan con otro profesor de voz.

*¿Una nota normalucha en Canto...? ¿En serio...? ¡Menudo coño!*

¿Por qué siempre era mi culpa? Cuando alguien no me entendía pasaba a atacarme, intentaba silenciar mi voz, aplastar mis instintos naturales. Todo lo que yo dijera, mi forma de hablar, de sentarme, de mover las manos y los brazos, todo entraba a formar parte de la zona de ataque. Echaba de menos a mi ángel Myrna Paris, una profesora de voz buenísima. Myrna me oyó cantar y acogió mi voz con los brazos abiertos. La conocí en el instituto y me aportó mucho. Respetaba lo que no entendía y se volcaba de verdad en ayudarme con los nódulos vocales y en que aprendiera a usar mi extraordinario poder vocal sin hacerme daño.

Lee Cass fue otro ángel. Se pasó todo el primer semestre de mi primer año en la Carnegie Mellon estudiando mi voz: le asombraba que pudiera hacer las cosas que hacía, los agudos que alcanzaba, con la voz de pecho a toda potencia. Lee se colocaba delante de mí y me cubría el cuello con las dos manos mientras yo cantaba lo más alto y fuerte que podía. Perplejo e intrigado, se ponía a desentrañar esa variedad vocal extrema que nunca antes se había encontrado. A final de curso, Lee se me acercó emocionado. Había encontrado el diagnóstico, una descripción lógica y definitiva para mi voz, ¡estaba en un libro!

—¡Eres un tenorino! —exclamó con su profunda voz de bajo que hacía retumbar las paredes—. Eso significa que llegas a los agudos más agudos que puede alcanzar un hombre. Y aunque se considera que entras en la familia de los contratenores y de los castrati, tu voz no es un sonido ligero de falsete, no es una voz de cabeza. Eres capaz de sacar la voz del pecho de manera natural y sin hacerte daño.

En vez de intentar convertirme en algo que él conociese y con lo que se sintiera seguro, Lee celebraba mis dones, celebraba lo que yo era.

Pasé el verano entre el primer y el segundo año de universidad trabajando en el parque de Hartwood Acres, actuando en su temporada estival; interpreté un papel protagonista en *Tomfoolery: The Music of Tom Lehrer* y un papel secundario en *The House of Blue Leaves*, de John Guare. Cuento todo esto para dejar claro que seguí con mi vida, seguí cantando y, que aunque mi familia estaba a apenas doce minutos en coche del campus, seguí sin tomar ninguna iniciativa para ir a verla. Y menos a Bernie. Después de nuestra última confrontación me dije que debía salir… ¡a escena!

En la mañana primaveral del 19 de abril de 1989 me sonó el teléfono a las cinco y media. En aquellos tiempos, el protocolo telefónico dictaba que si alguien te llamaba pasada la medianoche era porque pasaba algo. Respondí al teléfono atontado y molesto.

—¿Diga?

—Oye, hijo, sé que es temprano, y perdona que te llame, pero tu padre está en el hospital.

—¿Quién...? ¿Bill...? —le pregunté a mi madre irritado.

*¿Mi padre...? Por favor. ¿Padre de qué? La última vez que lo vi fue en aquella cena de Acción de Gracias con su nueva familia, cuando me obligó a beber vino tinto (por el cuerpo de Cristo) y vomité, y me pegó y me encerró en una habitación donde agarré el teléfono y te llamé para que vinieras a por mí. ¿Por qué cojones crees que me va a importar ese señor?*

—Bill no. Bernie.

—Bernie no es mi padre. ¡No lo llames así!

—Lo siento. Ya, lo sé, perdón. Mira... Sé que habéis tenido algunos rifirrafes...

—¡¿Rifirrafes?! ¿Así vamos a llamarlo ahora?

—No sé qué quieres que haga. No... Estoy tratando de... Te llamo porque he pensado que a lo mejor querías ir a verlo al hospital.

El corazón empezó a latirme a mil por hora. Llevaba cinco años sin soportar estar en la misma habitación que ese hombre. ¡¿En qué mundo vivía mi madre para pensar que querría ir a verlo, yo solo, a un hospital?! Siguió hablando y me contó que Bernie había llegado a casa del trabajo y se notaba raro. Fue a tumbarse a la cama y estuvo allí como una hora mientras ella preparaba la cena. Según sigue la historia, Bernie entró en la cocina, le pidió que llamara a emergencias, se puso el abrigo y salió a la esquina a esperar a la ambulancia. Cuando mi madre llegó al hospital en su coche, los primeros resultados mostraban que había sufrido un leve ataque al corazón y lo iban a dejar ingresado en observación.

—Vale, ¡¿y está bien?! —estallé.

—Sí, parece que va a ponerse bien.

—Tengo clase todo el día. No puedo faltar. Dale un saludo de mi parte.

Y colgué. Estaba sudando. Me temblaba el cuerpo y no conseguía recobrar el aliento. No logré volver a dormirme, así que me levanté temprano y me preparé para clase. Estuve trabajando en la escena que debía preparar para la clase de dialectos de Voz y Expresión Oral. Inglés británico puro: mi preferido. Siempre he pensado que en una vida anterior tuve que ser una mujer blanca con ínfulas, por eso mi amigo y compañero de clase Eric Woodall y yo habíamos elegido la escena de Gwendolyn y Cecily de *La importancia de llamarse Ernesto*, de Oscar Wilde. No conseguí centrarme en las primeras clases de la mañana, ni en las siguientes, ni en ninguna de hecho. Al final llamé a mi madre y le pedí que viniese a por mí en la pausa para comer y que me llevase a verlo. Bernie estaba aturdido cuando entré en la habitación, enganchado a un montón de máquinas médicas. Mi madre me hizo entrar solo. Y allí me vi, sentado junto a la cama de hospital del hombre que... que...

—Ey, hijo.

—Ey —dije resentido.

—Qué alegría verte.

—Que alegría ser visto.

Bernie se movió un poco en la cama, tratando de incorporarse. Lo ayudé. Me apretó la mano entre la suya y me miró a los ojos.

—Estoy orgulloso de ti, hijo. Estoy orgulloso de quien eres. Sigue siendo tú mismo. No dejes que nadie te quite eso nunca.

—¿Vale...? ¿Gracias...?

*No sé qué se supone que tengo que decir. ¿Esto es una disculpa? ¿Está intentando expiar la culpa? Nunca me ha hablado así, nunca. Nunca lo he oído usar este tipo de lenguaje emocional. No lo veía capaz de algo así. Quizá haya posibilidad de sanación... quizá...*

—Tú cuídate y ya hablaremos cuando salgas de aquí, ¿vale?

Un intento de ofrecer consuelo.

—Qué ganas de que llegue ese día.

Sonrió. Consciente. Vulnerable.

El resto del día de clases lo tengo borroso. Recuerdo que me habían incluido en el equipo técnico para *Peer Gynt*, de Henrik Ibsen, una obra en cinco actos que se representaría durante dos días. Estábamos en los ensayos técnicos, que a veces son una tortura, en especial si te has pasado los dos cursos anteriores haciendo todo lo que toca: montar escenarios, colgar luces, coser trajes, ser maquinista... Nadie quería hacer de maquinista, porque implicaba estar sentado entre bastidores, o en una cabina de luces, o colgado de una rejilla por encima del público manejando un foco durante todo el espectáculo. Aquel fue mi último encargo como técnico. Se trata de una obra larga sobre gente blanca (casi todo va sobre gente blanca) que se representa en abstracto, lo que significa que los maquinistas estábamos integrados en la función. Eso suponía que tenía que ponerme unos ridículos bombachos noruegos y menear un trozo enorme de aluminio grueso en el aire para crear el sonido de un trueno. No hace falta explicar que no me entregué con todo el corazón a la tarea. No podía pensar más que en Bernie... y en nuestra conversación, ¿me atrevería a decir conexión...? ¿Un espacio para sanar...? Aquí estoy, listo para empezar. Listo para negociar el perdón, para hablar del porqué, para romper el círculo. Para llegar, quizá, al fondo de todo ese caos.

Mi madre me mantenía al tanto de cómo evolucionaba Bernie. Me dijo que estaba mejor. Me dijo que estaban listos para sacarlo de la UCI y llevarlo a una sala de cuidados intermedios. Mi teléfono volvió a sonar a las cinco y media de la mañana del 20 de abril de 1989. Ya antes de responder sabía cuál iba a ser la noticia.

—Bernie ha muerto.

Mi madre habló con un susurro velado.

—¿Qué? ¿Cómo?

—El médico ha dicho que ha tenido una rotura de un aneurisma en la aorta ascendente.

—¿Qué quiere decir eso?

—No lo sé. Ha sido un ataque al corazón, por lo que he podido entender. La enfermera me ha dicho que se pasaba todo el día haciendo bromas. La planta entera se reía a carcajadas con él. Me ha contado que le dio la última dosis de medicación del día sobre las nueve de la noche y que a la mañana siguiente se había ido…

*Tengo un muro. Tengo un bloqueo. No puedo mantener relaciones sexuales con una persona de la que estoy enamorado ni con nadie que esté enamorado de mí. Solo puedo follar con desconocidos. Eso a un matrimonio no le viene bien. Él me quiere. Lo sé. Lo noto, pero no puedo aceptarlo. No sé cómo hacerlo y quiero saber. Estoy cansado. ¡Son cuarenta años ya! Cansado de seguir adelante sin más, de continuar avanzando, de no mirar nunca atrás. Se me ha dado genial compartimentar el trauma y me ha servido durante décadas. Mi capacidad artística me ha salvado, me ha mantenido centrado en algo tangible… Más o menos. Quiero confiar en el amor. Lo intento, de verdad que lo intento. Esta pandemia ha tenido un lado bueno: me ha dado un minuto para respirar, para hacer repaso, para mirar mi vida desde una posición de observador y hacer algunos cambios. Para afrontar de una vez por todas que Bernie estaba en todo, afrontar el hecho de que me vació encima toda su mierda, fuera la que fuese, y luego se murió. Se largó en paz. Y me dejó, a mí y a la familia entera, con todo aquel desastre, con una mierda que sigo teniendo que afrontar pasados los cincuenta años. Estoy cansadísimo y no sé lo que hacer. Aunque la terapia para el trauma es esperanzadora. Mi terapeuta me hizo contar: me preguntó cuántas veces había venido Bernie a mi habitación. Le dije que al menos dos por semana. Me respondió: «No soy matemática, pero dos veces por semana, por cincuenta y dos semanas que tiene el año, por cinco años... Eso son más de quinientas veces. Es hora ya de que metabolices tu trauma y tu pena». Llevamos refugiados en casa meses y he logrado mantener la cordura. Estamos consiguiendo sanar en mitad de esta pandemia. Le he dicho a todo el que me ha escuchado (y lo seguiré haciendo) que: «¡El mundo se ha parado para que podamos sanar nuestro matrimonio!». De la necesidad, virtud, ¿no...?*

El verano entre mi segundo y tercer curso de universidad en la Escuela de teatro de la Carnegie Mellon no pude conseguir ningún trabajo de temporada en mi ciudad ni en los alrededores, así que decidí venir a Nueva York. Natalie —mi compañera de habitación en la residencia— y su familia me ofrecieron un sofá en el dúplex que tenían en el Bronx para pasar unas semanas. Creo que fue la última vez que estuve en el Bronx hasta la grabación de la segunda temporada de *Pose*, cuando la producción se trasladó de Brooklyn a los Silvercup Studios.

En fin. Supuse que si quería meterme en el negocio del espectáculo tenía que salir de Pittsburgh y aprender a moverme por la gran y vil ciudad, conocer el metro, los sitios de las audiciones, las agencias de empleo. Aún no estaba en el sindicato de actores, el Actors' Equity, así que había cierto proceso por el que debía pasar para que me viesen en las audiciones. El Actors' Equity había creado un vacío legal que permitía a los actores no sindicados inscribirse en una lista de espera el mismo día de la audición, a primera hora. La idea era que, después de ver a todos sus actores, se diese paso a los de fuera del sindicato. El problema surgía cuando el espectáculo era popular, porque todos los puestos del día los acababan cubriendo actores sindicados y nosotros, la chusma que había estado esperando pacientemente desde las seis de la mañana —hora de inscribirse—, nos cagábamos en nuestra mala suerte. A mí me volvía loco *Backstage*, una publicación del gremio (recibía mi suscripción semanal en Pittsburgh desde que tenía quince años) que salía todos los miércoles a medianoche. Repasaba las páginas y rodeaba mis sueños con un rotulador fluorescente. No veía ningún motivo para que no me seleccionaran en alguna de las obsesiones musicales de la época, ya fueran *Los Miserables* o *El fantasma de la ópera*, aunque por entonces para esos espectáculos no contrataban a gente negra. Tommy Tune tenía en *Grand Hotel* a una pareja de morenitos felices con sus «dabadabadá». Y la señora Huxtable (la inimitable Phylicia Rashad) sustituyó a Bernadette Peters en *Into the Woods*, pero eso no cuenta: ella era la madre de nuestro país. Trascendía la raza. Llenaba las butacas. Así que ahí estaba yo, con diecinueve años, recorriendo Nueva York y tratando de encontrar mi vida. Me quedé sin dinero en un mes y decidí volverme en autobús a casa para... No sé. En realidad no sabía lo que iba a hacer. Pero mientras iba en metro a la estación de autobuses con todo el equipaje a cuestas, encontré en *Backstage* una audición para una producción de verano de *Joseph and the Amazing Technicolor Dreamcoat* que iba a montarse en el municipio de Montclair, en Nueva Jersey, a las afueras de la ciudad, a solo treinta minutos. Los ensayos empezaban en cuestión de dos semanas ¡y ya iba tarde para la audición! Dejé el equipaje en las consignas de la estación de Port Authority, en la calle 42, y me dirigí dos manzanas al oeste, donde estaba teniendo lugar la audición. Me uní al pase de baile hacia la mitad y arrasé con aquellas criaturas. Me pidieron que me quedase a cantar. Comuniqué a los responsables que había un autobús de Greyhound esperándome y que necesitaba cantar el primero. Me lo permitieron ¡y me ofrecieron el trabajo en el momento! Me marché a Pittsburgh dos semanas y luego volví y me alojé con mi colega y compañero Ty Taylor y su familia, que daba la casualidad de que vivían ¿dónde?... Atención... En ¡¡¡Montclair, Nueva Jersey!!! ¡Imposible que saliera mejor! ¡Para que luego digan que el universo no conspira por nuestro bien!

Primer día de ensayos. Michael Del Bianco, Delby, era el descarado, el sexi. Un hombre rebosante de alegría de vivir y de posibilidades. El reparto estaba dividido: actores sindicados y no sindicados, y el espacio se estructuraba siguiendo ese esquema también. No ser del sindicato es como ser el nuevo a mitad de curso, en una escuela nueva, en una ciudad nueva. Nadie te habla; te tratan como si tuvieras la peste y lo único que quieres es desaparecer. Delby cruzó el pasillo. Se acercó a mí el primer día de ensayos y dijo: «Vaya, vaya, si está aquí el chocolatito más dulce del mundo». Delby era corpulento, Delby era espléndido: Delby fue mi primer hado madrino gay. Yo aún estaba muy verde. Tenía ropa muy mona, sí, pero ni un sitio en el que poder lucirla. Hasta entonces. Se acercaba el cuarto domingo de junio, fiesta ultrasagrada para los gais, y Delby tenía un plan. Un plan de grupo. Nos dejó claro que nos veríamos delante de la catedral de St. Patrick, en la esquina de la Quinta Avenida con la calle 50, al día siguiente a las once de la mañana. «¡No lleguéis tarde, zorras!». Y yo llegué tarde. Por entonces no había móviles con GPS, teníamos que anotar las direcciones en un trozo de papel y confiar. Aparecí en el sitio cuando el grupo ya avanzaba por la Quinta Avenida.

Por los laterales había gente coreando cánticos, con pancartas: «Los homosexuales están poseídos por demonios». «Dios odia America». «Dios odia a los maricas». Me sentía como a cámara lenta. Siempre había sabido lo que la iglesia pensaba de mí, y mi familia me lo había dejado claro, pero nunca me habían escupido el odio de un modo tan directo; bueno, más allá de declarar que el sida era un castigo de Dios para los gais.

Vi un cartel con la palabra «GAIS» colocada en vertical, como un acrónimo: Gente Anormal Infectada de Sida. No podía respirar. Se oía una gran masa de cantos de ida y vuelta. Me moví y me metí por entre la valiente multitud, pero no lograba encontrar a mis amigos. Estaba a punto de irme cuando Delby me agarró del brazo: «¡Te dije que no llegaras tarde, reina! ¡Por aquí!». Y con un solo movimiento me colocó una camiseta por la cabeza que ponía: «SILENCIO = MUERTE». Luego me arrastró por la oreja hasta el frente de un grupo que coreaba: «Actúa, responde, lucha contra el SIDA». Y marchamos. A la guerra. Y yo estaba alistado. Avanzamos por la Quinta Avenida (¡Porque esto es una marcha, no un desfile! ¡A ver si espabilamos!). Pasé de ser una reina del teatro a ser un gay activista en tres minutos y medio y ya nunca volví atrás. Llevamos luchando desde entonces. Y… ¿treinta años después?… quienes sobrevivimos sabemos cómo pelear a muerte. Resistir. Pero no sabemos cómo vivir…

Ese mes de septiembre, Delby montó la quinta edición anual del Miss America Beer & Sock Extravaganza. Las reinas necesitamos siempre una temática. Me fui en autobús desde Pittsburgh a pasar el fin de semana. ¿Y qué es el Miss

America Beer & Sock Extravaganza? Pues el propio nombre lo dice: un espectáculo de cerveza y calcetines en torno a la elección de Miss América. Entré en el piso de Delby y vi una montaña de calcetines enrollados en mitad de la habitación. «¿Para qué son los calcetines?». «Ya lo verás», me dijo. Avancemos hasta la parte del concurso de belleza televisado en la que las candidatas muestran sus «talentos». Se ve entonces cómo Miss Kansas mueve claramente la boca durante su espectáculo de ventrílocua. ¡Pam! Una descarga de calcetines contra la pantalla del televisor. Y todas las reinas burlándose: «¿Qué pasa, zorra? ¿Demasiadas pollas y muy poco tiempo? ¡Que vuelva Vanessa Williams!». Si Darcel Wynne de *Solid Gold*, Rick Astley y toda la sección de modelos de ropa interior masculina de la marca International Male hubiesen tenido un hijo… así habría sido su *baby shower*. Las reinas maullaban a cuál más alto. ¡Era el paraíso!

Una semana antes del Día de Acción de Gracias de 1989 recibí una llamada de uno de los «chicos *Joseph*». Me dijo que Delby había preguntado por mí y que tenía que ir a verlo.

—¿A verlo dónde?

—Está en el hospital, en el St. Vincent's. Habitación cuatrocientos quince.

*Zona catastrófica. Joder. Ni siquiera sabía que estaba malo.* Fui solo en el autobús, desde Pittsburgh. Vi la bandeja de comida en el suelo, delante de la puerta, y la recogí. Entré. No me oyó. Estaba pegado a la televisión, camuflado por lesiones moradas. La piel, al tacto, fina como el papel. No pesaría más de cuarenta y cinco kilos, y eso mojado. Estaba tan débil que apenas podía reunir energía para hablar. No sabía quién era yo. Le di un beso. Sonrió. Me reconoció. Le di de comer. Le costaba tragar. Le puse crema por todo el cuerpo. Me acurruqué en la cama y lo abracé mientras veíamos *Las chicas de oro*. Dorothy Zbornak era su preferida. La risa se volvió tos... y más tos... y más. Tos violenta. Escalofriante. Yo tenía diecinueve años. Todo un soldado. Llamé a la enfermera. Era más amable que en las historias de pesadilla que me habían contado. Había llegado la hora de despedirme. Le di otro beso. Me dio las gracias.

—Te quiero.

—Y yo —me dijo con una leve sonrisa.

Murmuró algo apenas audible.

—¿Qué has dicho?

—No te olvides de vivir...

Dos semanas después se había ido.

# Capítulo nueve

*Como dirían antiguamente, «Dios ha llamado a su gloria» a John Lewis, icono de la lucha por los derechos civiles. Tuve la bendición de cruzarme con él en un par de ocasiones. Una de ellas fue entre bastidores, durante la cena de la Human Rights Campaign de 2016, cuando todos teníamos esperanza, cuando el mundo estaba cuerdo en apariencia. Parecía que por fin íbamos a elegir a una mujer presidenta. ¿Quién coño iba a ser si no? Hillary Clinton había dedicado su vida entera al servicio público. Pasó ocho años en la Casa Blanca con su marido. Llegó a senadora por el estado de Nueva York. Y entonces perdió la carrera a la presidencia contra un hombre negro. Tuvimos un presidente negro durante ocho años. Todavía me cuesta creer que pasara de verdad. Y esta reacción postobamalíptica que estamos viviendo es una respuesta directa al hecho de que los blancos tuvieran que recibir órdenes de ese negro de mierda durante ocho años. ¡Sí, he usado esa palabra, negro de mierda! ¡Porque las acciones de esa gente lo dicen todo!*

*Mi segundo encuentro con el icono de los derechos civiles John Lewis fue en la 91ª ceremonia de los Premios de la Academia de 2019. La noche en la que la señora Porter reventó internet con aquel vestido-esmoquin de Christian Siriano que llegó (y calló) al mundo entero. Ese momento se ha calificado de icónico; yo lo llamo «el pan de cada día». Sea como fuere, me habían invitado a ser el corresponsal-presentador de la alfombra roja para la ABC y la cadena me llamó para hablar sobre el vestido una semana antes. Todo se desarrolló muy rápido; ni siquiera recibí la invitación hasta dos semanas antes del acto. Dio la casualidad, además, de que en aquel momento era el primer embajador de la Semana de la Moda de Nueva York para hombres, en representación del Council of Fashion Designers of America (Consejo de diseñadores de moda de Estados Unidos o CFDA). Y por un puro golpe de suerte, Christian Siriano me había conseguido un sitio en primera fila junto a todas las famosas. La cabeza me iba a mil. ¿Qué iba a ponerme para los Óscar? Pensé: este es mi momento Idina Menzel: «¡Cuando John Travolta dijo mal mi nombre en la retransmisión de los Óscar!». Recuerdo ver a mi amiga y hermana de Broadway representando* Frozen *con una interpretación del* Let It Go *y al hombre de negocios que llevo dentro registrando ese instante. Y decirme a mí mismo, en voz alta: «¡Alguien tiene que decir mal mi nombre en los Óscar!». Es la noche más importante del mundo del espectáculo, la Super Bowl de las artes, por así decirlo. Recuerdo que en la década de 1980, cuando nos reuníamos a ver los Óscar, mis compañeros de clase de teatro y yo soñábamos y hacíamos planes, y juré entonces que llevaría un vestido de gala en vez del tradicional traje de pingüino, y ahí estaba: había llegado la hora. Cuando lo dije, me lo tomé a broma; nunca imaginé que tendría la posibilidad de llevar un vestido de gala a los Óscar. Pero sí: aquel era el momento para el que el universo me había estado preparando. Era el momento: el de hacer todas las cosas que llevaba años diciendo que quería hacer. Y mientras admiraba cautivado la amplitud estética de inclusión y diversidad de los diseños de Christian, se me vino a la mente… Si la imagen inicial que se ve de mí es un primer plano que parezca un esmoquin tradicional de terciopelo negro, y luego la cámara se va alejando hasta desvelar una falda al puro estilo Escarlata O'Hara, ¡al mundo entero se le va a caer la boca al suelo! Y vaya si se les cayó. Y con todo y con eso, nunca habría podido predecir el impacto que tuvo la imagen de un hombre cis, gay y negro con un vestido de gala en los Óscar. Ahora hablo de mi vida en dos mitades: a. Ó./d. Ó., antes de los Óscar/después de los Óscar.*

*En cualquier caso, ahí estaba yo, en el ensayo de los Óscar, y el productor de mi sección me pasó las cinco preguntas que habían preparado para mi entrevista con el congresista Lewis. ¡Sí, iba a entrevistar a John Lewis! ¡Mi héroe! Por desgracia, debo decir que me quedé patidifuso ante la frivolidad de las preguntas y expresé mi desagrado.*

*—No puedo usar ninguna de estas preguntas —anuncié a mi productor blanco.*

*—¿Por qué? ¿Qué les pasa? —me preguntó verdaderamente preocupado.*

*A lo que respondí:*

*—¡No pienso ser la mariquita negra con vestido que va a los Óscar, tiene el privilegio de estar en presencia de John Lewis, el icono de los derechos civiles, y le pregunta qué tipo de películas le gusta ver en la sala de cine del Capitolio!*

*¿Cómo se atrevían? Me daban igual el sitio en el que nos encontrásemos y lo que estuviéramos haciendo. En la redacción de esas preguntas había una falta de respeto que me pareció preocupante y ofensiva. Ese hombre era un trozo vivo de historia: llevaba en su ser todo un movimiento civil. Había que rendir honores a esa realidad.*

*—Bueno, ¿y qué le preguntarías tú entonces? —quiso saber mi productor.*

*Me paré a pensar un momento en la situación de nuestro país. Pensé en la noche electoral de 2016 y en el trauma y el terror con los que vivo a diario bajo esta administración. Pensé en el joven John Lewis marchando del brazo de Martin Luther King por el puente Edmund Pettus y arriesgando su vida por las libertades de las que me beneficio yo ahora, como hombre gay negro en Estados Unidos. Pensé en la declaración del congresista Lewis en el Senado a favor del matrimonio igualitario y la noche de los Óscar le pregunté lleno de orgullo:*

*—Congresista Lewis, sé que quizá los Óscar no sean el momento ni el lugar para la política, pero tengo que hacerle una pregunta, por quienes ahora mismo nos sentimos exhaustos en el plano del activismo y de la resistencia: ¿Qué nos diría para estimular un impulso hacia adelante y un auténtico compromiso?*

*Al congresista Lewis se le iluminaron los ojos, me dedicó una mirada cómplice y conectó de inmediato:*

*—¡No podemos rendirnos nunca! ¡No podemos rendirnos! ¡Hay que resistir! Tenemos que luchar por lo que consideramos correcto. ¡Igualdad para todos!*

*... O algo así. No tengo acceso a los archivos de la ABC, así que no puedo ofrecer sus palabras textuales. Lo que sí sé es que le toqué el borde del traje y con eso me bastó.*

*Las palabras del congresista Lewis no se me van de la cabeza. El recuento de muertos no para de subir y nuestro gobierno sigue actuando como si nada estuviera ocurriendo. Este Zanahorio hijo de puta, con sus acciones, le está mostrando al mundo que la gente no le importa. Prefiere que nos muramos a que el país entero lleve mascarilla. Llevar mascarilla durante esta pandemia se ha convertido en un acto político y la mitad del país apoya a ese imbécil.*

*El virus empeora a diario, cada vez más, y la administración difunde bulos como que inyectarse lejía cura el virus...*

*A ver, no se puede inventar algo así. Pero quien está en peligro es la gente. Somos nosotros, el pueblo, quienes sufrimos. ¿Trabajadores esenciales, personal de primera línea...? Hay mucha gente negra y mestiza en esos trabajos. Y la gente negra, mestiza y pobre está muriendo a un ritmo desproporcionado, y nadie en el poder hace lo suficiente para detener los contagios. No hay un plan nacional. No hay mandatos. Os dejamos solos.*

*Sida, sida, sida... No puedo pensar en otra cosa. Así fue como nos trataron: como si mereciésemos la muerte, como si el sida fuese un castigo de Dios. La generación que perdimos. Los artistas, los amigos, la familia, el miembro de la iglesia que dijeron que había muerto de cáncer cuando se sabía perfectamente de lo que había muerto. Lo supe nada más verlo. Todo el mundo lo sabía. Esas personas tenían un aspecto especial, un aspecto muy concreto. La pérdida de peso, la falta de aire, el desgaste. Las lesiones por sarcoma de Kaposi...*

Billy Wilson las tenía por todas partes. Volvió a llegarme esa llamada de «Tienes que ir ahora mismo al hospital». Billy era mi profesor favorito de la CMU. Estaba allí para nosotros, los niños negros. Era profesor adjunto y, por lo que recuerdo de su historia, había empezado como bailarín de ballet en algún lugar de Europa. Estaba casado con una mujer y tenía dos hijos. Su hija Alexis estudiaba dos cursos por encima de mí en el Departamento de Teatro de la CMU. A lo largo de los años, Billy se había convertido en un director/coreógrafo muy solicitado. Se había encargado de coreografiar y poner en escena ballets de prominentes compañías de danza en Estados Unidos y otros países, compañías como las de Alvin Ailey American Dance Theater, Dance Theatre of Harlem o Philadanco. Entre sus montajes para Broadway estaban *Bubbling Brown Sugar*, *Eubie* y *Guys & Dolls*, con su elenco íntegramente negro.

El mito, la magia, la leyenda que fue un rey como Billy Wilson reverberaron en nuestros pasillos vacíos durante todo un semestre antes de que nos agraciase con su gloria en la primavera de 1988. Yo estaba en mi primer curso y, por lo general, los novatos no tenían acceso a los profesores especiales. Pero mi clase era un portento. Teníamos el mayor número de estudiantes de musical que hubiera visto la universidad, y no estábamos allí para jugar. La tarea de nuestra primera clase con Billy fue sencillamente preparar una cara A y una B, y él elegiría entre las dos cuando nos tuviese delante. Yo me preparé «Pity the Child» de *Chess* y «A Piece of Sky» de *Yentl*. Billy eligió la segunda. ¡Y no puse peros! Después de pasarme el primer curso siendo muy consciente de las aptitudes que me faltaban en otras áreas, con la clase de interpretación como principal fuente de inseguridad, me apoyé en mi superpoder, mi voz de canto: mi arma contra todos los peligros, mi refugio en tiempos de tormenta. Aquello se vino abajo con mi propuesta. *¿He mencionado ya que ese temazo lo cantaba en la misma clave que Barbra?*

—¿Y? —soltó Billy devastador.

Me quedé atónito.

—¿Perdón? —tartamudeé.

—¿Es que no he sido claro? He dicho: «¿Y?».

—¿Sí? —murmuré destruido, buscando alguna indicación.

—Mira, tienes una de las mejores voces que he escuchado en mi vida. ¡Sabes cantar! Pero no sabes sobre lo que estás cantando. Eso tendrás que averiguarlo. ¡Siguiente!

Y punto. Billy Wilson no me dispensó ningún trato especial «por negro». No sé por qué pensé o esperé en algún momento algo así. A los niños negros Billy nos quería con dureza, casi hasta reventar. Se aseguraba de cuidar de nosotros, pero sin mimarnos. Nos exigía lo mejor a diario, ¡a diario! Darlo todo era nuestra única manera de comunicarnos o de conectar con Billy. Si alguien creía que podía guardarse un solo, reservarlo para cuando estuviera sobre el escenario o limitarse a «insinuarlo» durante los ensayos, era típico de Billy acabar sacándoselo. Solo te lo advertía una vez: «Necesito escucharlo —te informaba, asomándose por encima de las gafas—. Si no lo veo en la sala de ensayos, ¡¿qué te hace pensar que voy a confiar en ti para que lo lleves al escenario?!». Otro ángel. Poniéndonos retos para alcanzar la excelencia. Preparándonos para la grandeza.

Así que allí estaba yo otra vez, en la zona catastrófica, en el hospital St. Vincent's de Greenwich Village, despidiéndome de otro amigo más, de otro mentor, de otro ángel. Un hombre negro de mi vida, que me quería tal y como era. Tenía la comida en el suelo de la habitación, fuera. Estaba dormido cuando llegué. No quise despertarlo; parecía estar en paz y, para quienes vivimos la crisis del sida, nunca había paz. Solo... muerte. Me pasé veinte minutos sentado en silencio a su lado, tratando de sentir el dolor, de entender quizá qué hacer con mi ira. Billy murió en pocos días. No pasa una sola semana sin que piense en él y en cómo me quiso, con ese amor duro tan suyo, para sacar la mejor versión de mí mismo, incluso cuando el nivel estaba absurdamente bajo.

«Vas a tener que fijarte un nivel más alto, porque a tu alrededor la mayoría de la gente no sabrá diferenciar si estás fingiendo o no. ¡No finjas!».

Le dije a mi madre que no. Me había pasado tres años sin pisar una iglesia. Mi iglesia era mi arte: ahí estaba mi dios. Aún estaba en el camino de reconciliar mi condición de gay con el odio escupido desde los púlpitos en mi infancia. La religión es producto del hombre. La espiritualidad es divina. *Vaya, qué bien... Tú sigue por ahí... Sigue cuestionando cosas.* El tema es que aprendí muy pronto que, al poner en duda la religión, te ganabas dos consecuencias muy bruscas: la vergüenza y el veto. A mí ya me habían avergonzado y vetado por plantear una sola pregunta sobre el alcance del amor de Dios en la escuela dominical, cuando tenía diez años, y por llevar una peluca afro de color verde y cantar un tema de Aretha Franklin en el parque de Kennywood, con quince, así que claramente el desamor era mutuo. En realidad disfrutaba de ese exilio tácito. Me consideraba uno de los suertudos, uno de los que se había liberado de lo que muy a menudo puede ser una vida entera de estancamiento y desgaste. He visto casos y llegó un momento en que sentí que empezaba a pasarme: la otredad cristiana, los acosadores de la salvación de almas, la vergüenza que lo mantiene a uno relegado a la cárcel de su propia mente durante toda una vida. La hipocresía de la gente de la iglesia era un peligro mortal para mí, y yo lo veía claro como el agua. Mi madre no. Ella había caído en el hechizo; no tenía otra cosa, era lo único que había conocido en la vida. «Tienes que creer en algo o te tragarás cualquier cosa», diría ella, como mi abuela. La Biblia parecía darle consuelo. Ir a la iglesia entre dos y tres veces por semana, además de dos veces los domingos, era su forma de rendirse a la vida que le había tocado. Supongo que la iglesia era un lugar para la esperanza, para rezar por esa bendición. Rezar y creer que el Señor iba a proveer una sanación física que nunca llegaba. De locos…

En el otoño de 1988, Archie Dennis, fundador y pastor de la Lord's Church, solicitó mi presencia para cantar una cara A y una B durante la Pittsburgh Believers Convention, una reunión de fieles. Curiosidad: el pastor Dennis cantaba en el coro que acompañó a Aretha Franklin en su álbum de góspel en directo, *Amazing Grace*. La cosa es que el pastor Dennis era un cantante increíble, con formación, y un artista vocacional. Disfrutaba de un buen grito religioso, salido de las entrañas, tanto como el resto de nosotros, aunque fuera un burgués. Tenía formación clásica. Había estudiado ópera. Sí, el pastor Dennis fue uno de los primeros predicadores afroamericanos de Pittsburgh en soñar a lo grande, en romper con las tradiciones de la iglesia negra de puertas afuera y en crear algo más similar a lo que veíamos que hacían los blancos evangélicos en televisión; pioneros como Jerry Falwell, Billy Graham, Jimmy Swaggart, Oral Roberts y Jim y Tammy Faye Bakker y compañía, que lograron organizar, movilizar y comercializar la religión. Mi madre se quedaba fascinada con la palabra del Señor que salía a gritos de aquellos hombres blancos, desde dentro de la caja tonta. A mí no me convencía nada de aquello. Mi pasado me había curado de cualquier deseo de recibir la validación y la atención de los presuntos santos de mi congregación y de cualquier religiosidad fabricada por el hombre. Miraba a mi alrededor con doce años y me daba cuenta de que no había ningún adulto en mi vida equipado con las herramientas necesarias para ayudarme, para apoyarme, para ver mi dolor, para ver mi alma maltratada y herida. Ni uno. Así que a los diecinueve años, ¡la operación Salvar a un Marica estaba en todo su apogeo!

Algo gritaba en mi espíritu: «¿Por qué te planteas siquiera participar en la chorrada esta, reina? Una megaiglesia, en una convención de un fin de semana entero. Con más de mil ovejas a la espera de que los pastores las guíen…». Pero mi madre era tan buena, siempre procurando darme su apoyo… Intentaba con todas sus fuerzas comprender a ese hijo loco y artista que había tenido. Unos años antes de aquella celebración, mi madre me había arrastrado hasta un servicio especial, en esa misma iglesia, en el que recibían a visitantes de otra iglesia de Nueva York. Al parecer, aquella iglesia neoyorquina la habían fundado personas del mundo del espectáculo, y mi madre estaba a la caza de un templo al que yo pudiera asistir cuando, inevitablemente, me mudase a la

Gran Manzana. El único problema fue que, cuando conocí a esas personas y empecé a hablar con ellas, acabé por descubrir que ninguna seguía ya en el mundillo. Todas hablaban como «la esposa perfecta», de manera monótona, con los ojos vidriosos y una «compasión» demasiado religiosa. Ni me importunaron ni me engañaron, pero sí me emocionaba mucho ver a mi madre feliz al pensar que podía fusionar mi arte con mi posible salvación, y es que, según me iba haciendo mayor, mi relación con la iglesia y con la gente que la poblaba se volvía tirante y falsa —siendo generosos—, y no se me daba nada bien ocultar mi desprecio. Ellos me veían como una abominación y a mí ellos me parecían unos hipócritas, así que el desamor era mutuo. Mi madre lo observaba todo y se preocupaba por mí. Y yo la quería por eso.

La gente de la iglesia es capaz de lo peor. La gente de la iglesia es capaz de ser mezquina y mala. Son capaces de hacer que una persona se sienta despreciable, vacía y sola, y todo en nombre de Cristo. Siempre fueron rastreros con mi madre. Mucha gente la trataba como si fuera tonta por su discapacidad. La dejaban al margen en el único espacio que para ella era remotamente seguro, el único espacio que conocía. Yo entendía y respetaba la importancia de ese espacio para ella, y por eso traté de mantenerme en la iglesia todo el tiempo que pude, pero cumplidos los dieciséis años, sencillamente no aguanté más. Me sentía utilizado, porque cuando cantaba en la iglesia no tenía problemas con nadie, pero en cuanto alguien descubría que cantaba fuera de allí se me tachaba de «impropio de Dios». Me sentía como si tuviese una letra M escarlata en el pecho que gritase «Marica Maldito». Me hervía la sangre cada vez que tenía que permanecer sentado en silencio en un banco mientras todos los pastores, predicadores, ministros, misioneros, evangelistas y profetas condenaban a «los homosexuales» como una abominación que había que arrojar a las llamas del infierno para la eternidad y decían que el sida era un castigo de Dios por haber elegido ese estilo de vida pecaminoso.

*¡No es una puta elección, panda de gilipollas! Y hay gente buena muriendo sin motivo. Gente a la que conozco, gente que es amiga mía, gente que vive según los principios de Dios más que cualquiera de todos los que estáis en este santuario. Y tan firmes que os ponéis ahora, santos cristianos, y no hicisteis nada ante la mierda que soporté a manos… a manos y a polla de mi padrastro, durante cinco años, y ninguno de vosotros movió un dedo, ¿es que ninguno vio nada? ¿Nadie se dio cuenta de que algo debía pasarle a un niño de doce años plagado de úlceras en el estómago? ¿A nadie se le ocurrió indagar, preguntarme por qué? ¿Nadie pensó que era extraño que tuviese nódulos en las cuerdas vocales con trece años y que me tirase seis meses sin poder cantar, y sin poder hablar los tres primeros? ¿Nadie? ¿Porque el Espíritu Santo lo arreglaría? ¿Y el pecador soy yo? Estando el pastor ese ahí, el mismo que disfrutaba los sábados por la tarde con la amiga de mi madre en el cuarto del fondo y que cuando los pillaron, literalmente a él con los pantalones bajados, fue ella quien tuvo que disculparse avergonzada delante de toda la congregación, mientras el pastor seguía sentado en su trono, en su púlpito, sin que nadie le pidiese responsabilidades ni le impusiera consecuencias. Os tengo calados. A todos.*

Como decía mi abuela: «No puedes ser tan santo que dejes de hacer cosas en la tierra». Nadie de entre esa gente de la iglesia hizo nada por mí, así que emprendí mi salida de esa institución. Encontré mi arte, o mi arte me encontró a mí. Se mire por donde se mire, tuve la bendición de un don que me permitió salir de los confines y de las restricciones de mi burbuja religiosa y encontrar el espacio para soñar más allá de mi circunstancia.

Así pues, lo que acabó por rematar a mi yo marica de iglesia fue ese fin de semana de la convención de fieles del pastor Archie Dennis. Consistía en un retiro cristiano de viernes a domingo, repleto de sesiones de grupo durante el día y veladas dedicadas a servicios especiales, con predicadores invitados y diversos espectáculos de música cristiana y góspel. Acepté con tal de que mi madre estuviese tranquila y dije que sí a la invitación del pastor Dennis para cantar; me había llamado para pedírmelo personalmente. En el lugar había unas cuantas miles de personas y, a aquellas alturas de mi experiencia cantando en iglesias, había salido escaldado demasiadas veces por confiar en la desconocida destreza musical de los músicos disponibles. En un momento dado espabilé, corté por lo sano y empecé a llevar como acompañamiento pistas musicales grabadas que adquiría en la librería cristiana más cercana. Tengo unos estándares musicales altos y aprendí que no todos los músicos de iglesia están a mi nivel. No es un ofensa, es un hecho.

Mi madre estaba sentada delante. Le encantaba sentarse delante. El tercer banco, en el centro, un poco a la izquierda, era su sitio preferido. Yo llegaba un poco tarde porque esa mañana había tenido ensayo de varias escenas. Me colé discretamente en un banco de la mitad trasera de aquel templo improvisado. Era domingo por la tarde y me habían asignado el momento musical estelar: el servicio de clausura, justo antes del sermón, una parte siempre importante dentro de la ceremonia eclesiástica, porque es la destinada a abrir los corazones y las mentes de «los santos» y a preparar su espíritu para recibir «la palabra» del Señor. Me planté allí y canté mis dos canciones: *Upon the Rock* de Sandi Patty y *How Excellent Is Thy Name* de Karnell Harris. Utilicé mi voz para ungir a la congregación, como había aprendido a hacer con cinco años en mi primer solo de la Friendship Baptist Church. Mi plan era irme tal y como había llegado para poder volver a mis estudios.

La ponente invitada para la clausura de la convención era una predicadora blanca y, en cuanto el pastor Dennis la presentó, se subió al púlpito y se dirigió a mí:

—Hermano Billy, tengo que hablar contigo un momento.

Miles de congregantes se quedaron en silencio. Se habría oído un alfiler caer. El estómago se me puso del revés. La voz de aquella señora atravesó el silencio como dagas que se me clavaran en el corazón. Esa película ya la había visto. Sabía lo que pasaba a continuación. Era incapaz de mover el cuerpo.

—Ven, acércate y siéntate en este banco de delante. —Estaba paralizado—. Vamos, obedece la palabra del Señor.

Me puse en pie y caminé lentamente por el pasillo central del espacio de convenciones hasta la primera fila, solo, emocionalmente desnudo.

Mi madre tenía la mirada abatida cuando pasé junto a ella camino de mi crucifixión. Ya me había hecho lo mismo antes: me había puesto en la senda del dolor en nombre de Cristo. Por fin, llegué a la primera fila y me senté allí, ¡obediente y cabreado!

—Hermano Billy, en Mateo 7:14 la Biblia dice: «Y es que estrecha es la puerta y angosto es el camino que lleva a la vida, y pocos son los que la encuentran». Hermano Billy, el Señor me ha pedido que te diga que cada vez que entras en la casa de Dios has de sentarte en primera fila. ¿Quieres saber por qué? Porque si te sientas en primera fila cada vez que entres en la casa del Señor, ¡te mantendrás en el camino recto y angosto!

*¡La perra esta se cree hábil!*

—Se te ha bendecido con un gran don, y ese don debe usarse para enseñar la gloria de Dios. Cualquier otra cosa que intentes hacer será un fracaso.

*¿Esta hija de puta me está maldiciendo? ¿Es que se piensa que Dios la ha elegido para ser jueza y jurado de mi*

*vida? Pues tengo noticias para ti, cariño: por discreta que sea, yo tengo mi propia relación con Dios, y Él o Ella o Ellos o Elles o Loquesea no necesita a ningún tercero para comunicarse conmigo. Tengo conexión directa con el espíritu. ¡CRÉEME!*

Por supuesto, mi madre fingió no saber de qué le hablaba cuando saqué el tema de la predicadora pasándose de la raya. Tampoco esa vez fue capaz de ver el flagrante ataque contra mi humanidad. Y digo «tampoco» porque su introspección era tal que le impedía reconocer incluso las microagresiones ejercidas contra ella misma, así que ¿cómo iba a ver las ofensas lanzadas contra otras personas? ¿Cómo iba a ver que cada vez que yo pisaba un edificio religioso había alguien avergonzando y culpando a los gais?

—Esa mujer me expuso y me maldijo al mismo tiempo, delante de toda aquella gente, y necesito que seas consciente de que sé exactamente lo que pretendía hacer. Pero conmigo no. Ahora mismo pienso apartarme del camino del dolor. No voy a volver a acompañarte a ninguna iglesia en un futuro cercano.

Se puso a llorar.

—Lo siento, hijo.

—No tienes que sentirlo, no es tu culpa. Pero estoy harto, harto de verdad.

Lo entendió. Lo sabía. Aunque mi madre no tenía palabras para expresar lo que me estaba ocurriendo en aquel momento, en el fondo de su alma era consciente de que el trato que me daban los santos santificados estaba mal. Después de aquel día nunca me ha vuelto a pedir que vaya con ella a la iglesia.

Dejo a mi madre fuera de esta quema, aunque en realidad la dejo fuera de todas las quemas, también por no haber abandonado a Bernie cuando le conté lo del abuso. ¿Qué iba a hacer la mujer? Estaba discapacitada, no tenía trabajo y no iba a poder conseguir uno. ¿Quién iba a cuidar de ella y de mi hermana pequeña? Lo que entonces no vi era que, inconscientemente, la estaba poniendo a prueba, estaba tanteando el terreno para comprobar si mi madre era capaz de elegirme, si lo haría. Por desgracia, en aquella época ella no tenía las herramientas para hacerlo. Estoy orgulloso de decir que al final las encontró. En cualquier caso, en ese momento tuvieron que bastar sus disculpas.

Jordan Thaler ha sido, durante más de treinta años, director de casting del Public Theater (antiguo New York Shakespeare Festival) y fue además alumno de la CMU. Llegó a la escuela el primer semestre de mi penúltimo año para darnos una clase magistral de audiciones. No íbamos a actuar de verdad: era una charla informal e informativa sobre lo que se nos exigiría para convertirnos en actores en el negocio del espectáculo. Entonces no lo sabía, pero Jordan estaba en proceso de seleccionar lo que llamamos «un papel especial» para un nuevo musical de William Finn titulado *Romance in Hard Times*. Buscaba a un suplente que cubriese el papel del personaje interpretado por Victor Trent Cook, un personaje gospeliano, con una voz extrema y agudísima. Un par de años antes, había visto a Victor ganar el concurso *Star Search* en la televisión. ¡Menuda manera de cantar! Es un unicornio, justo como yo.

El verano anterior, mientras interpretaba el papel de C. C. White en una producción de temporada de *Dreamgirls,* mi buen amigo James Stovall me habló de un espectáculo que iba a hacer en otoño y me dijo que yo podría ser el perfecto suplente para Victor cuando llegase el momento. El momento había llegado y fue una suerte enorme que el director de casting resultara ser antiguo alumno de la CMU, y que casualmente viniera a mi escuela a dar una charla y, en concreto, a mi clase.

Me pilló desprevenido cuando Jerry Dantry, el director musical del Departamento de Teatro, me pidió que nos viéramos entre bambalinas en el Kresge Auditorium y que llevase mi cuaderno de audiciones: Jordan quería oírme cantar. Jordan era un hombre amable, cálido y motivador; era judío y un fan sorprendente de la música negra, y con eso quiero decir que estuvimos hablando de góspel contemporáneo. Conocía a mis héroes del góspel, gente muy concreta: los Winans, las hermanas Clark o la familia Hawkins, compuesta por Walter, Tramaine y Edwin, este último muy famoso por el éxito de su versión del clásico *Oh Happy Day*.

Saqué para Jordan toda la Barbra Streisand que llevo dentro mientras cantaba mi fiel «A Piece of Sky» de *Yentl,* y lo dejé con los ojos vueltos. No quería que dejase de cantar. No recuerdo qué más elegí de mi repertorio, pero aquel día di un miniconcierto. Tenía ante mí a una persona con poder dentro del mundillo y reaccionaba embelesado a lo que le ponía sobre la mesa. Me aceptó tal y como era. Me ofrecieron el bolo. Mis ensayos empezaban el día siguiente a dar comienzo las vacaciones de invierno y el objetivo era llevar el espectáculo a Broadway. Una locura. Un año antes, aquella perra de Voz y Expresión Oral me había difamado diciendo que mi voz era «demasiado aguda para los escenarios de Estados Unidos», y ahí estaba yo, camino de Nueva York para trabajar en el prestigioso New York Shakespeare Festival durante mis cinco semanas de vacaciones de invierno, ¡y todo gracias a mi voz aguda!

*¡FUEGO! Broadway, allá voy, ¡y el resto, así reventéis! De todos modos, ¡me caíais fatal, perras!*

Me subí al Greyhound. No recuerdo dónde me alojé; creo que ocupé algún sofá durante unas cinco semanas. Y cinco semanas fue lo que duró aquello, porque cuando salieron las críticas... Chica, nunca he visto que un espectáculo se cancelara tan rápido. Gracias a su brillantez, Joe Papp había encontrado la manera de mantener el compromiso del New York Shakespeare Festival (actual Public Theater) de montar y producir obras nuevas. En un intento por proteger el proceso creativo y con ello establecer un espacio seguro en el que los artistas pudiesen crear, Joe Papp amplió el periodo de preestreno de todos los espectáculos teatrales. Para quienes no sepan lo que es eso, el preestreno consiste en que el elenco actúa con público mientras sigue trabajando para arreglar, cambiar y ajustar cosas de la obra según la respuesta de la gente. El público es el último componente del teatro en directo, el último compañero de escena, por así decirlo. Siempre va a decirte lo que funciona y lo que no. Históricamente, los periodos de preestreno para los espectáculos de la escena independiente de Broadway eran muy cortos, de un par de semanas a lo sumo, y las entradas solían costar entre un treinta y un cincuenta por ciento más baratas que una entrada normal.

Los críticos, concretamente los de *The New York Times*, tienen mucho poder en el teatro. Una mala crítica puede hundir años e incluso décadas de mucho trabajo personal y acabar con un espectáculo al instante. Nunca he entendido por qué los críticos se hacen críticos. No hay ningún requisito para serlo. En mi opinión, hace falta haber estado en el teatro o haber estudiado teatro para entender cuánta sangre, sudor y lágrimas se invierten en crear algo desde la página en blanco hasta el escenario. Sin embargo, ahora mismo un crítico se limita a aparecer una vez que el trabajo está hecho y dicta sentencia con su opinión; una opinión que, para mí, no siempre tiene el peso ni el sentido suficientes. La mayoría de los críticos de los periódicos preeminentes de aquella época, e incluso los de hoy, son hombres blancos. Hombres blancos que nunca han tenido experiencias más allá de su zona de confort directa y privilegiada. Casi ninguno ha estado tampoco nunca sobre un escenario. Todo el mundo está en su derecho de tener una opinión propia, y no digo que todas las críticas deban ser buenas cuando la pieza que se analiza no lo es, pero sí digo, no obstante, que hay una diferencia entre ser respetuosamente crítico con algo que en última instancia no funciona y ser un capullo, sin más. En cualquier caso, Frank Rich, un hombre formadísimo y poderosísimo, era el crítico —verdugo— de teatro que reinaba cuando estrenamos *Romance in Hard Times* el 29 de diciembre de 1989. No voy a darle ningún crédito a esa crítica. Basta decir que echamos la persiana dos días después, el 31 de diciembre.

En las dos semanas que me quedaban para lamerme las heridas antes de volver a la escuela con el rabo entre las piernas, recurrí a la revista *Backstage* y en ella me enteré de que había una audición abierta para *Miss Saigón,* el nuevo espectáculo de éxito de Cameron Mackintosh, el megaproductor de Broadway. Sir Mackintosh apareció en la escena de Broadway y cambió por completo las reglas del juego. Era un visionario. Era como un Florenz Ziegfeld o un David Merrick moderno, un Svengali del teatro que transformó el rostro de Broadway para siempre. Antes de Cameron, los musicales de Broadway se apoyaban principalmente en el talento de las estrellas, por lo que contaban con el poder de esas estrellas para triunfar. Él alteró todo eso. Convirtió el propio espectáculo en la estrella, empleando técnicas sacadas del mundo tradicional de la publicidad. Así, en vez de poner en una marquesina «Gwen Verdon en *Noches en la ciudad*», ahora aparecen, por ejemplo, los icónicos ojos amarillos de gato con unas pupilas que, vistas de cerca, son cuerpos de bailarines, para anunciar *Cats*. La marca de *Los miserables* es una niña pequeña con aspecto de vagabunda y la cara entremezclada con una bandera francesa ondeante. Para *El fantasma de la ópera,* una simple máscara blanca. Y para *Miss Saigón*... una pieza impresionante de caligrafía que se asemeja a una letra vietnamita, a la cara de una niña y a un helicóptero, todo a la vez. Todo es icónico. Todo es reconocible a escala internacional. Cameron Mackintosh generó lo que en el mundillo denominamos cariñosamente «la invasión británica». Antes de Cameron, la vida útil de un musical de Broadway dependía de la estrella que lo protagonizase. Hizo añicos ese modelo de negocio y batió récords con espectáculos que llevan décadas en activo por todo el mundo. *El fantasma de la ópera* sigue representándose en Broadway, sin parar, ¡desde hace más de treinta años! *¡Fuego!*

Llegué al edificio del Equity a las seis de la mañana para hacer cola. Orden de llegada. Había tanta gente que el corte clásico de dieciséis compases para las canciones quedó reducido a ocho. *¿Cómo voy a causar sensación con solo ocho compases? Ya sé, cantaré hasta que llueva el poder de Dios.* «Pity the Child» de *Chess* era una canción pop muy conocida y aceptable para la gente creativa del teatro. Y que quede claro: cuando en teatro piden voces «pop» se refieren sencillamente a hombres y mujeres que sepan cantar muy agudo... y en tonos blancos. Quieren un sonido pop «blanco» (ahondaremos en eso más adelante). Nos espoleaban como a ganado en rebaños de diez para que esperásemos fuera de la sala de audiciones, que tenía unas paredes finas como el papel por las que se oía hasta la mínima nota de los competidores. Yo era el décimo de mi grupo. Seis de nueve antes que yo habían cantado «Pity the Child». ¡Joder!

Las características que hacen que una canción sea una buena alternativa para una audición son muy rigurosas. Tienes que encontrar un tema del que puedas sacar un corte de dieciséis compases (es decir, unos treinta segundos). Ese corte debe tener un inicio, un punto medio y un final, para que parezca algo completo y no dejes de cantar en mitad de una frase o de una idea. Tiene que permitirte demostrar que sabes actuar y dejar que tu voz brille con la mejor luz posible.

La presión es mucha y los beneficios, escasos, así que cuando alguien encuentra una buena canción, todo el mundo la canta. «¿Billy Porter?». El asistente de la audición dijo mi nombre. *Venga, vamos camino de la nada...*

Cariño, si digo que... ¡Lo bor-dé! En las indicaciones musicales se especifica «improvisación» cuando llegas a la última nota, e improvisación significa que cantes lo que quieras. ¡Así que me puse en plan marica góspel delante de esas perras! Pensé que lo había hecho bien. Estaba contento conmigo mismo, pero de camino a la salida, al pasar junto a una muchacha que estaba hablando por un teléfono público, escuché lo que decía, de ese modo que solo usan las niñas blancas privilegiadas que viven, respiran y comen musicales, que tienen madres escénicas que les han transmitido los traumas de su propio fracaso en el mundo del espectáculo y que tienen un talento extraordinario, pero solo te entran ganas de darles un puñetazo... Pues la hija de puta esa estaba al teléfono hablando con el tono que usa la gente cuando quiere que todo el mundo oiga lo que dice: «... Y había uno cantando "Pity the Child" en plan góspel. ¡Qué fuera de lugar!».

Fue como si me quitaran la alfombra de la confianza de debajo de los pies. *Solo he hecho una elección distinta a la de todos los niños blancos que han entrado ahí y han cantado la canción igual que el señor blanco de Londres en el álbum. Improvisar no es eso. Improvisar es cantar lo que quieras y hacer tuya la canción. ¡Anda y que la follen! Sé que me ha salido genial.*

El miércoles siguiente, ya de vuelta en Pittsburgh y en las clases de la Carnegie Mellon, acabé mi larguísimo día y me fui andando a casa. El contestador automático parpadeaba. Le di al botón: ¡Biiip! «Hola, pregunto por Billy Porter. Soy tal y cual de la oficina de casting de bla bla bla. Llamo para comunicarle que lo han seleccionado para la segunda audición de coro en *Miss Saigón*. La audición está programada para este domingo a las 12:50, en el 890 de Broadway».

No había tiempo de asumir la buena noticia. Tenía que trazar un plan. ¿Cómo iba a llegar a Nueva York en cuatro días? *No me queda mucho dinero, voy a tener que ir en autobús. Odio ese puto autobús, es asqueroso. Este será mi billete: esto me permitirá salir de aquí definitivamente. De todos modos, se me acaban los recursos y no sé si podré permitirme seguir aquí para el último año de universidad. Ve a por ese bolo, reina, que no tengas que volver a montarte en un apestoso bus de Greyhound nunca más.*

Hice el trayecto nocturno. El autobús salió del centro de Pittsburgh sobre medianoche y llegó a Manhattan en torno a las siete y media de la mañana. Me dejó en la estación de Port Authority, justo en mitad de Times Square, en el invierno de 1990. Segundo domingo de enero. Hablamos de Times Square antes de que Disney llegara y barriese la calle 42. La avenida principal seguía salpicada de sex shops, *peepholes*, camellos, adictos y gente sin hogar. Había cuatro teatros en la manzana que iba de la avenida Broadway a la avenida 8, todos deteriorados y tapiados. Por algo la zona de Midtown West se llama Hell's Kitchen, o «la cocina del infierno». Muchos fans de Broadway, casi todos ricos y blancos, después de los espectáculos, salían del teatro y paraban un taxi para largarse del sarnoso distrito teatral lo más rápido posible. Se oye a los neoyorquinos romantizar entusiasmados lo alucinante que era la ciudad antes de que Giuliani «la limpiase», antes de que la calle 42 fuera disneyficada, pero hablando en serio: yo empecé a ir a Nueva York a finales de la década de 1980 y la limpieza le sentó bien a la ciudad y le sentó bien a Broadway.

El edificio de ocho pisos en el 890 de Broadway, en la calle 19 Este, había sido una fábrica de cinturones y camisas hasta que el coreógrafo Michael Bennet lo compró por setecientos cincuenta mil dólares en 1978 con el dinero que ganó con *A Chorus Line*. Convirtió buena parte del edificio en un espacio para ensayar y desarrollar obras teatrales. Era una edificación anterior a la guerra, con las salas de ensayo más grandes que yo haya visto: un tamaño de más o menos la mitad de un campo de fútbol, techos muy altos y puertas enormes de almacén industrial. En aquellas salas podía levantarse una maqueta de casi cualquier escenario de Broadway, fuera lo grande que fuese, de manera que los equipos creativos, en colaboración con los actores, conseguían crear obras al más alto nivel. El edificio era como un campamento de verano gay. Todos los espectáculos de Broadway que merecían la pena se ensayaban en el 890, varios a la vez repartidos en diferentes plantas. Los ascensores eran manuales y solo cabían unas ocho personas. En el vestíbulo siempre había que esperar mucho, sobre todo si eras de espíritu tardío, y una excusa frecuente para la falta de puntualidad era «¡Ese maldito ascensor!». Aunque acabaría ensayando para *Miss Saigón, Five Guys Named Moe* y *Smokey Joe's Cafe* en aquellas sagradas salas, ese segundo domingo de enero de 1990 yo no era más que uno de los dos actores a los que habían llamado para volver después de la audición abierta de la semana anterior, a la que, según decían, se habían presentado al menos mil quinientos hombres para probar suerte, y ahí estaba yo, sentado en la sala de espera junto a los chicos de Broadway del siguiente nivel. O más bien hombres. Porque eso es lo que eran. Me sentía como un niño pequeño. Allí todos tenían ya méritos en Broadway, y yo no. A muchos los habían invitado gracias a sus agentes, y yo no tenía agente como tal. Sí «trabajaba» con una agencia pequeña que seguía un modelo muy maternal y que me había presentado mi amigo James, pero todavía no había metido cabeza. Era el novato. El cachorro. El niño.

Me llamaron y entré en la sala, donde había al menos veinte personas detrás de la mesa. No tenía ni idea de quién era nadie, pero sabía que era gente a la que debía conocer. Hice un gesto de saludo a todo el mundo y a la sala en general. Me respondieron con comentarios amables mientras me deslizaba hacia el músico de acompañamiento para explicarle mi corte de dieciséis compases de «Pity the Child». *No me complico la vida… Me han vuelto a llamar después de cantar con todo mi esplendor de marica góspel, ¡así que a tragar, perras!* Oí una voz hablar desde detrás de la mesa:

—Nos gustaría escuchar la pieza entera en esta ocasión, señor Porter.

*¡Dios! Menos mal que he traído la canción entera y no solo el corte de dieciséis. Y menos mal que me la sé… ¿O no…? Joder, ¿cómo empezaba la segunda estrofa?* En un intento de aparentar que sabía lo que estaba haciendo, respondí:

—Vale, perfecto, pero si me lo permiten voy a echarle un ojo rápido a la letra, un segundo, no esperaba tener que cantarla toda.

—No hay problema. Tómese un momento para prepararse —contestó la voz amable desde detrás de la mesa.

Pese a que por entonces no lo sabía, esa voz amable pertenecía al director de casting, Vinnie Liff, para quien ya había hecho una audición en Chicago años antes. Reventé a toda esa gente con mi canción. Actué con una locura y una obsesión intensas, con histrionismo y furia. Al acabar recibí un sencillo: «Gracias. ¡Buen trabajo!». Y punto. Me subí al primer autobús Greyhound que pude de vuelta a Pittsburgh para llegar a tiempo de mi clase de Voz y Expresión Oral de la mañana siguiente, a las ocho.

Llegado el mes de abril, no había tenido noticias de la gente de *Miss Saigón.* Además, había cierta polémica internacional en torno a la producción que iba a llegar desde

Londres, con Jonathan Pryce y Lea Salonga de nuevo en los papeles que habían representado originalmente al otro lado del charco. Esa práctica se había convertido en algo común en los traslados de las producciones a Broadway durante la época de la invasión británica: *Los miserables* tenía como protagonistas a Colm Wilkinson y a Frances Ruffelle en los papeles de Jean Valjean y Eponine, respectivamente. Michael Crawford y Sarah Brightman llegaron con *El fantasma de la ópera* y, en aquel momento, era obvio que los actores de *Miss Saigón*, galardonados con un premio Olivier, llegarían para asaltar las barricadas de Broadway. Solo que en esa ocasión había un problema: Jonathan Pryce no es asiático, ni una pizca. Durante el año de representaciones en Londres, el señor Mackintosh había decidido que era buena idea usar unas prótesis para estirar los ojos de Jonathan hacia atrás y hacerlo parecer asiático. Cabe recordar que era 1990 y ese debate apenas se estaba iniciando.

Quiero dejar claro que Jonathan Pryce es un actor increíble y un muy buen amigo mío actualmente, y que fue toda una revelación en el papel del Ingeniero. Sin embargo, ese personaje lo interpretaba «pintándose de amarillo» y en aquel momento estaba dando comienzo una nueva era. La comunidad de Broadway se hallaba en mitad de un debate sobre la elección de elencos «no tradicionales». La gente de color que intentaba trabajar en el teatro estaba aún más marginada que ahora y muy a menudo la cosa se reducía a la presencia de un negro y de una negra por coro de musical; a veces había una persona asiática, a veces una latina, y nunca nadie con alguna discapacidad (un saludo a la primera actriz en silla de ruedas que apareció en un escenario de Broadway, Ali Stroker, ganadora del premio Tony en 2019 por su retrato de Ado Annie en el nuevo montaje de *Oklahoma!* ¡Las personas discapacitadas también se ponen cachondas!). Los artistas negros, por lo general, se veían relegados a espectáculos de revista o a los papeles de «señora negra gorda con un chorro de voz» o «negrito con poderes». Contrapunto cómico, gente esclava, sirvientas... Es posible que las micro y macro agresiones pasaran desapercibidas ante los privilegiados ojos blancos, pero para nosotros eran una realidad diaria. Había todo un ejército de personas de color, negras e indígenas llenas de talento que no pensaban seguir aceptando eso y, acompañadas por nuestro sindicato, iniciaron el debate. Surgió entonces una directriz por la que directores teatrales, coreógrafos y productores debían abordar la disparidad en las prácticas de contratación en lo que respectaba a las personas de color. Se empezaron a denunciar las prácticas racistas en los castings. En 1991, Tommy Tune se vio básicamente obligado a contratar al menos a una muchacha negra para que fuese una de las «chicas follies» en *The Will Rogers Follies*. Solo a una. Y se rumoreaba que Jerome Robbins, el genio, director y coreógrafo notoriamente racista, había dicho que la gente negra no tenía la habilidad necesaria para ejecutar su coreografía... Pero mi buena amiga Lisa Dawn Cave entró en la primera gira nacional de *Jerome Robbins' Broadway*, la única mujer negra en todo un elenco de más de sesenta personas (Greta Martin fue la única pepita de chocolate en la producción de Broadway). En una sesión de repaso justo antes del inicio de la gira, el señor Robbins comunicó a Lisa Dawn que le iba a pedir al diseñador de vestuario que añadiese los brazos y piernas a uno de sus vestidos más escasos, porque su piel oscura llamaba mucho la atención. Cuando Lisa reunió el coraje para levantar la mano y preguntarle al «maestro» por qué, su respuesta fue: «¡Mira, de entrada yo no quería contratar a nadie como tú!».

En 1990, habría sido facilísimo encontrar a algún imbécil que argumentase que «no había ningún actor asiático-americano cualificado para representar el papel», pero esa era una afirmación irrespetuosa, hiriente y sencillamente alejada de la verdad. Durante meses, circularon por el mundo rumores de una posible cancelación. Esta reina necesitaba un trabajo para después de graduarse, así que en abril de 1990 llevé mi culito feliz hasta el Heinz Hall, en el centro de Pittsburgh, e hice una audición para *Cats*. Los dos años anteriores ya había hecho audiciones para múltiples compañías de *Cats* en Nueva York. Siempre pasaba el corte, siempre llegaba hasta el final, me metían en la lista y luego nunca tenía noticias. ¡Yo era una loca de las audiciones y siempre me presentaba para arrasar! Me descartaron después de la pirueta doble (es cuando los creativos ponen en fila a todos los posibles actores/bailarines en el escenario y nos piden que ejecutemos una doble pirueta para ambos lados). Ese momento no sirve solo para determinar tu «tipo», que será un sí o un no sencillamente basándose en tu aspecto, sino también para verificar tu técnica. Si te caes en los giros dobles, seguramente estés en el sitio equivocado. Yo ejecuté mis giros dobles a la perfección, a ambos lados. ¡Y no pasé el corte! Mientras recogía mis pertenencias, confuso y avergonzado, una voz me llamó de entre el público.

—Señor Porter, ¿podría quedarse un momento?

*Espera... ¿Alguien ha dicho mi nombre? Creo que he oído mi nombre. Pero acaban de echarme, así que ¿por qué iban a decir mi nombre...? No tiene sentido, chico. Estarás soñand...*

—¿Billy...?

*¡Joder! ¡Espabila! ¡Que te están llamando!*

Me acerqué al borde del escenario haciendo visera con la mano derecha para bloquear el foco que me cegaba y que solo me dejaba ver la silueta del jurado y de los jueces.

—¿Qué hace usted en Pittsburgh? —preguntó una voz amable y sin rostro desde el vacío.

*¿Es una pregunta trampa? ¿Por qué me han elegido de diana?*

—Emmm... Soy de aquí. Vivo aquí.

—Ah, vale. Creíamos que vivía en Nueva York.

—Estoy todavía estudiando. Crecí aquí y voy al último curso en la Carnegie Mellon.

*¿Esta gente quién es y por qué me conoce?*

Entonces habló otra voz. Británica. Era David Caddick, supervisor musical de todos los espectáculos de Mackintosh, y estaba allí con Vinnie Liff (ese director de casting fan mío desde la audición para *Dreamgirls* en Chicago).

—No vemos que encaje en *Cats* —dijo Caddick—, pero creemos que sí lo haría en *Miss Saigón*. ¿Podría volver esta tarde para cantarnos algo?

*Bueno... ¡Quién es la reina ahora!*

Pero yo ya había hecho una audición para *Miss Saigón* en Nueva York, y además estaban todos esos rumores de que Mackintosh iba a cortar el grifo.

—He oído por ahí que *Miss Saigón* se ha cancelado —solté con burla.

—No hay que creerse todo lo que oye uno por ahí —respondió con una cadencia británica.

—Todo se solucionará a su debido tiempo.

*Fuego... ¡FUEGO!*

—¿A qué hora tengo que volver?

—Sobre las tres. ¿Podría cantar algo que fuese un poco menos R&B?

Ahí estaba. Lo que ya sospechaba. Esa microagresión. El rechazo a mi naturaleza misma, a mi historia, a mi patrimonio, a mi alma. Los requisitos para el reparto de *Backstage* hablaban de voces «pop/rock», y resultaba que eso significaba que había que cantar como cantaría un chico blanco. ¡Y punto!

*¡Pues les tengo una buena preparada a estas perras!*

Regresé al Heinz Hall a las tres de la tarde para cantar. Vestido con mi mejor ropa de domingo, me acerqué pavoneándome al piano de cola que había en el centro del escenario. Coloqué mi partitura delante del músico de acompañamiento y luego me planté con firmeza en el recodo del piano, con la mano derecha apoyada encima para darle un efecto clásico. Le asentí al músico para que empezase. Procedí a invocar el espíritu de Luciano Pavarotti y canté el «Nessun Dorma» de *Turandot*, de Giacomo Puccini. En un italiano perfecto. ¡Bocas abiertas! ¡Ojos como platos! ¡Guantes lanzados!

*A mí no me retéis, zorras. ¡Podéis salir escaldadas!*

—Bueno, supongo que mi pregunta ha quedado respondida —dijo David Caddick con una sonrisa.

—Sí, señor, así es.

Entre abril y agosto no hubo noticias de ese encuentro casual, de esa audición improvisada. Vivía en un limbo megamusical. Se terminó mi penúltimo año de estudios, trabajé en algunas funciones de verano, el dinero se me había acabado y pagarme el último año en la Carnegie Mellon era una cuestión cada vez más complicada. ¡Necesitaba un bolo! Y entonces la Actors' Equity Association se plantó y se negó a darle el visado a Pryce, y Cameron respondió al farol. En agosto de 1990, *Miss Saigón* quedó oficialmente cancelado. ¡JODER!

Ya no podía permitirme vivir en el campus, así que tuve que volverme con mi madre y con mi hermana, a mi habitación del sótano, fría, húmeda y con olor a moho. Igual que mi madre en su juventud, cuando me marché de aquella casa había jurado no volver. Pero ahí estaba, con el rabo entre las piernas, agradecido a mi madre por acogerme. Y no solo me acogió, sino que además se comprometió a llevarme a clase y a recogerme por la noche para que no tuviese que depender del dudoso transporte público.

El primer espectáculo de ese último curso fue *A Chorus Line*. Me tocaba hacer de Richie, el negro. Rob Marshall, director de cine y antiguo alumno de la Carnegie Mellon, entre cuyos méritos se encuentran *Chicago, Memorias de una geisha, Nine* e *Into the Woods,* por nombrar solo unos pocos, era nuestro director y coreógrafo. Su socio, John DeLuca, y él montaron el espectáculo en nuestra clase con la coreografía original, la escenografía, la dirección y las intenciones de Michael Bennett. Durante la primera semana de representaciones recibí la llamada de Nueva York: *Miss Saigón* estaba de vuelta y habían programado la última audición para un domingo, el día después de nuestra clausura. Preparé la mochila para un día y, después de nuestra función de cierre, me fui directo a la estación de Greyhound para subirme al autobús de medianoche con dirección a Nueva York.

La última audición era en uno de esos teatros más pequeños de Broadway que están en la calle 45, entre las avenidas Broadway y 8. Un sitio antiguo, ¡como los que se ven en las películas! Cantamos por la mañana y bailamos a primera hora de la tarde. Nos largaron al final del día diciéndonos que sabríamos algo a lo largo de la semana. Regresé a Pittsburgh y cada vez que sonaba el teléfono se me aceleraba el corazón. Mi futuro pendía de un hilo. El dinero se me había acabado, oficialmente. Tendría que abandonar la escuela en el último semestre fuera cual fuese el resultado. Esperé una semana y un día.

Era la mañana del lunes anterior a Acción de Gracias de 1990. Las diez y cinco. Yo estaba dormido. Sonó el teléfono. Me levanté con un sobresalto y esperé por si mi madre...

—Bill, es para ti.

Corrí escaleras arriba y agarré el teléfono de disco que había colgado en la pared de la cocina.

—¿Diga? —susurré quitándome el sueño de los ojos.

—Hola, Billy, soy Vinnie Liff, del casting de Johnson-Liff, quería ofrecerte de forma oficial un puesto en el coro de la compañía original de Broadway de *Miss Saigón.*

Mi madre estaba en la puerta, en camisón, con el alma en vilo, emocionada y asustada.

Colgué el teléfono con lágrimas cayéndome por la cara…

—¡Me lo han dado!

Mi madre se puso a bailar y a entonar cantos de alabanza.

—¡GraciasDiosMíoGraciasDiosMíoGraciasDiosMío!

Ahí estaba. Lo había conseguido. Había sobrevivido a mi infancia. ¡Iba a salir! Me mudé a Nueva York oficialmente el 27 de diciembre de 1990. Hice el equipaje y me subí al Greyhound. El inicio de los ensayos para *Miss Saigón* estaba programado para el 11 de enero de 1990, y así fue. Me contaron el segundo semestre de mi último año en la escuela como unas prácticas remuneradas y pedí un día libre para regresar a casa en avión y graduarme. Me había prometido a mí mismo que si conseguía ese bolo nunca volvería a montarme en un autobús Greyhound. No he visto uno desde entonces.

# Capítulo diez

¡Era Nochevieja y los chicos del coro de *Miss Saigón* me llevaron de marcha! Habíamos empezado los ensayos el 11 de enero de 1991 y el estreno fue el 11 de abril de ese mismo año. Nos habían nominado para once premios Tony. Ganamos tres, todos en categorías de interpretación. El de mejor actriz en un musical se lo llevó la recién llegada Lea Salonga. El de mejor actor en un musical fue para el polémico Jonathan Pryce. Voy a repetir esto otra vez para dejarlo bien claro: la actuación de Jonathan Pryce como el Ingeniero de *Miss Saigón* fue toda una revelación, y me alegro de que la polémica en torno al hecho de que un hombre caucásico interpretase el papel de ese personaje asiático abriese un espacio gracias al cual actores asiáticos han podido disfrutar de una vía de acceso y de unas oportunidades que, históricamente y desde hacía tanto tiempo, habían tenido vetadas. El premio al mejor actor de reparto fue para Hinton Battle. Era su tercera vez; se había llevado la estatuilla a casa también por *Sophisticated Ladies* en 1981 y por *The Tap Dance Kid* en 1984.

Para mí, Hinton era un héroe. Tuvo su explosión en el mundillo con solo dieciséis años, cuando se hizo con el papel de Espantapájaros en *The Wiz*. Hinton era un prodigio del baile y al principio dejó huella en el mundillo gracias a eso. *Miss Saigón* supuso un punto de inflexión para él, o al menos para quienes lo mirábamos desde fuera, dado que recibió honores por una actuación en la que no se requería el baile para nada. Para un joven soñador negro como yo, tener ante mí el ejemplo de excelencia negra de Hinton a diario era de lo más inspirador. Yo acababa de llegar y tenía grandes planes, sueños enormes para mí mismo. Perdimos el premio a mejor musical, que se llevó *The Will Rogers Follies,* dirigido por Tommy Tune. Buen musical, con una escenografía espléndida. Aunque nadie me ha pedido mi opinión, así que me la guardo.

Me mudé a Nueva York con todas las intenciones de ser una estrella. Quería ser la versión masculina de Whitney Houston. Muy en el fondo de mi corazón, sabía que tenía el talento, la habilidad y el arte, que tenía «eso» que hace falta. Sabía muy bien que mi culito de marica estaba hecho para el estrellato. ¡Para la fama, hablando claro! Quería ser famoso porque pensaba que la fama conllevaba validación. ¿Comprensión, quizá? ¿Amor, incluso? No sé, me cuesta definirlo. Sabía lo que mi familia pensaba de mí, lo que pensaba mi iglesia, la comunidad negra y demás. Estaba ahí fuera solo, sin red de seguridad, sin un proyecto trazado. Pensaba que si lograba demostrar que aquella predicadora blanca estaba equivocada, aquella que me maldijo y me avergonzó desde su púlpito ante miles de personas, blandiendo la Biblia como un AK-47… Si era el número uno, si todo el mundo me conocía, si ocupaba portadas, entonces quizá lo «gay» se diluiría. Quizá mi éxito trascendiese mi pecado abominable. El plan era asaltar Broadway, ganar un Tony y luego protagonizar una comedia conmigo como personaje central, como hizo Nell Carter después de ganar el premio a mejor actriz de reparto en un musical por *Ain't Misbehavin'*. Ganó además un premio Primetime Emmy por volver a hacer ese mismo papel en televisión en 1982. Vi la producción cinematográfica de *Ain't Misbehavin'* en la PBS y no me perdía ni un capítulo de *Gimme a Break!* Todavía hoy puedo cantar de memoria el tema principal de la serie.

Pues eso, ahí estaba yo, debutando en uno de los mayores musicales que habían triunfado en Broadway, con ventas de entradas anticipadas que batieron todos los récords de taquilla conocidos y, aunque mi puesto estaba calificado técnicamente como unas «prácticas» —lo que solía traducirse como «trabajo gratis»—, ¡esta reina recibía un sueldo! ¡Que se me oiga bien! Creo que eran unos mil doscientos por semana. El triple de lo que ganaba Bernie cuando murió. Un día me encontré con su declaración de impuestos y percibía un salario anual de veintiún mil dólares. Una cosa impensable. Y que quede claro: desde que tengo uso de razón, veintiún mil dólares nunca han dado para vivir.

No voy a olvidar jamás mi primer día de ensayos para *Miss Saigón.* Entré allí y vi a todos mis compañeros asiáticos de reparto o, como se les llamaba, «los orientales». Sí, tal cual. No teníamos mucha conciencia. En general, aquello era nuevo para mí; solo había tenido un par de compañeros de clase asiáticos en secundaria. Por lo que a mí respectaba, los asiáticos eran gente blanca, igual que los latinos. En resumen, pensaba que cualquiera que no tuviese la piel de color chocolate era blanco. Ahora hay más conciencia. Yo mismo soy más consciente y cuando te haces más consciente, actúas en consecuencia. ¡Gracias por tus enseñanzas, Maya Angelou!

Barry K. Bernal me vio la cara de agobio y se presentó de inmediato. Estaba claro que yo era nuevo y él ya era un profesional. Era una persona amable, era el que levantaba la moral. ¡Y estaba bueno! Bueno tipo «musculitos que te pone de los nervios y te deja chorreando». Bueno tipo, si hubiesen elegido a asiáticos de verdad para hacer papeles de «orientales» en las películas, él se habría convertido en una estrella del cine. No tardé en enterarme de que lo habían seleccionado para hacer del villano Thuy. ¡Un villano extraño, desde luego!

—¿Y esa cara tan larga que me llevas, cosita negra? ¡Deberías tener una sonrisa de oreja a oreja, cielo! ¡Hoy es el primer día del resto de tu vida prepúber!

Barry me dio un abrazo calidísimo y a continuación, con una mano dada la vuelta, los dedos apoyados en la cadera y el otro brazo en alto como Vanna White cuando va desvelando letras en el panel de *La ruleta de la suerte,* exclamó:

—Y, para que lo sepas, ya no nos llaman orientales, ¡ahora somos «gaysiáticos»!

Barry se convirtió en otro de mis hados madrinos gais.

No recuerdo mucho de aquella época, porque era demasiado arrogante para apreciar lo que me estaba pasando. Debuté en Broadway con veintiún años, tres años después de lo que había planeado. A mi parecer, ya le estaba viendo las orejas al lobo. ¡Iba tarde! Me había autoconvencido de que solo tenía una década para convertirme en la estrella que soñaba ser.

Barry estaba muy movilizado por la plaga y los efectos derivados del sida en nuestra comunidad. Fue él quien encabezó la participación de nuestro elenco en la quinta edición del concurso de sombreros de Pascua organizado por la asociación Broadway Cares/Equity Fights AIDS. Durante seis semanas del año, espectáculos de Broadway y compañías nacionales de todo el país participan en un concurso para recaudar fondos en el que, después de cada función, voluntarios y miembros del reparto recogen donaciones para la causa. En algunos espectáculos se venden números firmados de la revista *Playbill,* cartelería y elementos de atrezo; otros subastan un encuentro con los actores entre bambalinas o la posibilidad de actuar como figurantes en algún pase. Al término de las seis semanas, se invita a todos los espectáculos a participar en dicho concurso de sombreros, que dura dos días. Durante el concurso, los artistas de los espectáculos participantes hacen un número especial para mostrar su sombrero de Pascua y se proclaman dos ganadores: uno por la presentación y otro por la mayor cantidad recaudada. Barry y un par de miembros más del elenco fueron los artífices de toda nuestra contribución, y ganamos: a la mejor presentación y a la mayor cuantía recaudada, con 62 582,67 dólares. Para mí había sido un año agotador en lo personal, intentando hacerme a la idea de que mis amigos estaban muriendo. Caían como moscas. ¡Incluso en las calles! Gente buena, cariñosa. Mis amigos, reducidos a simples manchas en el tejido de la sociedad: unos pervertidos sexuales que merecían morir. Así nos trataba la sociedad convencional y religiosa.

¿Cómo puede uno vivir con esa carga? Siendo consciente de que los autoproclamados líderes morales del mundo creen que deberías estar muerto. Hum. Sorprende poco que no sepamos conectar, que no sepamos amar.

Era Nochevieja y todos los gaysiáticos salieron a celebrar el Año Nuevo a un club llamado Roxy. Ese club era un espacio seguro para nosotros. Estábamos aislados del resto del mundo, bajo nuestra bola de espejos de inclusión, solidaridad y amor. Nadie era un marginado en ese club. Gais, heteros, negros, blancos, todas las razas, colores y credos. No se juzgaba a nadie, por nada. Esa noche me ofrecieron mi primer éxtasis y de inmediato entendí a qué venía tanto alboroto. El dolor anestesiado, la plaga borrada, la muerte mandada a la mierda… Aunque fuera solo durante unas horas. A lo mejor se nos fue de las manos. A lo mejor entramos en la espiral de una bola de espejos de adicción. No éramos conscientes. Solo intentábamos acordarnos de vivir.

*Miss Saigón* se estrenó el 11 de abril de 1991. Barry abandonó el espectáculo casi al cumplirse un año. Me llamó a su camerino y me contó en privado por qué. Se lo habían diagnosticado. Sentencia de muerte. Quería pasar sus últimos días con la familia. Poco después desapareció. Murió el 31 de octubre de 1994. Tenía treinta y un años. Nephi Wimmer, otro miembro del reparto de *Miss Saigón,* murió en 1993. Y hubo muchos más. En fin... Así eran las cosas. La gente se desvanecía en silencio, se disolvía, desaparecía... Y al poco se borraba de la memoria de quienes quedábamos atrás. Aquello era demasiado para abarcarlo todo, demasiado traumático para interiorizarlo a diario, veinticuatro horas al día. Así que nos íbamos de fiesta.

Varios meses después de entrar en *Miss Saigón* hice las audiciones para suplente de varios papeles protagonistas, como los de Chris (el amado), John (el mejor amigo) y el Ingeniero (el papel de Jonathan Pryce). *¡Menudos huevos los míos!* Ese mismo día, más tarde, Mitchell Lemsky me llevó a un lado. «Quería decirte lo impresionantes que han sido hoy tus audiciones. Has sido el mejor, de lejos. Por desgracia, ahora mismo aquí no podemos ofrecerte un hueco para crecer. No encajas en ninguno de los papales de suplente. Pero, por favor, que sepas que estoy aquí para hacer lo que sea necesario y para luchar por tu talento».

No me había mudado a Nueva York para quedarme en un segundo plano, acechando entre las sombras bajo un gorrito cónico asiático. Por la cabeza me danzaban visiones de superestrellato. Así que la precisa valoración que hizo Mitchell de mi lugar y de mi posible crecimiento dentro de la compañía, o la ausencia de él, unida a sus palabras de ánimo, me empujaron a buscar espacios en los que sí se me viese. No sé si me explico. Que se me viese de verdad. Porque yo no había ido a Broadway a jugar. Había ido a arrasar.

Uno de los primeros entornos que empecé a frecuentar, fuera de mi calendario de ocho funciones por semana en Broadway, fue el mundo del cabaret. No recuerdo quién me metió ahí. Quizá fuese durante el verano que pasé en

Montclair, Nueva Jersey. Un sábado por la noche, un grupo grande fuimos hasta Nueva York y aparcamos justo en la puerta del piano bar Don't Tell Mama, en la esquina de la calle 46 con la avenida 8 (una zona conocida también como la calle de los restaurantes). Dejamos las bolsas en el maletero y nos fuimos a cenar y a pasar una noche de fiesta, con espectáculo de Broadway y bares para gais en los que no pedían documento de identidad. Cuando volvimos al coche nos habían abierto el maletero y nos habían quitado las bolsas. Todavía hoy sigo sin dejar nada en el maletero, ni en Manhattan ni en ningún otro sitio, vaya, ¡nunca!

En cualquier caso, ese fue el descubrimiento del piano bar ¡y hasta aquí puede leer esta zorra! Era fácil encontrarme cualquier noche hasta las cuatro de la madrugada, hora del cierre, en alguno de los numerosos piano bares de Nueva York. Don't Tell Mama, en el Midtown, abría los siete días de la semana. El Duplex, en la calle Christopher, en el Village, se ponía hasta arriba los lunes, y los jueves por la noche le tocaba al Rose's Turn, en un sótano de la calle Grove, a un tiro de piedra del Duplex.

«No esperes a que nadie te dé permiso para poner tu arte en práctica. Ensaya siempre, incluso aunque nadie esté escuchando, porque la mayoría del tiempo nadie está escuchando». George C. Wolfe me soltó este retazo de sabiduría mucho más adelante en mi carrera (décadas después), pero cuando vuelvo la vista atrás, miro mi vida y veo cómo me presentaba ante el mundo y cómo me lucía durante esos primeros años de mi carrera en Nueva York, sé que ya estaba encarnando esa idea.

Los piano bares los usaba para probar material nuevo, para practicar de forma instintiva con mi arte y procurar que la gente me escuchase. Literalmente. Por ejemplo, las baladas victimistas eran todavía muy populares en la época y a mí me resultaba muy terapéutico derramar mi vida carente de amor sobre aquellos parroquianos borrachuzos. Y si eras capaz de apaciguar el estruendo del piano bar en el momento de mayor locura de la noche, cuando estaba hasta los topes, entre el personal de barra y de mesa y los borrachos habituales, todos cantando junto a los solistas y aporreando cualquier instrumento, desde panderetas hasta cencerros o maracas y mirlitones; si lograbas callar y dejar atónita a una multitud así, tu imagen ascendía a la de un dios entre los hombres. Silenciar la sala con mi superpoder se convirtió en mi especialidad.

Peter Gloo era el pianista principal del Don't Tell Mama y fue mi primer flechazo en Nueva York. Era mayor, con treinta y tantos años. Creo que cuando nos conocimos yo tenía unos diecinueve. También él se encaprichó conmigo. Era atractivo en plan «niño travieso», un señor blanco, amable, de ojos azules como el hielo protegidos por unas sencillas gafas redondas con montura de carey. Cada pianista de piano bar tenía su estilo. Algunos eran críos de Broadway, en el más puro sentido, y sus veladas solían centrarse en canciones de espectáculos; el músico de acompañamiento leía la partitura que se le colocase por delante y ya. Otras veces te encontrabas con uno de esos tipos incapaces de leer una sola nota musical, pero que tocaban de oído y sabían sacar casi cualquier canción pop importante del siglo XX: temas de James Taylor, Billy Joel, Carole King y Annie Lennox, con un poco de Stevie Wonder, Aretha Franklin, Whitney Houston y algunos clásicos de Motown, por si fuera poco. Busqué canciones que pudiese cantar con todos los músicos de la ciudad, pero Peter Gloo era mi preferido. Era su manera de mirarme, de hablarme... Veía el miedo en mí, la soledad. También él estaba solo y se decía por ahí que le gustaban los «chocolatitos». Sí, así es: le gustaban los muchachos negros y eso era digno de reseñarse. Porque por mucho que se silencie (o quizá ahora mismo no se silencie tanto), la comunidad LGBTQ+ puede ser igual de racista que el resto del país, así que una reina jovencita y negra como yo, que vivía en Estados Unidos y trabajaba en espacios predominantemente blancos, tenía que sortear siempre el problema tácito de la raza.

Mi culo inquieto estuvo años intentando conseguir sexo con Peter, pero no hubo manera. Y no entendía por qué. Peter me mantenía siempre a cierta distancia, no emocionalmente, sino en un plano físico. Y por eso era todo tan confuso. Nos comprábamos algo de cenar y teníamos conversaciones interminables. Yo le contaba mis sueños y él me animaba a soñar aún más a lo grande. En Peter encontré a un confidente honrado y cariñoso. Le dije que quería ser la estrella de un espectáculo de Broadway escrito expresamente para mí y ganar un premio Tony. Le conté que quería ser la versión masculina de Whitney Houston. Le dije que quería ser una estrella de cine. Incluso compartí con él mis sueños de hacerme director cuando me llegaran «los años del ocaso»; en mi cabeza, cuando fuese demasiado viejo para actuar, me pondría detrás del escenario. Peter alentaba mi deseo de ser un líder, me decía que tenía el poder de hacer y de ser lo que quisiera. Me repetía que no dejara que nada ni nadie apagara mi luz. Por entonces las palabras de Peter eran solo eso, palabras, pero llegado un momento necesité echar mano de ellas y de todo lo que implicaban para mantenerme en pie.

En el otoño de 1990, Peter viajó en avión a Pittsburgh para verme en mi espectáculo de despedida de la CMU, donde interpretaba a Richie en *A Chorus Line*. Reservó una habitación en el nuevo hotel de Oakland, en la avenida 5. Lo que más recuerdo de aquel frío fin de semana de otoño fue la amabilidad de Peter. Su compasión. Su capacidad para crear un espacio seguro en el que yo pudiera aterrizar, cuando él mismo estaba mirando a la muerte a los ojos. Voló hasta Pittsburgh para verme a mí y ver mi espectáculo, para apoyar mi talento, mi espíritu y mi humanidad. Me invitó a pasar la noche en el hotel con él. Yo me emocioné porque pensé que por fin iba a conseguir algo. Pero Peter me dio otra cosa que iba mucho más allá de un encuentro sexual pasajero. Me abrazó. Se quitó toda la ropa salvo los calzoncillos y yo hice lo mismo... y me abrazó. Hizo la cucharita conmigo. Nadie me había abrazado sin más, sin expectativas sexuales recíprocas. Me abrazó toda la noche, con la cara enterrada en mi nuca, y alcanzó un ritmo relajante con su dulce respiración. Un flujo constante de aliento que me hacía sentir seguro. Sentir que eso era amor.

Eso me ocurrió décadas antes de volver a sentir un tipo de amor similar. Tardé decenas de años en reconocer siquiera cómo era el amor de verdad. Peter fue otro ángel. Ahora lo entiendo. Su luz entonces estaba en proceso de apagarse, pero yo no lo sabía. Tampoco me sorprendió, claro. Las cosas eran así. La gente se esfumaba sin más, dejaba de aparecer en las fiestas, en los actos benéficos, en las protestas, en las manifestaciones, en los clubes. Y seguidamente, tras cierto periodo de negación colectiva, alguien tenía el valor de invocar el nombre del desaparecido y todos nos veíamos en la obligación de lidiar con la mortalidad de otra persona más.

Visité a Peter en el hospital St. Vincent's hacia el final. Llevaba meses desaparecido y fui yo quien rompió el silencio y planteé la pregunta. Me metí en su cama y le devolví la cucharita, lo abracé como había hecho él conmigo, tratando de compensar el amor incondicional del que me había beneficiado durante tres años escasos. En aquel momento me acordé de cómo Peter cerraba siempre sus actuaciones nocturnas con *That's All,* una canción que habla sencillamente sobre dar amor. *That's All* me hacía llorar cada vez que Peter lo cantaba. En el St. Vincent's lo abracé con fuerza, en un intento por devolverle la misma amabilidad y el mismo amor que sin ningún esfuerzo había compartido él conmigo, y me puse a cantarle al oído, en voz baja, *That's All.*

Peter nunca se acostó conmigo porque creía que yo necesitaba algo más profundo que el sexo. Y tenía razón. Me dio lo que necesitaba, no la parte carnal de lo que yo creía que necesitaba. Eligió protegerme incluso cuando yo no sabía protegerme a mí mismo. Su luz se apagó el 11 de diciembre de 1993. Tenía treinta y siete años.

*Ir andando por las calles del Midtown es más que espeluznante. Apocalíptico es lo que es. Estamos a 5 de junio de 2020. Es mediodía, entre semana, y no hay nadie por la calle. Nadie. Los comercios están tapiados por miedo a sufrir daños o saqueos. La gente se ha rebelado. Las protestas por el asesinato de George Floyd nos han devuelto nuestra herramienta activista. Me había llegado a preocupar. Había observado cómo imágenes espantosas se convertían en lugares comunes y tenía miedo de que nos hubiésemos insensibilizado por la perpetua falta de humanidad exhibida en nuestros dispositivos. Pero la muerte de George Floyd lo ha cambiado todo. El pueblo estadounidense está cansado. Está motivado. Esta energía nueva y activa me resulta reconfortante, inspiradora si se quiere, pero esta mierda pandémica es real y me está reventando. Hoy hay unos ciento ocho mil muertos. ¡MUERTOS! Mueren seres humanos a diario y la administración del Zanahorio sigue titubeando, sin dar una respuesta a escala nacional. El virus está matando a muchísima más gente negra y mestiza. Así que da igual, ¿no?*

*La verdad en torno a la pandemia es difícil de digerir. Es una verdad trágica y, otra vez, me veo envuelto en muerte. Mi nueva terapia ha sacado a la palestra el alcance de mi trauma del pasado. Es una auténtica terapia para el trauma. Específica, con ejercicios y tareas para hacer en casa y todo ese rollo. Yo soy una señora de las que cree en la educación, así que estoy muy entregado. Necesito un cambio. Mis mecanismos de afrontamiento no funcionan. Y ahora hay alguien más. Mi marido. ¡Un marido! El matrimonio y la santidad que conlleva implican una responsabilidad. No paro de decirle a Adam que, al haberse parado el mundo, ahora tenemos el espacio y el tiempo necesarios para curar nuestro matrimonio. El mundo entero necesita sanar. Estoy procurando ser consciente, estar abierto y receptivo ante todas estas ideas y conceptos. Quiero sanar. No puedo seguir yendo por el camino que he llevado la mayor parte de mi vida, con las anteojeras puestas. Corriendo. Callando. Compartimentando. Obviando. Disociando. Y lo peor de todo: anestesiado. Una vida inconsciente, eso es lo que he llevado siempre, así es como he vivido durante mucho tiempo. Centrado en mi sueño. Tratando de salir. Tratando de no ser esa estadística.*

*«El espectáculo debe continuar» se ha detenido. Por primera vez en la historia, Broadway ha cerrado: clausurado de manera indefinida. Todos los teatros han echado el cerrojo, las luces se han apagado, el alma de Manhattan, la cultura, nuestro mundo, mi mundo, ha desaparecido. Se ha evaporado.*

*El único motivo por el que estoy en la ciudad hoy es porque me tienen que arreglar un diente. Me duele. No puedo aguantar más. Las consultas médicas han vuelto a abrir y funcionan al veinticinco por ciento de su capacidad, o algo así. Tenemos una casa alquilada en Long Island, junto al mar, con un patio trasero y árboles, pájaros y todo eso. ¿Quién iba a saber que era lo que yo necesitaba? Espacio. Aire. Silencio. Sanación. Mi reciente éxito en cine y televisión llegó justo a tiempo. Mis amistades de Broadway están todas sin trabajo. Mucha gente ha tenido que volver a casa con sus padres para resistir todo esto, ¡sea lo que puto sea todo esto! Mi dentista lleva un EPI. De cuerpo entero, con mascarilla, gafas, pantalla y traje de protección. Bueno, supongo que me siento seguro, ¿no?*

En estos tiempos de COVID, tiempos de necesidad en general, me han llamado para participar en muchos actos benéficos, muchos. Lo que más odio en la vida es la injusticia. Martin Luther King decía: «Una injusticia en cualquier parte es una amenaza para la justicia en todas partes». En mi vida solo he conocido la injusticia, procedente de todas partes. El ataque contra mi humanidad comenzó muy pronto y el guante que me lanzaron era de plomo. El activismo es mi segunda naturaleza. Al criarme como primera generación posterior al movimiento por los derechos civiles, una generación que entró directa en la crisis del sida, estaba más preparado que nadie para convertirme en un guerrero. ¿Abogado? ¿Predicador? ¿Enlace comunitario? No eran esos mis ministerios. A principios de la década de 1990 no sabía cuál era mi lugar en la batalla. ¿Quién podía ser? ¿Cómo podía presentarme al mundo? *¡Ya sé, voy a dar conciertos!* Una serie de conciertos de cabaret en beneficio de la Broadway Cares/Equity Fights AIDS. Mataría dos pájaros de un tiro: recaudar dinero para la causa y asegurarme de que el mundo conociese mi nombre.

Mi primer espectáculo en la sala del fondo del Don't Tell Mama se llenó al completo cuatro semanas seguidas. Una función semanal durante todo el mes de julio, los domingos por la noche, el día que descansaba en *Miss Saigón*. Una banda completa de cinco miembros con tres coristas. Reventamos el equipo de sonido en nuestra primera ronda. Esas salas de cabaret estaban acostumbradas a momentos musicales más sutiles, más básicos y acústicos. Me sorprendió enterarme entonces de que no todas las salas de música estaban hechas de la misma manera. Había una separación esnob entre salas «de cabaret» y salas de «de la industria musical». Los profesionales de la industria de la música no le veían ningún valor a Broadway; de hecho, Broadway se consideraba cursi. Me impactó descubrir que toda una industria había decidido que yo carecía de valor: era de Broadway y encima, maricón. No había sitio para ninguno de esos atributos en el negocio musical del R&B/soul predominante en la década de 1990. Aunque esas barricadas a mí no iban a detenerme: estaba pertrechado con mi voz, mi salvadora, mi arma.

*Seguiré cantando lo más alto que pueda todo el tiempo que pueda y el resto saldrá solo, ¿no? Clive Davis me descubrirá igual que descubrió a Whitney. Soy tan bueno como Mariah Carey. Tommy Mottola se dará cuenta, ¿verdad? Porque tengo el talento, tengo el arte, tengo ese tipo de don. ¡Sé que lo tengo!*

—¿Es verdad que tienes contacto con los productores de *Star Search?* —le pregunté a Hinton Battle en su camerino antes de una sesión matinal.

—Sí, claro —me respondió, y arrugó los ojos frunciendo el ceño—. ¿Es que quieres concursar en *Star Search?*

Sabía que el programa había perdido cierta relevancia, pero el ganador seguía recibiendo cien mil dólares de premio y yo estaba tratando de conseguir un contrato discográfico. Pensé que ese concurso podría darme un poco de visibilidad en ese frente. Hinton me dijo que le pasara una cinta de vídeo lo antes posible y que se la haría llegar a los productores.

Por suerte, tenía mis conciertos de julio en el Don't Tell Mama grabados y filmados. No recuerdo lo que envié, pero eran unos quince minutos de actuación. Los productores respondieron de inmediato a mi propuesta y mandaron llamarme. Tenía que volar a Los Ángeles para grabar el último fin de semana de la temporada. Si ganaba esas últimas cuatro competiciones, pasaría directo a semifinales, que se grababan el siguiente viernes. Y si ganaba en semifinales, pasaría a la final, que era al día siguiente, con la perspectiva de llevármelo todo.

Me tomé una de las dos semanas de vacaciones que me correspondían por *Miss Saigón* y las junté con dos días de asuntos propios. Volé a Los Ángeles el primer viernes de diciembre del año de Nuestro Señor de 1991 y fui directo del aeropuerto al estudio de *Star Search*, en el cruce del bulevar Hollywood y la calle Vine, para el ensayo de grabación de mi primer programa el sábado. La experiencia en su conjunto fue un auténtico torbellino en esa espiral frenética que es el mundo del espectáculo. Me cuesta acordarme de los detalles. He tenido que llamar a mi hermana y a mis mejores amigos, Ron Pennywell, Joe Delien y Walter McCready, para que me recordaran las canciones que canté, que fueron, por orden: *A Song for You* de Leon Russell (aunque yo la conocía por la versión de Donny Hathaway), *A Dream Out There with Your Name on It* de Jennifer Holliday, *One Song* de Tevin Campbell y *Now That I Found You* de Michael Bolton.

Con la temporada tan avanzada, ya quedaban pocas canciones entre las que elegir. No estaba permitido repetir canción y las opciones populares estaban todas pilladas. ¡Esta reina tuvo que tirar de creatividad! Por suerte, como joven artista que nunca encajaba en el *statu quo*, ya estaba acostumbrado a echarle imaginación. Dominaba como quería la tarea de buscar cosas desconocidas o radicalmente nuevas. Me asombró que aceptaran *A Song for You*, sin duda uno de los clásicos más importantes de nuestros tiempos. No hice preguntas; me limité a decir: «Gracias, Dios mío», y seguí con lo mío. Mis opciones segunda y tercera surgieron de mi adoración por las novedades que llegaban los martes a las tiendas de discos.

Cualquiera podía encontrarme un martes en la sección de novedades en CD de Tower Records, en la esquina de la calle 72 y la avenida Broadway. Allí fue donde encontré los nuevos lanzamientos de Jennifer Holliday y de Tevin

Campbell, de los que saqué mi segunda y mi tercera canción para el concurso. El cuarto tema, el de Michael Bolton, lo elegí porque... A saber. Lo único que yo sabía era que ese blanco cantaba muy bien y en un tono muy agudo, que el público blanco seguramente conociera la canción, que yo sabría cantarla de lujo y que eso sería positivo para mi progreso en el concurso. En retrospectiva, me doy cuenta de que iba buscando visibilidad. Mi objetivo inconsciente radicaba en el deseo de que me viesen y me escucharan en espacios en los que mi humanidad quedaba constantemente despreciada o desechada. Esa quemazón de mi alma, para la que no tengo nombre, terminaría por convertirse en el motor que aún hoy sigue alimentando mi concentración y mis sueños.

Me colé en aquel concurso como un ladrón a medianoche, arrebatando deseos y sueños a todos los que encontraba en mi camino y que, seguidamente, quedaban a mi estela. Escuchar a Ed McMahon pronunciar el icónico «¡Cuatro estrellas!» como la puntuación de los jueces para mis cuatro actuaciones de ese primer fin de semana fue una experiencia eufórica. Pasé a semifinales y a la final, que se grababan el siguiente fin de semana. Según las normas, los finalistas podíamos repetir una de las canciones que ya hubiésemos utilizado en la temporada. Mi repetición en semifinales fue *A Song for You.*

«¡Cuatro estrellas!».

Al día siguiente fue la final. Me enfrentaba a la voz masculina estrella de la primera mitad de la temporada, un latino sexi que tocaba la guitarra y llevaba coleta; estoy seguro de que sus efluvios y ronroneos durante la actuación, acompañados de un sensual contoneo, dejaron con las bragas húmedas a más de una espectadora (y quizá a algún espectador también). Para ser sincero, ese muchacho podía conseguir lo que quisiera. Tenía rollo, un rollo totalmente masculino. Viéndolo en el monitor de la *green room,* sentí que me envolvía ese matiz tan familiar del aroma a infravaloración. El joven tenía buena voz, sí, pero es que además su atractivo sexual era palpable.

Tiré de corazón. Yo tenía corazón y, básicamente, nada más. Me presenté con un toque estético muy de principios de los noventa. Había elegido unos pantalones clásicos plisados de color negro y un jersey de cuello Perkins, también negro, de algodón elástico mezclado con rayón, acompañado por un chaleco con un profuso estampado de cachemir y una americana verde amarillenta de Yohji Yamamoto con estructura de caja (que me había regalado Jonathan Pryce). Lucía lo que yo llamo cariñosamente una «barriga de felicidad» y una cara redonda como la cerdita Peggy, con la dentadura aún sin arreglar (tengo una boca tan enorme que me faltan dientes para llenarla). Llevaba el pelo como se me exigía en *Miss Saigón,* es decir, el típico del ejército estadounidense: un miniafro recortado, sin forma. El toque final lo ponía un collar de plata con una cruz, que usé porque necesitaba algún accesorio. Era el estilo perfecto del R&B noventero.

Cuando Ed McMahon, de pie en el icónico podio de Star Search, anunció con su voz de *basso profondo:* «Desde Pittsburgh, Pennsylvania, aquí está… ¡Billy Porter!», me fui hacia el micro, situado justo en el centro de una estrella que había en el suelo del escenario. El cuerpo me temblaba, como le ocurría a mi madre, pero abrí los ojos y ¿qué hice? ¡Cantar y reventar a aquella gente! Justo delante de los jueces, del público, de todo el mundo, eché el resto.

Fuimos la primera categoría en competir aquella noche, por lo que tuve que esperar una hora sumido en mis pensamientos hasta que salió el veredicto. ¿Lograría mi talento ocultar mi abominación? ¿Podría mi voz trascender mi vergüenza? ¿Podría mi voz, ese superpoder, trascender las fobias calladas —en realidad, no tan calladas, más bien ensordecedoras— de nuestra mayoría moral conservadora estadounidense, equivocada, voluble, hipócrita? ¿Había sido convincente? ¿Había aprobado? ¿Era lo bastante masculino? ¿Habían visto mi mariconez? ¿Se me juzgaría con justicia, por mi talento, por mi don divino? Por fin pasó aquella hora infinita y Ed McMahon anunció: «... Y el ganador de cien mil dólares, nuestro campeón, es: ¡Billy Porter!».

Levanté los brazos al cielo, agradeciéndole la victoria a mi Dios y salvador Jesucristo. Volví en avión a Nueva York al día siguiente y me fui directo al coro para actuar en las ocho funciones semanales de *Miss Saigón*. El cheque me llegó al correo el 3 de enero de 1992. Después de pagar impuestos, me quedaron cuarenta y cuatro mil dólares. No sabía lo que hacer con ese dinero. Ni yo era de familia adinerada ni nadie de mi entorno. Ninguna persona cercana me dio consejos financieros. Ni siquiera sabía a quién pedírselos, ni qué pedir, así que me puse carillas en todos los dientes de delante para cubrir los huecos y dejé el resto en el banco para las vacas flacas. Mi esperanza era que *Star Search* me diese un empujón en mi aventura como artista discográfico; sin embargo, con diez años de recorrido, *Star Search* ya no era nada estelar. La reputación del programa había caído a lo largo de los años y muchos medios televisivos ni siquiera lo emitían o lo tenían relegado a horarios menores. En Nueva York lo ponían los sábados a media mañana. Mis capítulos se emitieron en abril de 1992 sin ningún bombo ni platillo. La mayoría de la gente ni siquiera sabía que el programa se mantenía en antena. Así que... ¡A seguir creciendo!

Quien trabaje en teatro sabrá que toda obra en la que uno participa tiene su propio microcosmos, que gira en torno a una dinámica familiar tradicional. *Miss Saigón* fue mi primera gran familia en Broadway. El coro entero tenía su espacio en el sótano del teatro, en una especie de búnkeres. Las taquillas estaban todas alineadas creando dos cuadrados enormes con una pequeña abertura para mayor recato, hombres por un lado y mujeres por el otro. A diario, aquello era como una fiesta en el sótano de una casa. Ser artista exige ir a trabajar con el corazón abierto, la mente siempre presente y el alma compartida. Este requisito emocional tan absorbente a veces puede ser una trampa para la cordura personal del artista, porque aunque todos estemos «actuando», nuestro sistema nervioso no entiende la diferencia. Las comedias suelen ser más fáciles para la psique. Los dramas son distintos. El artista ha de ser siempre, de forma indirecta, un portador, permitir que la tragedia fluya por su cuerpo ocho veces a la semana. Con sesión doble algunos días. Muchos artistas se mantienen ajenos a este desgaste, a este asalto constante a nuestro sistema nervioso, al perpetuo socavamiento de nuestra cordura. El autocuidado fue para mí un concepto escurridizo que tardé décadas en asimilar e incluso entender. En cualquier caso, al final de mi primer año en Broadway me ofrecieron un viaje vacacional. Gratis. Bueno, era más bien un *quid por quo:* canciones a cambio de comidas.

Conocí a Rich Campbell gracias a los gaysiáticos de nuestro elenco. Rich era lo que en la comunidad queer llamábamos entonces una «reina del arroz»: un hombre no asiático que se siente atraído sobre todo por hombres asiáticos. Después de pasar los últimos treinta años corrigiendo políticamente nuestro discurso, ese significante tan común en otros tiempos se considera ahora un tropo racista e inapropiado, así que me limitaré a exponer los hechos: cuando lo conocí en la entrada de artistas, Rich ya había salido con unos cuantos de mis compañeros asiáticos del elenco de *Miss Saigón.* Rich es un empresario al que le encanta viajar y, por entonces, tenía en mente crear un negocio que le permitiese aunar su trabajo con la actividad que más le gustaba del mundo. Atlantis Events es una agencia de viajes gay con fama internacional creada en 1991, su fundador pretendía establecer un espacio único en el que la comunidad gay pudiese juntarse y confraternizar. Dado que todos sufríamos a diario pérdidas inimaginables por la crisis del sida, Rich andaba buscando una manera de ayudar a la sanación de nuestra comunidad creando vínculos. Atlantis Events celebró su primera reunión vacacional exclusiva para gais con trescientos invitados en un resort de Club Med en Playa Blanca, México, en 1991. Lo que empezó como una idea muy simple —«una semana gay en la playa con amigos»— ha florecido hasta convertirse en una empresa que monta vacaciones para gais en cruceros y resorts por todo el globo. Actualmente es la empresa más grande del mundo dedicada a organizar vacaciones únicas para la comunidad de gais y lesbianas. En cualquier caso, en la primavera de 1992, Rich iba buscando entretenimiento gratis para sus invitados. Yo acababa de salir de mi victoria en *Star Search* y nunca me había ido de vacaciones de verdad. Rich me ofreció un bolo que incluía un viaje así, y gratis. Nuestro acuerdo verbal fue que actuaría en el club una de las noches y a cambio, tanto mi director musical como yo, tendríamos el resto de las vacaciones pagadas, con todos los gastos cubiertos.

Acudimos en avión al resort «familiar» todo incluido de Playa Blanca. Y ahí estábamos, un montón de jóvenes gais viviendo la buena y fantasiosa vida vacacional, liberados del foco de la homofobia y de la vergüenza. Libres de exhibir muestras públicas de afecto en cualquier espacio de la propiedad y en cualquier momento. Libres de ser todo lo gais que quisiéramos sin miedo a poner en riesgo nuestra vida.

Mis segundas vacaciones con Atlantis Events en Punta Cana, México, un año después, en 1993, tendrían un final catastrófico: cuando nuestra pandilla de trescientos gais emprendió el regreso a casa, una grulla se coló en el motor del avión chárter durante el despegue. Aquel enorme 747 chocó contra tierra justo en el extremo de la pista, una pista de campo que se acababa abruptamente. El avión dio en el asfalto con un golpe seco tan virulento que parecía que hubiese estallado una bomba. Por suerte, todo el mundo iba con el cinturón puesto y no hubo heridos. El trauma fue saber que, de haber ocurrido diez segundos después, el avión habría estado ya a tal altura que se habría estrellado y habríamos muerto todos. Aquel grupo de gais sin armarios, sin mordazas y lleno de orgullo que acababa de pasar una semana dichosa y mágica cayó en picado de vuelta a la realidad: a la verdadera y desprotegida realidad de que la organización del Club Med sí valoraba nuestro negocio, pero durante una semana, porque al parecer, por lo que vivimos en aquella ocasión, dejábamos de ser bienvenidos a la semana siguiente, en cuanto llegaban las «familias tradicionales». Mientras esperábamos un avión de reemplazo, nos encerraron en una sala a las afueras del resort, sin comida ni bebida. Ni rastro de la excepcional hospitalidad que habíamos recibido hasta entonces. El representante del Club Med nos dijo que las familias que venían no se sentían cómodas con nuestra presencia en la propiedad. ¿Qué se creían que íbamos a hacer? ¿Darnos por culo en mitad de la piscina? Cómo osábamos pensar los maricones que nuestra humanidad merecía respeto.

Es imposible describir con palabras la sensación de saber que, hagas lo que hagas, actúes como actúes o consigas lo que consigas en la vida, siempre vas a ser una mancha en la respetable sociedad, nada más. Nosotros también somos familia. Familia de la que se elige. Familia necesaria. Busqué un rincón y me pasé toda aquella infamia durmiendo.

En el viaje anterior a Playa Blanca en 1992, menos estresante, conocí a un hombre llamado Bill Butler. Bill viajaba con el que entonces era su pareja, Rich Bungarz. Bill era el más joven y sociable de la pareja, Rich era un poco más introvertido. Mi concierto fue la primera noche que llegamos y se había extendido la noticia de que era el ganador de *Star Search,* así que tuve cierta aura de celebridad entre los gais durante aquella semana. Bill se me acercó en la piscina: «¡Menudo portento, reina!», me dijo. Y no hizo falta más. Nos pasamos los seis días siguientes retozando los tres juntos. Bill y Rich me presentaron a su grupo de amigos y nos juntamos unos ocho que hicimos piña, estrechando lazos día y noche. Disfrutamos de las vacaciones sin miedo. Dejamos que el terror de la plaga desapareciese y nos diese un respiro. Aprendimos a construir una familia, nuestra familia propia y elegida, desde abajo.

El último día, mientras echábamos un rato en la piscina como despedida, dije:

—Oye, Bill, no te he preguntado a qué te dedicas.

—Soy agente —me respondió muy prosaico.

—Vaya, genial. ¿Y dónde trabajas? —le pregunté, en absoluto preparado para su respuesta.

—Trabajo en la William Morris Agency.

*¡Bueeeno, FUEGO!*

# Capítulo once

Busqué el número de la William Morris Agency en la guía telefónica. ¿Alguien recuerda esas guías? Llamé directamente a centralita. Hacía un año que no veía ni hablaba con Bill Butler después de nuestra aventura en el Club Med. Bill era agente en William Morris y yo no quería parecer ansioso; además, ya tenía un agente de una empresa muy respetable. El año de 1992 había supuesto un avance para mí. Cameron Mackintosh trajo otro espectáculo de Londres. En esa ocasión era una obra de negros titulada *Five Guys Named Moe*, un musical con libreto del siempre majestuoso Clarke Peters y letra y música de Louis Jordan, entre otros. Nació en Reino Unido y había permanecido cuatro años en el West End de Londres. Yo ya le tenía el ojo echado y soy una señora muy de preparativos, así que esta reina hizo sus indagaciones.

Hacía ya un año que sabía que ese espectáculo iba a venir. Todos los hombres negros de la ciudad metidos en el mundillo de los musicales lo sabíamos, y todos estábamos haciendo nuestros planes y nuestras cábalas, preparándonos para un momento muy inusual en la historia de la Gran Vía Blanca, como se conocía a Broadway: el momento en que el elenco estaría copado por seis hombres negros. El proceso de audiciones fue agotador. Tras la audición de danza tuve que estar horas sumergido en un baño de sales de magnesio.

Y entonces recibí una noticia buena y otra no tan buena. ¡La buena noticia fue que me contrataron para el bolo! La no tan buena fue que entré como suplente para tres de los seis papeles: Little Moe, Four-Eyed Moe y No Moe, interpretados por Glenn Turner, Milton Craig Nealy y Kevin Ramsey, respectivamente. El resto del elenco lo completaban Doug Eskew como Big Moe, Jeffery D. Sams como Eat Moe y Jerry Dixon como Nomax. Michael-Leon Wooley y Phillip Gilmore eran los otros dos actores con los que compartía la deferencia de ser «suplente».

Para quienes no sepan bien lo que implica ser suplente, voy a explicarlo: somos los artistas que esperamos entre bastidores, ocho funciones por semana, preparados y disponibles para asumir sin previo aviso cualquiera de los papeles que tengamos asignados. No es mi puesto favorito del mundo, pero tengo que reconocer que, aún hoy, *Five Guys Named Moe* fue sin lugar a duda una de las experiencias más reveladoras y sanadoras de mi vida. Por primera vez estaba rodeado de hombres negros a quienes no les repugnaba mi presencia, hombres negros que me querían y que me educaban. Yo tenía veintidós años, la lengua muy larga y un solo objetivo en la vida: la dominación mundial. Aquellos señores me enseñaron qué expectativas tener y cómo abrirme paso como hombre negro en este negocio ¡y en el mundo entero! Respetaban mi arte y alentaban mis sueños.

Mi formación y mi destreza artística me habían preparado para ese momento. En la sala de ensayos entendí muy rápido que «suplente» significaba «refuerzo»; durante el proceso de aprendizaje de la obra los suplentes permanecíamos en un segundo plano, nadie nos prestaba atención, nadie se aseguraba de que estuviéramos asimilando toda la información necesaria. Así que me hice un calendario. Teníamos cuatro semanas de ensayos antes de trasladarnos al teatro para los ensayos técnicos; decidí centrarme en un papel cada semana durante las tres primeras semanas y luego, en la cuarta, amalgamar toda la información en un cuaderno de consulta unificado, para no verme con el culo al aire si de pronto tenía que echar a andar sin haber hecho un ensayo de suplente como tal (cosa que se sabe que ocurre, ¡y mucho!). Todo está siempre centrado en el elenco principal. Los suplentes no reciben ningún cuidado por parte del equipo creativo ni de los regidores, pero la exigencia tácita es que más te vale estar listo. Es lo que me decía siempre mi tía Dorothy: «¡Si siempre estás preparado, nunca tendrás que prepararte!».

De joven no fui madrugador y, a mi alrededor, todo el mundo sabía que no debía llamarme antes de las diez de la mañana. Era un miércoles 29 de abril y el teléfono empezó a sonar a las nueve. Dejé que saltara el contestador. No hubo mensaje. El teléfono volvió a sonar. Clic-clic. Sin mensaje. En el tercer intento, levanté el teléfono y oí una voz amortiguada a la que intenté encontrarle alguna coherencia. Al otro lado del teléfono estaba la voz aterrada de Marybeth Abel, la directora de escena, que me llamaba para decirme que Kevin Ramsey, el actor que hacía de No Moe, se había lesionado la noche anterior en los cinco espagats en el aire que marcaban el final de su solo de claqué. Al parecer, al despertarse no había conseguido ni salir de la cama. «Entras en la función matinal», me soltó Marybeth.

Hablemos un poco sobre eso de los «espagats en el aire». Voy a dar cierto contexto definitorio. *Sauté:* un salto sencillo en dirección vertical. *Tour:* un giro del cuerpo. *Tour en l'aire:* un giro en el aire. *Spagat:* piernas extendidas por completo en direcciones opuestas sobre el suelo. Si se combinan las definiciones del giro en el aire y del espagat, se entiende el asunto que nos ocupa. Está de más decir que este paso de baile en concreto exige tener un cuerpo increíblemente flexible, casi elástico como la goma. En la audición había muchos hombres, muchos, capaces de ejecutar movimientos así de complicados, pero no contrataron a ninguno de ellos. Por el contrario, nos eligieron a Kevin y a mí, que carecíamos de la habilidad necesaria. Una puntualización: desde el primer momento en la audición les dije a esas perras que los espagats en el aire no eran mi especialidad. Kevin también lo avisó. El director/coreógrafo, Charles Augins, nos aseguró a los dos que lo iban a «solucionar».

Resultó que su definición de «solucionar» no incluía cambiar ese conjunto de pasos. Así que ahí estábamos, en la cuarta semana de preestreno —ni siquiera habíamos llegado a la noche del estreno oficial—, y todo aquello era como una gran bola de ansiedad tóxica y gestión de crisis. Mi actuación matinal empezó sin ningún obstáculo. ¡El elenco entero se quedó mudo! ¡Todo el mundo en el entreacto estaba flipando! W. Ellis Porter salvó la función (ah, se me olvidaba: cambié mi nombre artístico a W. Ellis Porter porque ya había una persona en el sindicato Actors' Equity con mi mismo nombre y la norma entonces dictaba que no podía haber nombres duplicados. En 1994, un señor muy amable llamado Stephen Spadaro, que trabajaba en la oficina principal de Actors' Equity, medió por mí, llamó al otro Billy Porter, que ya no estaba en activo, y me consiguió el permiso para utilizar mi propio nombre. Como le dijo Tina Turner al tribunal durante su divorcio de Ike: «¡Yo solo quiero mi nombre!»).

La adrenalina me recorrió las venas cuando me lancé a hacer el solo de claqué de No Moe en el segundo acto. La prístina claridad del clic clac de cada uno de los pasos resonaba por todo el teatro. Kevin es un *hoofer,* un bailarín de claqué profesional de tradición jazzística, como Bill Bojangles Robinson, Sandman Sims, los hermanos Nicholas, Gregory Hines o Savion Glover. El hoof es toda una cultura en sí mismo, con unas raíces muy profundas en la historia negra que se extienden más allá del cambio de siglo; el hoof transmite las alegrías y los traumas negros mediante los ritmos de la vida.

Se trata de un sonido profundo, cimentado en la verdad y en la negritud. Sin embargo, yo había aprendido claqué con gente blanca, aprendí a articular mis sonidos en una barra de ballet. Un rollo Gene Kelly o Fred Astaire y Ginger Rogers. Mis destrezas en el claqué iban más en la línea de ese deslizamiento celestial y ligero propio de los musicales de la Edad de Oro, y no tanto en la verdad expresiva y mundana de la experiencia negra, más angustiosa.

En cualquier caso, había seguido el consejo de mi tía Dot ¡y esta zorra estaba preparada! Entonces, al pisar el suelo con todas mis fuerzas para patinar hacia el quinto de los espagats en el aire, oí y sentí un ¡ras! ¡El tendón de la corva! Fue un dolor tan intenso que el teatro entero me explotó en los ojos con el rojo de un coágulo de sangre. Traté de levantarme del suelo, usando el pie del micrófono para arrastrarme y ponerme en pie, pero tenía la pierna izquierda como un lingüini pasado de cocción. Probé a ver si soportaba algo de peso, pero fue en vano. Estaba oficialmente lesionado, fuera de combate. A pata coja, con la pierna derecha, me metí entre bastidores y me desplomé. La función continuó mientras yo me retorcía allí tirado con un dolor insoportable. Tenía un descanso de unos diez minutos y Roumel, el capitán de baile, me trajo amablemente un poco de hielo. No sé cómo lo hice, pero reuní fuerzas y acabé la función.

¡SOS! ¡SOS! ¡Dos hombres caídos! No hay segundo reemplazo. ¿Qué hacemos? Llegué a mi camerino de la cuarta planta literalmente a gatas. Vinieron poco después desde regiduría para informarme de quc iban a mandarme a un quiropráctico durante la pausa entre las funciones y que nos veíamos de nuevo en el teatro a las siete de la tarde.

Me estremecí.

—Un momento, ¿me estáis diciendo que tengo que actuar esta noche?

—No hay más remedio. Kevin no puede ni levantarse de la cama —me dijo el regidor, intentando rascar una pizca de compasión donde no había ninguna.

¡Perdí los nervios!

—¡Los dos os dijimos desde el principio que no podíamos hacer el puto paso ese y ahora estamos lesionados!

Silencio.

—¿De verdad me estás diciendo que tengo que venir esta noche y volver a hacer la función con una pierna en la que ahora mismo apenas puedo apoyar peso?

Más silencio.

*Bueno, ya veo cómo va el tema. ¡Pues os tengo mierda guardada!*

El intervalo de tres horas entre las dos funciones me permitió recibir cierta rehabilitación apresurada en la pierna, a cargo del quiropráctico de la compañía, comprar algo de comer y volver a casa en taxi, a mi apartamento en la esquina de la calle 44 y la avenida 10. Me apliqué hielo en el tendón mientras engullía la comida. Después de eso decidí volver al teatro, sobre las seis y media. Pensé que así tendría algo de tiempo para tantear la pierna y ver cómo alterar los movimientos para ajustarlos a la lesión. Noté la ciudad envuelta en un silencio inquietante y muy atípico mientras avanzaba por la avenida 9. Las tiendas estaban cerradas, había muchas tapiadas o en proceso de estarlo. *¡¿Qué cojones pasa hoy aquí?!* Cuando llegué al teatro me informaron de que se había emitido la sentencia para el juicio de Rodney King: habían absuelto a cuatro agentes del Departamento de Policía de Los Ángeles por el delito de hacer un uso excesivo de la fuerza durante la detención y la paliza a Rodney King, hecho que se había grabado en vídeo y emitido ampliamente en varias cadenas de televisión. Como respuesta a esa vergonzosa sentencia se produjo una revuelta que dio un giro brusco y pasó a incluir saqueos, ataques e incendios provocados. Zonas enteras de Los Ángeles ardían hasta los cimientos. La policía de la ciudad había tenido problemas para controlar el alcance de ese ajuste de cuentas y al final habían desplegado a la Guardia Nacional de California, al Ejército estadounidense y a varios cuerpos policiales federales para ayudar a poner fin a la violencia y a la agitación. Nueva York estaba en alerta máxima y su policía se preparaba para un posible contagio de los disturbios civiles que estaban ocurriendo a cinco mil kilómetros.

Pero ¡el espectáculo debe continuar, cariños! Y continuó. Y yo también continué esa noche, lesionado y débil físicamente. Entre el público se encontraba la que entonces era mi agente, llamémosla Señora Tal. La parte de atrás del teatro estaba pegada a una zona de restaurante, Cameron había echado abajo dicha pared del fondo y había colocado dos pares de puertas dobles que daban directamente al bar, destinadas especialmente a dejar paso a la conga del final del acto primero, encabezada por Milton Craig Nealy (Four-Eyed Moe), que recorría el teatro despidiéndose del increíblemente entusiasta público y entraba en el bar para el entreacto. *¡Que a estas criaturas no les falte el alcohol!*

Acabé la función a duras penas, con la pierna lesionada, pero la acabé. Esperé en el camerino para saludar a mis amigos y a mi agente, la Señora Tal, después del espectáculo. Vinieron mis amigos. La Señora Tal, no. Hay que recordar que en aquella época no existían los móviles ni los mensajes ni las redes sociales, así que mis amigos y yo esperamos una media hora antes de trasladarnos al Tenth Avenue Lounge, un barecillo cutre recién abierto en la avenida 10, entre las calles 45 y 46, justo al doblar la esquina de mi apartamento. Me pareció raro que mi agente no apareciese para felicitarme entre bastidores. Se me encendió una lucecita de alarma cuando vi que tampoco le había dejado ningún mensaje para mí al portero de la entrada para artistas, pero decidí tener en cuenta que mi actuación había sido cosa de última hora, así que le di el beneficio de la duda y atribuí su ausencia a un posible compromiso anterior o algo similar. ¡Ningún problema! Estaba seguro de que tendría noticias de ella al día siguiente.

La tarde siguiente estaba sentado en mi sofá, poniéndome hielo en la pierna y viendo la telenovela, *The Young and the Restless,* cuando sonó el teléfono.

—¿Diga? —respondí con tono agradable mientras atendía a los calambres de la pierna.

—¡Cómo te atreves a dejarme en vergüenza delante de mis colegas! —me acribilló la Señora Tal por el teléfono.

—¿Quién es? —pregunté confuso.

—¡Tu agente! ¿Quién va a ser? —continuó atacándome—. ¡Te estuve esperando más de una hora en el Moe's con mis amigos y mis colegas! ¡Los llevé para que te conocieran! Es una falta de respeto enorme dejar a tu representante colgada de esa manera y un detalle muy poco profesional. ¡No vuelvas a hacerme eso en tu vida!

Intenté recuperar el aliento. Me quemaba la sangre de la repulsión que me empezó a entrar. La Señora Tal había «despertado a la bestia (negra)», como se decía en los viejos tiempos. Ningún miembro del elenco iba nunca al Moe's Bar & Grill después de una función. Esa mierda de bar era una atracción turística, nada más, y la Señora Tal lo habría sabido si se hubiese dignado a venir después del espectáculo a felicitarme al camerino (como hacían todos los agentes que yo conocía) y ya no solo por haber salvado la puñetera función, sino por haberlo hecho cojo y sin un verdadero apoyo por parte de los de arriba. Hubo un silencio prolongado en mi extremo del teléfono mientras intentaba poner mis ideas en orden. Y entonces, sin vacilar, dije con tono resentido:

—¿Has acabado?

—¿Perdona? —Seguía encarándose conmigo.

—¡Te he preguntado que si has acabado! —le espeté con mi bestia totalmente despierta y con la cabeza a punto de estallar.

—Bueno, sí… —dijo bajando un poco el tono de voz.

—¡Pues date por acabada del todo!

—¿Cómo?

—Que te des por acabada. Que hemos acabado. El cliente soy yo y te aconsejo que no vuelvas a hablarle a un cliente como lo has hecho hoy conmigo. ¡Estás despedida!

Y con las mismas, colgué el teléfono y eché mano de la guía telefónica, que fui repasando a ritmo frenético en busca de un número de la William Morris Agency.

*Bill Butler. Me apreciaba. Me llamó «tremenda». Estuvimos juntos una semana de vacaciones. Para mí era más un amigo que un agente. Ha pasado un año. Nunca me he puesto en contacto con él. No quería parecer ansioso, no quería que pensara que buscaba algo de él. Y ahora, después de un año sin contacto ninguno, lo llamo porque necesito representante. Voy a llamarlo para ofrecerle algo que él necesita. Tengo las cualidades. Voy a invitarlo a verme actuar en Broadway en un papel protagonista. Vale, son negocios. Si consigo superar a los guardianes de la centralita y Bill se pone al teléfono, ¡estoy dentrísimo!*

La más agradable de las voces me saludó al otro lado del teléfono.

—Soy Billy Porter, para hablar con Bill Butler, por favor —le dije con toda la autoridad y la seguridad que pude reunir.

—Un momento, por favor.

Se oyó un clic que equivalía a un traspaso de la llamada. Clic, clic…

—Despacho de Bill Butler —afirmó una voz directa de mujer con el tono de una guardiana que no tolera gilipolleces.

*Si Bill se pone al teléfono, todo irá bien. Si Bill se pone al teléfono, todo irá bien...*

Tartamudeé un poco.

—Hola, em... Billy... —me aclaré de garganta— Billy Porter, para hablar con Bill Butler.

—¿A qué se debe la llamada?

*Di la verdad. No tienes otra. Pide lo que necesitas. Lo mereces. Él te necesita tanto como tú a él...*

—Nos conocimos en unas vacaciones hace un año o así. Estoy ahora mismo como actor suplente en la obra *Five Guys Named Moe,* en Broadway, y voy a actuar durante un par de días. Quisiera invitar a Bill para que viniese a verme, si es que la agenda se lo permite, porque busco nuevo representante. Las entradas correrían por mi cuenta, por supuesto.

—Un momento, por favor.

Un sudor de fracaso me atravesó la cara. Y después de lo que me pareció una espera interminable...

—¡Billy! ¡Dios mío, qué alegría escucharte! ¡Cuánto tiempo! Rich y yo queríamos invitarte a nuestra fiesta estas vacaciones, pero se me traspapeló tu número. Qué bien que me hayas llamado.

*¡Se ha puesto al teléfono! ¡Estoy dentro!*

Bill aceptó mi oferta y vino a verme actuar en *Five Guys Named Moe* con su ayudante, una provocadora diosa asiática con pinta de no andarse con tonterías. Les encanté a los dos. Bill decidió ir por libre y me aceptó como cliente, es decir, no en calidad de William Morris Agency, sino por su cuenta; a eso solían llamarlo tener clientes «para el bolsillo trasero». Bill Butler sigue siendo hoy mi mayor fan y seguidor. Durante buena parte de tres décadas ha permanecido conmigo en los altibajos de toda una carrera, de toda una vida. Bill cree en alimentar el talento. Ve más allá de la superficie. Ha seguido creyendo en mí y apoyándome en las buenas y en las no tan buenas. No me abandonó cuando el trabajo se estancó durante más de una década. No me dio la patada cuando me centré en buscar mi voz, en intentar encontrar mi sitio en un mundo al que no le importamos una mierda ni yo ni la gente como yo. Bill Butler no solo ha sido mi compañero de negocios durante casi treinta años ya: Bill Butler es mi familia. Me siento honradísimo, desde la humildad, por tener a este hombre en mi equipo. Cuando copresenté el *Dick Clark's New Year's Rockin' Eve* con Ryan Seacrest y Lucy Hale en Times Square para dar la bienvenida al año 2021, Bill me llevó a un lado para enseñarme el título que me había concedido —y con el que me había añadido a su lista de contactos— en cuanto me conoció, décadas atrás: «Billy Porter – Superestrella».

A Kevin y a mí nos llamaron al despacho de regiduría. Los dos sabíamos de qué iba aquello. Nos plantamos el uno en solidaridad con el otro y decidimos que ninguno iba a intentar hacer esos espagats nunca más, conscientes de que una de las posibles consecuencias sería nuestro despido. Tenía el alma hundida hasta los huevos. Un poco como cuando te llaman al despacho del director en el colegio y no sabes por qué. Esa fue la sensación cuando entramos en el despacho, donde estaban sentados el director, Charles Augins, y el director asociado, David Cameron. También estaban presentes uno de los productores mandamases, Richard Jay-Alexander, nuestra regidora, Marybeth Abel, y el capitán de baile, Roumel Reaux. No recuerdo la conversación en concreto, pero sí me acuerdo de sentirme acosado. Recuerdo que aquellas personas usaron su poder para intentar presionarnos y que cumpliéramos sus peligrosas órdenes. Eran nuestros cuerpos los que se ponían en riesgo. Aún estábamos recuperándonos de las lesiones y sentimos que nuestro trabajo, nuestro sustento, estaba en la cuerda floja.

Era un callejón sin salida. Nos ordenaban hacer los espagats o si no... ¿Si no qué? Los dos fulminamos con la mirada a los hombres que sostenían con pinzas nuestra supervivencia. Kevin era hombre de pocas palabras.

—Yo no voy a hacerlo —gruñó.

Y entonces todas las miradas se dirigieron a mí, al jovencito. Veintidós años y todavía en pañales. Recién llegado a Broadway y ya enfrentado a una elección personal: permitir que me forzaran a hacer algo que podía perjudicar de por vida mi cuerpo, mi herramienta, mi templo generador de dinero, o ponernos a mí y a mi futuro por delante y decir que no. Y «no» es una frase completa.

—Lo mío es un no rotundo. No pienso volver a hacer ese paso.

Se hizo un silencio en la sala. Una cosa era que el hombre adulto se rebelase contra el sistema, pero no estaban preparados para que el niño se hiciese valer. Les sorprendió que tuviera la audacia de repeler su ataque. ¿Quién me creía que era? Debería haberme sentido honrado por estar invitado a esa fiesta. ¡A la mierda!

—Ya os dije en la audición que no podía hacerlo y me contratasteis de todos modos. Mi intención es tener una carrera larga e ilustre después de estar en el banquillo de *Five Guys Named Moe*. Así que, por favor, despedidme. Os lo suplico.

¡No hubo suerte! En vez de eso, la siguiente fase de la tortura fue que el director pidió un cambio total en la secuencia de claqué. Nos llamaron a Kevin y a mí un jueves por la tarde para enseñarnos la coreografía nueva. Esa sesión fue como una especie de castigo. Supongo que creían que podrían hacernos acatar órdenes a la fuerza. No fue muy buena idea... para ellos.

En aquella sala estábamos Charles Augins, David Cameron, Marybeth Abel, Kevin y yo. Fueron tres horas de locura ininterrumpida, de cambios sin motivo en la coreografía, de chasquidos de látigo obligando a Kevin a brincar y a saltar, como un vagabundo bailando claqué en la calle a cambio de unas monedillas. A mí se me prohibió estar en el escenario y aprender la coreografía mientras la creaban. Me relegaron al fondo del teatro para que tomase notas desde allí.

Durante el segundo descanso —a las tres horas, más o menos—, Kevin subió a su camerino, agarró el teléfono (tener teléfono en los camerinos era una ventaja contractual en los tiempos previos a los móviles), llamó a la oficina de regiduría, situada solo una planta más abajo, avisó de que esa noche no actuaba ¡y se largó del teatro! Quedaba una hora de ensayo. Me llamaron al escenario. El director se marchó del teatro y el director asociado, David Cameron, quedó a cargo de llevarme a rastras por los pasos de baile. Y eso hizo. Dado que no se me había permitido aprenderme la coreografía nueva mientras la montaban para Kevin, tuve que empezar de cero. David se centró en lo descontento que estaba el equipo creativo con mi claqué. Según parecía, la precisión de mis clics clacs no era suficiente para ellos. Yo no era bueno en el hoof, y por tanto, a sus ojos, no era un bailarín de claqué «lo bastante negro».

El tropo de no ser «lo bastante negro» era algo que me había acostumbrado a escuchar a lo largo de mi vida. Cuando empecé a hablar, lo hice usando frases completas y claras, sin recurrir a la jerga negra normalizada, más entrecortada y llana, que comúnmente se llamaba *ebonics*. «Hablas como un blanquito», me decían los niños insultándome. Vaya, pensándolo bien, también me lo decían los adultos. En mis comienzos en Nueva York, el director de cine Spike Lee insistió en hacer un aparte conmigo durante una audición para su seminal obra maestra, *Malcolm X*.

—¿Por qué hablas así, tío? —me soltó con sarcasmo y desprecio, irritado.

—¿Así cómo? —le respondí, antes siquiera de pararme a pensar en mi tono de voz.

—¡Como un blanquito, colega!

Pues ahí lo tienes. Yo hablo como hablo. Siempre he hablado así. ¿Por qué la gente negra me odia tanto? ¿Por qué asocian mi manera tan británica de hablar con una negación de mi negritud? ¿Cuándo se ha convertido la inteligencia en algo de lo que burlarse y avergonzarse? Y de nuevo, un hombre negro se estaba riendo de mí por no ser lo suficientemente negro, en esa ocasión para bailar claqué. Después de unos cuarenta minutos de reprimenda por sencillamente ser yo, me di un respiro. Miré a mi alrededor en el teatro. Todo el mundo se había ido. Ni director, ni regidora, ni productor. Ninguna protección. Una vez más, tenía que protegerme solo.

—Mira, David. Esta noche soy yo quien actúo, así que no es momento de intentar enseñarme a ser un bailarín profesional. Si eso es lo que queréis, alquilad un estudio para otro día y dadme algunas clases. Pero esta noche voy a hacer lo que sé hacer. Excepto que prefieras salir a actuar tú por mí.

David se quedó desconcertado ante mi respuesta, tan decidida y arrogante. ¡Estaba que me salía! Seguí leyéndole la cartilla:

—Tengo la talla cuarenta y dos. Seguro que mi traje te sirve. Te animo a que te lo pongas esta noche si eso sirve para mejorar la situación. Piénsalo y me dices. De momento, hemos terminado.

Y con esas, me fui a mi camerino a prepararme para la actuación de esa noche. Antes de salir del teatro para ir a comprar algo de cenar, di un grito desde la planta baja al despacho de regiduría, con la furia vigilante de una leona que está protegiendo a sus cachorros: «¡Actúo yo esta noche o actúas tú, David!». Y luego me pregunto por qué tenía fama en el mundillo de ser una persona complicada. Hum. Bueno, ¡perdón por respetarme lo suficiente para no permitir que ninguna perra se aproveche de mí!

Otro problema que tenía en *Five Guys* eran las claves de mis canciones. Mi altísimo *passagio* de tenorino siempre había estado al menos una cuarta o una quinta por encima del común de los tenores mortales. Mi sonido era como el de las señoras, mezclaba tonos como ellas: ese era mi superpoder. Para que se entienda mejor lo que digo: era un hombre que cantaba como una mujer, y no como cualquier mujer. Cantaba como una soprano negra de góspel. Tipo Jennifer Holliday, Whitney Houston o Jennifer Hudson, ¿se entiende?

*Cuando canto cesa el acoso, así que seguiré cantando a voz en grito y lo más alto que pueda, mientras pueda.*

Pronto aprendí que iba a necesitar contar con mi colega y compañero de clase Jeff Kubiatowicz y con todo su conocimiento, no solo para adaptar el repertorio tradicional de tenor de las audiciones subiéndolo una cuarta, sino también para anotar a mano las partituras en hojas de tamaño extra y con una precisión arquitectónica. Nuevamente, el equipo creativo sabía desde un principio que todas las canciones estaban en claves demasiado bajas para mi voz. Me dijeron que iban a «arreglarlo». Y pasados unos meses de mi contrato de un año volví a verme obligado a tomar las riendas.

Una noche, ya tarde, estaba en Manhattan ocupado con mis cosas de negro, eufórico después de haber actuado en *Five Guys Named Moe* en el papel de... Yo qué sé, no me acuerdo, da igual. A lo que iba: entré flotando en mi bar de siempre, el Don't Tell Mama, para cautivar a personas de aquí y de allá con mis tonos melodiosos y a veces histriónicos. Había un grupo de unas cinco mujeres blancas sentadas a la mesa con el programa de mi espectáculo. Fui directo a ellas:

—Pero bueno, qué tal, señoras, ¿han estado viendo *Five Guys Named Moe*? ¿Les ha gustado?

Las señoras se habían tomado ya alguna copita que otra (es decir, iban cocidas). Por cómo arrastraban su acento sureño, deduje que aquellas buenas mujeres habían dado buena cuenta de la polémica decisión de Cameron Mackintosh de permitir al público estar con bebidas alcohólicas en las butacas durante las actuaciones. ¡Qué atrevido! ¡Qué irreverente!

Una de las señoras farfulló:

—¡Ha sido un espectáculo maravilloso! ¡El elenco era maravilloso! Aunque nos ha tocado ver a un suplente con una voz un poco floja, pero aparte de eso... Nos lo hemos pasado genial.

*Lo primero: ¡¿Las perras estas ni siquiera me reconocen y hace treinta minutos que me han visto?! Solo somos seis en el escenario, ¡¿de qué coño van?! Supongo que la teoría es cierta: para ellos somos todos iguales.*

*Y lo segundo: ¿Que mi voz es floja? ¡¿Mi voz, FLOJA?!* Ahí tenía mi crítica sin filtros. Después de meses de ruegos al departamento musical para que ajustasen las notas de mis solos, ruegos que cayeron en saco roto, ahí tenía a una sureña cualquiera paseándose por el mundo diciendo que mi voz era «floja». No, guapa. ¡Conmigo no!

Al día siguiente me tocaba actuar de nuevo y tenía un plan. Interpretaba el papel de No Moe. ¡¿Aquella historia del claqué, los espagats, el follón, el drama?! ¡Pues ese mismo! Resultaba que la pista vocal de No Moe era la más baja de las tres que tenía como suplente. Cuando llegó el momento de mi primer solo, *Messy Bessy,* subí la canción una octava ¡y soné como una auténtica loca! ¡Los dejé mudos! ¡El público se cayó de culo! El director musical me lanzó una mirada fulminante desde el foso de los músicos, en el escenario, y en el entreacto me llamaron al despacho de regiduría. Me echaron la bronca, me regañaron, me amenazaron.

Los escuché con calma y cuando acabaron me limité a decir:

—He recibido una crítica sin filtros de una persona del público que estuvo en la función de anoche y que dijo, y cito: «La voz del suplente era floja». Y ese era yo. ¡Estaban hablando de mí! ¡Diciendo que yo, Billy Porter, tengo una voz floja! Es algo inaceptable. Merezco que se me conceda el respeto de poder dar lo mejor de mí, como a todo el mundo. Y por ahora no está siendo así. Llevo meses rogando que se arreglen esas claves. Voy a cantarlo todo una octava más alta hasta que se solucione este asunto.

«Ojalá con tu edad hubiese tenido los cojones que tienes tú», me dijo con orgullo mi compañero de camerino, mi colega de suplencia y hermano mayor de adopción, Phillip Gilmore, cuando le conté la historia. Phillip me acogió bajo su protección. Fue otro de mis hados madrinos gais. Phillip tenía más sabiduría de la que le habían dado los años. Había vivido una vida plenamente heterosexual y había tenido un hijo fruto de esa experiencia.

Cuando lo conocí, Phillip estaba metido en una relación con un hombre. Vivía su vida a las claras y a menudo se refería a su pareja como «mi marido». Era un adelantado a su tiempo. ¡La igualdad marital no sería ley hasta veintitrés años después! «El mundo aún no está preparado para ti, Billy. Pero ¡van de camino! No hay nadie como tú. Tienes que echarle paciencia. No te rindas. Va a ser duro para ti, pero te digo una cosa: vas en la cabeza, no en la cola, estás por encima, no debajo. El poder de lo divino te envuelve por completo. Lo percibo». La habitación se quedó en silencio. Sus palabras, su profecía, nos pillaron desprevenidos a los dos. Phillip me insuflaba vida cuando yo ni siquiera sabía cómo se hacía eso. En aquel instante no fui capaz de interiorizar lo que me decía, pero me pasé décadas volviendo mentalmente a ese momento del camerino. Las palabras de

Phillip me sostuvieron durante años y años de rechazo y anulación homofóbicas. Esas palabras eran para mí un bote salvavidas mientras navegaba por los mares tormentosos de una vida genuina sobre la faz de la tierra como hombre negro y queer.

Pasado un año cumplió mi contrato y establecí una condición clave para la renegociación: tener derecho de preferencia para ocupar, como actor principal, el puesto de cualquiera de mis tres papeles si alguien del elenco original decidía abandonar el espectáculo. Los productores me respondieron con un no rotundo. Recurrieron al clásico argumento de que era «demasiado valioso», argumento que ya había visto usar con amigos míos que, al final, se quedaban estancados esperando en el banquillo ¡por ser capaces de hacer múltiples cosas! ¡Así que lo dejé! Sí: esta reina engreída de veintitrés años abandonó su tan bien pagado bolo de Broadway para tirarse en el sofá y vivir de lo que le quedaba de sus ganancias en *Star Search*. Al final, tuvieron que sustituirme y enseñarle a un nuevo ser humano tres papeles distintos. Y cuando Milton Craig Nealy cayó enfermo un par de meses después y necesitaron un reemplazo rápido, ¿a quién llamaron? ¡Ajajá! Fueron raudos y veloces a por mi culito feliz y, durante seis semanas, me hice cargo del papel de Four-Eyed Moe. La jugada no pudo salirme mejor. Aquellos tipos me habían enseñado varias lecciones: una lección sobre negocios, sí, pero lo más importante fue que me enseñaron varias cosas sobre la vida, me enseñaron a saber valorarme, a dar la cara por mí mismo y a protegerme.

Poco más de un año después, el 29 de agosto de 1994, mi hermana mayor, Phillip Gilmore, sucumbió al sida. Tenía treinta y ocho años.

# Capítulo doce

*¡Tres veces rechacé ese bolo!*

Y ahí estaba, sentado en la histórica sala del restaurante Joe Allen. El Joe Allen es toda una institución en Broadway y lleva décadas siendo un clásico entre artistas, creativos y aficionados del Great White Way.[3] Las cavernosas paredes de ladrillo están cubiertas por carteles de espectáculos que fracasaron en Broadway. El corazón me iba a mil mientras esperaba para reunirme con el director. *Llegar quince minutos antes es ser puntual, llegar puntual es llegar tarde y llegar tarde es inaceptable.* A veces soy un poco perfeccionista, así que me presenté veinticinco minutos antes.

Apareció el director, que se alzó sobre mi mesa como el Gigante Verde; aunque Jeff Calhoun no era verde, ni por asomo. En realidad era rubio, y asombrosamente guapo. Pero eso no viene a cuento. Aquel hombre se sentó frente a mí y casi no tuve tiempo de dedicarle un saludo cuando ya había entrado en materia.

---

[3] Literalmente, la Gran Vía Blanca, termino por el que la gente del mundillo conoce la zona de los teatros de Broadway.

—¡Tienes que estar en nuestro espectáculo! —gritó muy contento—. ¡Esta obra va a convertirte en una estrella! ¡Yo voy a convertirte en una estrella!

El musical del que hablaba Calhoun era *Grease*. Y en 1994, aunque *Grease* había sido un éxito de crítica y de taquilla, se había convertido en la película musical con mayor recaudación hasta el momento y sin duda era el musical híbrido más penetrante de la historia en un plano cultural, a mí no me interesaba nada. Entendía su atractivo en la teoría, pero pensando en la música, en los personajes y en el argumento no había nada con lo que me identificase o que guardase relación con mis vivencias. El mensaje último de la obra, que básicamente consiste en decir a las mujeres que cedan a la presión de grupo y se vistan como putas para que los chicos populares las acepten, me parecía tóxico y problemático, y eso siendo generosos.

*Tres veces rechacé esa mierda.*

Intenté cagarla en la audición. Sobre todo porque a mis colegas blancos los llamaban para personajes concretos, como Danny Zuko, Rizzo, Sandy Dumbrowski, Kenickie: arquetipos que en la versión cinematográfica de 1978 habían quedado inmortalizados por los caucásicos John Travolta, Stockard Channing, Olivia Newton-John y Jeff Conaway, respectivamente, y sin embargo a mí me llamaban para hacer la audición de... ¿Lo que fuera? *¡Inaceptable!*

—¿Una audición pero para qué papel? —le grité a Bill Butler después de la tercera llamada del director de casting para calibrar mi interés.

—Dicen que puedes hacer la audición para el papel que quieras, menos para el de Danny Zuko. De verdad que creo que sería una oportunidad increíble para ti. El mismísimo Tommy Tune está supervisando la producción. Rosie O'Donnell está ya dentro.

—Pero ¿Rosie O'Donnell sabe cantar?

Sin respuesta.

Así que me engrasé el pelo resequísimo y tratadísimo para darle un estilo cincuentero y me preparé la audición para el papel de Kenickie. Canté el éxito de Jerry Lee Lewis de 1957, *Great Balls of Fire*. ¡O todo o nada!, me dije. La llamada para una segunda audición llegó rápido.

—Te piden que vuelvas con la mirada puesta en el papel de Roger o en el del ángel de la guarda.

*¿Roger? ¿Quién coño es ese?*

Bill Butler, con toda su perspicacia visionaria, me sugirió ir a por el ángel.

—Solo una canción, entras y sales, el espectáculo se para por ti, y listo. Muy poco trabajo y mucha exposición.

Lo pensé. Decidí lo contrario.

—Si voy a entrar en esa basura, quiero hacer un personaje que sea de carne y hueso. ¡Quiero interpretar a un ser humano de tres dimensiones!

Como si algo así fuera posible en una porquería del calibre de... *Grease*.

Cuando me puse a investigar, descubrí que el personaje de Roger cantaba un tema titulado *Mooning*. Y pensé: «¿Cómo puedo ponerle fin de una vez y para siempre a esta historia gris? Ya sé: dado que sois unas perras incapaces de decidir qué papel queréis teñir de "negro", voy a enseñaros yo la versión más ennegrecida que hayáis visto en la vida de esta porquería blanquita». Estudié a varios artistas negros que habían grabado discos durante la década de 1950 y decidí darle a la canción de Roger un toque de Otis Redding. *¡Imposible ser más negro que eso!*

¡Irrumpí en aquella segunda audición con todas las intenciones de asustar a la gente blanca! Solté arrullos y gemidos, rugidos, riffs de voz y maullé como un cantante de blues viejo e insolente que sacaba a la luz todo el dolor y la miseria de ser negro en Estados Unidos. Bañé intencionadamente mi actuación con lo que creí que eran unas opciones ridículas, sobreactuadas, rayanas en lo absurdo, pero desde luego Tommy Tune, Jeff Calhoun y todos los productores lo vieron de otro modo. ¡Me dedicaron una ovación de pie en la sala de audiciones! Tommy Tune gritó:

—¡Madre mía, Billy, menuda revelación! ¡Quiero que uses ese mismo enfoque musical visionario con *Beauty School Dropout!*

*¡Mierda! ¡Bill tenía razón!* Apenas recorrí el espacio que separaba los estudios de audiciones del Actors' Equity, en la esquina de las calles 46 y 17, y mi apartamento, en la esquina de las calles 44 y 10, cuando la oferta oficial estaba sobre la mesa.

El director me vio el escepticismo en la cara.

—Esta podría ser una gran oportunidad de salir al mundo. ¡Tu versión de *Beauty School Dropout* va a hacer que el espectáculo se pare todas las noches! ¡Y seguro que te nominan para el Tony!

*¡Qué cojones estás esperando, culito pomposo y arrogante de veintitrés años! Estos blanquitos te están suplicando que entres en su nuevo espectáculo de Broadway. ¡Una puta canción para el Tony! ¡Para eso te lo has currado tanto! Este era el sueño, ¿no? ¡Espabila, reina!*

—Vale… —respondí, con un pellizco en el estómago—. Vale, lo haré.

Los ensayos comenzaron en el ruinoso Nederlander Theater, en la esquina de las calles 41 y 7, el 3 de diciembre de 1993 (tres años después, ese teatro que apenas se mantenía en pie albergaría uno de los musicales contemporáneos más importantes de la edad moderna: *Rent)*. Teníamos programado salir de gira de preestreno antes de empezar en Broadway y volver a Nueva York a finales de abril o principios de mayo, justo a tiempo para las nominaciones a los Tony. Esa mañana invernal, el elenco llegó allí enfervorecido. Todos los días, antes de empezar los ensayos, Tommy Tune guiaba una sesión de treinta minutos de un calentamiento un tanto estúpido, un rollo sensiblero de agarrarse de las manos tipo kumbayá. Aquel día, después del calentamiento, el elenco entero y el equipo creativo nos reunimos para la presentación de los diseñadores de escena y vestuario. Conforme pasaban los minutos se me retorcía más y más el pellizco del estómago. El escenario era rosa como el Pepto-Bismol, el medicamento ese para la diarrea. Los bocetos del vestuario tenían todos diversos tonos de colores primarios con matices de neón. ¡Odio los colores primarios! ¡Odio el neón! Y entonces Willa Kim, diseñadora de vestuario dos veces ganadora de un Tony, desveló su boceto de mi traje de ángel de la guarda. El sutil retortijón del estómago se convirtió en náuseas. Creía que iba a vomitar. En el dibujo aparecía yo con un traje blanco futurista, unas hombreras gigantes, el pecho al aire y una faja color naranja neón, unos tacones blancos y gruesos de chachachá y un tocado absurdo y brillante, tipo tupé, de treinta y cinco centímetros y también color naranja neón, en clara referencia a la mascota de la franquicia de hamburgueserías Bob's Big Boy.

Durante el primer descanso, corrí de inmediato a la cabina de teléfono que había fuera del teatro y llamé a Bill Butler. Le lloré. Le supliqué. Le rogué que me librara de aquel contrato. *Sabía que esto iba a pasar. Por eso rechacé esta mierda tres veces. Así es como me ven ellos.*

—¡Me van a convertir en un payaso! ¡No sé cómo voy a ser capaz de recuperarme de esta, Bill! ¡En la peli, Frankie Avalon era una persona normal con un traje blanco normal, con un tupé normal de los años cincuenta! ¡¿Y así es como ven a un hombre negro haciendo el mismo papel?! Ni siquiera soy humano. Me están convirtiendo en un «negrito del África». ¡Un puto negrito del África en plan moderno! ¡Voy a ser el hazmerreír!

Mi arreglo musical iba a juego con lo absurdo del traje. Ese mismo verano había buscado la ayuda de mis amigas Kena Dorsey y Renée Goldsberry (una belleza ganadora de un Tony y conocida por su aparición en *Hamilton)* para trabajar con la música. Yo no soy pianista; sé leer partituras, pero no hacer anotaciones musicales. Así que una tarde soleada nos sentamos en Central Park y yo canté lo que tenía en la cabeza. Lo grabamos en una cinta. Sí: con una grabadora de cintas. Luego le entregué la grabación *a cappella* al director musical John McDaniel, que no mucho después viviría una especie de quince minutos de fama cuando Rosie O'Donnell lo contrató como director musical para su popular programa matinal; yo mismo fui un asiduo de *The Rosie O'Donnell Show,* aunque no antes de que llegáramos a un entendimiento mutuo.

Seamos claros: la opinión más extendida entre bambalinas sobre Rosie O'Donnell era que, al principio de su carrera, actuaba un poco como una abusona. Y dado que sé muy bien lo que se siente cuando tienes que avanzar en esta vida sufriendo el lastre de la marginación, me muestro compasivo y comprensivo con esas realidades. Sé lo que es tener que quitarse constantemente de encima el monstruo de la homofobia y de la opresión. Y a Rosie le pasaba igual. Rosie es gay y además mujer, por lo que nuestros caminos, complicados y paralelos, al final nos han unido, gracias a la cultura queer, durante décadas en solidaridad. No obstante, en la primera semana de ensayos esa realidad no era nada evidente para ninguno de los dos. Rosie llegaba a los ensayos y se mostraba amable, aunque siempre en guardia, y más le valía. En el elenco había una mujer que a Rosie le acabó haciendo gracia. Para relatar esta historia, nos referiremos a la susodicha como «la señorita».

En esa primera semana de ensayos, Rosie y la señorita tuvieron una conexión inmediata, por así decirlo. De casualidad, yo estaba presente cuando cuajó esa «conexión secreta».

Los productores dieron una fiesta de felicitación para todo el elenco hacia el final de la semana, en un local de comidas cincuentero llamado Ellen's Stardust Diner. Lo cierto es que la conexión que se estaba cociendo entre aquellas dos señoras no era tan secreta; de hecho, todo el mundo en el elenco vio lo mismo que yo: flechas de Cupido. Era muy bonito y a nadie se le iba a ocurrir admitir esa conexión en público. Pero por desgracia, sin tener yo nada que ver, me vi arrastrado rápidamente al drama que rodeaba a esa conexión secreta y a una salida del armario que en aquellos tiempos podría arruinar la carrera de cualquier estrella en el mundo del espectáculo. El primer día de la segunda semana de ensayos, la señorita se me acercó tímidamente después del calentamiento conjunto y, casi temblando, me pidió por favor que no le dijese «nada a nadie de nosotras».

Me tomé un momento. Miré a la señorita a los ojos. La sujeté por los hombros y la tranquilicé: «En ninguna circunstancia haría yo algo así. Me conoces. No me gustan los follones. Evito siempre todas esas mierdas. Nunca tendrás que preocuparte por mí».

Y ahí se acabó el tema, pensé yo. Pero ¡nada de eso! Al día siguiente, después del calentamiento de Tommy Tune, Rosie O'Donnell intentó arrastrarme delante de todo el elenco. Apenas habíamos acabado de hacer la última postura del perro bocabajo, de soltar la respiración del saludo al sol, cuando la escuché bramarme desde el otro lado de la sala:

—Oye, tú, Billy, me han dicho que vas por ahí contándole a todo el mundo que me estoy follando a la señorita. Pues que sepas una cosa: ¡Cuando me la empiece a follar te lo diré a ti el primero!

*¡Eeeh… no, no! ¡Buena idea, pero zorra equivocada!*

¡El gueto entero se apoderó de mí! Lancé el brazo derecho al aire y las señalé a las dos con las garras afiladas, a ella y a la señorita:

—¡Tú y tú, al fondo del teatro! ¡AHORA MISMO!

Una vez que estuvimos los tres solos en un rincón privado del teatro, me solté. Se dijo todo lo que había que decir. Se lanzaron todos los guantes. Aquellas dos mujeres se quedaron estupefactas. Estoy seguro de que en esa época de su vida, Rosie no estaba acostumbrada a que la gente le plantase cara. Me alejé de aquel follón y nunca volvimos a hablar de ello. No sé si la señorita o Rosie se acordarán de este altercado, pero yo sí. *Por favor, criaturas: ¡No confundáis mi amabilidad con debilidad! ¡Os podéis hacer daño!*

La auténtica callada de bocas llegó cuando presentamos el primer pase de la absurda puesta en escena de *Beauty School Dropout* ante todo el elenco. Por la reacción de Rosie, entendí que ella era la única persona de la sala que no sabía nada de mí; era la única persona que no conocía mi voz, mi poder, mi arma contra la oscuridad. Los acosadores desprecian la debilidad y reconocen la fuerza, respetan a un buen enemigo, por decirlo de algún modo. Y Rosie respeta el talento. Le encanta apoyar y reforzar el talento extraordinario, y yo no fui una excepción. Cuando Rosie me oyó cantar, la reventé. Se convirtió rápido en una de mis mayores seguidoras y animadoras. Llegó a tenerme de invitado a su programa unas siete u ocho ocasiones durante sus seis años de emisión. Me gusta decir que fui la Bette Midler de su Johnny Carson.[4] Celebro contar con la amistad y la guía de Rosie. No tengo palabras para describir la influencia que ha tenido en mi visión empresarial cotidiana, y lo más importante, en

---

[4] Johnny Carson fue un presentador estadounidense, conocido principalmente por *The Tonight Show Starring Johnny Carson*, un programa de entrevistas que estuvo en antena entre 1962 y 1992. La popular actriz estadounidense Bette Midler era asidua del programa y, de hecho, fue su última invitada, el día que se despedía la emisión.

mi recorrido por la vida en general. Los dos nos enfrentamos al mismo tiempo a una crisis existencial, al dilema de elegir nuestra humanidad por encima de nuestra fama, ella ya bajo la mirada del público y yo más o menos en el precipicio de la mirada pública. Una crisis que supuso una amenaza directa a mis aspiraciones profesionales: la crisis del «tema gay».

En la década de 1990, el tema gay seguía siendo una realidad genuina que podía acabar con el sustento de una persona. La mera vergüenza nos devoraba a todos por dentro, esa política del «no preguntes/no hables» adoptada por la administración Clinton. Dicha política guardaba una relación directa con la retórica doctrinal que se me impuso en mi educación cristiana. El problema no es sentir deseo por personas de tu mismo sexo: puedes ser gay, pero no digas nada al respecto, no actúes en consecuencia. Quédate en el armario. Mantén cerrada tu boca de maricón y todo irá bien. Pero no iba bien. Nada bien. Porque quienes nos escondíamos ya no nos sentíamos cómodos en la oscuridad. Rosie, yo y la comunidad queer en general necesitábamos luz; ansiábamos que la luz de la verdad brillase sobre nosotros, que se nos viese. No creo que ninguno esperase que al final fuésemos a ser nosotros la luz que el mundo necesitaba recibir.

Bill Butler me llamó para ver cómo iba todo un día a principios de abril, mientras estábamos de gira.

—¿Qué tal? —me preguntó con tono de alegre expectativa.

—¡Bien! Voy a salir en *The Tonight Show with Jay Leno* —le dije con un orgullo algo dudoso.

—¿Qué? ¿Cuándo?

—Hoy. Grabamos esta tarde.

—¡Bueno, estoy en Los Ángeles, así que me acerco!

Los productores del programa *The Tonight Show* fueron a buscar material a nuestra producción; asistieron a una de nuestras funciones en el Orange County Performing Arts Center de Costa Mesa, en California. Para gran sorpresa y disgusto de muchos de mis compañeros más famosos de elenco, la gente de *The Tonight Show* me eligió a mí. Eligieron mi número. Nuestros productores se opusieron, solo para descubrir que no tenían ningún poder en el asunto. Si querían la publicidad que daba aparecer en ese programa de entrevistas nocturno tan valorado, tendría que ser con la señorita Porter o con nadie. Lo delicado de la decisión fue que, en vez del típico grupo femenino de acompañamiento que había en el número, en nuestra versión debían salir detrás de mí todos los miembros masculinos del elenco, tanto del coro como del grupo principal, vestidos con ese traje absurdo de Reina Lechera extraterrestre. Un par de miembros del elenco principal se mofaron ante la idea de acompañarme en la televisión nacional. Quedaron desautorizados y mi actuación se hizo como se había previsto, con todos los miembros del elenco presentes.

Rosie, muy comprensiva, me llamó a su camerino la noche antes de la grabación.

—Quítate esa cosa de la cabeza, si Jay te convoca —me aconsejó.

¡Sabía perfectamente que mi disfraz era una mamarrachada!

—¿Qué es eso de «convocarme»? —pregunté con los ojos como platos.

—El barómetro para saber si a Johnny Carson le ha gustado un cómico nuevo es ver si después de la actuación le pide que se siente en el sofá con él. Jay sigue esa tradición con los cómicos y también con los artistas musicales. Créeme que te va a convocar. Va a pedirte que te sientes en el sofá. Y antes de hacerlo, quítate ese lastre de goma.

Efectivamente, Jay Leno me pidió que me sentara en el sofá. Me quité el armatoste de la cabeza, como me había indicado Rosie, y doy gracias. Todo es una nebulosa. Si recuerdo algo es solo porque he podido volver a ver la actuación entera y lo del sofá en YouTube (¡corre a verla antes de que la borren!).

Cuando se anunciaron las nominaciones a los Tony en mayo de 1994, los nominados a mejor actor de reparto fueron Jarrod Emick, por *Damn Yankees;* Tom Aldredge, por *Passion;* Gary Beach, por *La bella y la bestia*, y Jonathan Freeman, por *She Loves Me.*

Decir que se me rompió el corazón no llegaría ni a arañar la superficie de lo que sentí al verme ignorado. *Me prometieron una nominación al Tony. Me prometieron que sería una estrella.* La producción recibió tres nominaciones en total: mejor reestreno de un musical, mejor coreografía para Jeff Calhoun y mejor actriz de reparto en un musical, que fue para maravillosa Marcia Lewis, que en paz descanse, en el papel de la señora Lynch. Por devastado que estuviese en el momento, alcancé a recordar lo que siempre me decían mi madre y mi abuela: «De todo triunfo se aprende algo, aunque lo más importante es lo que se aprende de las decepciones. Busca el aprendizaje».

*¿Buscar el aprendizaje?*

*¿Qué aprendizaje?*

En cuanto tuve un día libre me fui de cita conmigo mismo a solo una manzana del Eugene O'Neill Theatre, situado en la calle 49, entre la avenida Broadway y la calle 8, al Walter Kerr Theatre, en la calle 48, a ver una obra que tenía a todo el mundo alborotado: *Angels in America, Part One: Millennium Approaches.*

Cuando cayó el telón me quedé en la butaca llorando. El director del teatro tuvo que despegarme del sitio y acompañarme a la calle. Me emocioné tanto porque, viendo al personaje de Belize (interpretado por Jeffrey Writh, con una inteligencia mordaz y sin ningún remordimiento), me di cuenta de que nunca había visto una imagen mía con la que me sintiera reflejado de ninguna manera, en ninguna forma positiva, nunca. Belize era un hombre gay negro que no se convertía la diana de las bromas de nadie, ni en el personaje denigrado, ni en el que generaba compasión, ni en el que moría. Era la voz de la razón. Era la brújula espiritual y moral que guiaba a toda la gente blanca hacia una especie de paz en mitad de la tormenta que era nuestra plaga. Y pensé: «Ese soy yo. Y nadie lo sabe...».

Con veinticuatro años estaba dando saltos por ahí como un Little Richard autómata puesto de crack, con un pelo de plástico de treinta y cinco centímetros y de color naranja neón payaso, vestido con un traje espacial de cuello alto, tacones de chachachá y la cara llena de brillantina, cantando todo lo agudo y alto que podía. Echaba el teatro abajo y paraba el espectáculo todas las noches. Pero eso no bastaba.

Ver aquella obra maestra artística me recordó cuál era mi propósito, la razón por la que había entrado en este mundillo. *¿Quieres ser una estrella o quieres ser un artista?* Ser una estrella por la fama es egocéntrico. Ser un artista requiere desprenderse del ego y mantener los pies puestos en el trabajo.

Mi empeño por aunar mi arte con mi trabajo empezó de verdad esa noche. No entendía de qué hablaba mi mentor Billy Wilson cuando me decía: «Tú eres el único capaz de subir tu propio nivel, porque nadie a tu alrededor notará la diferencia».

Billy Wilson tenía razón. Nadie a mi alrededor notaba la diferencia. Nadie entendía quién era yo ni que mi única aspiración era ser yo mismo. Dejé *Grease* en septiembre de 1994 para interpretar el papel de Solanio en una producción de *El mercader de Venecia* en el Public Theater, protagonizada por Ron Leibman en el papel de Shylock, quien acababa de ganar un premio Tony por su interpretación de Roy Cohn en

*Angels in America.* Esta parte no la recuerda nadie, porque para los «guardianes del orden» era más fácil mantenerme encasillado en la posición de «negrito del África modernizado» que inconscientemente yo mismo me había impuesto: por la necesidad de trabajar, sin más, ¡para poder comer! Había ido a Nueva York con una misión: jugar la carta que era mi voz extrema y crecer desde ahí. Alcanzar mi objetivo personal definitivo me llevaría décadas de mucho trabajo, rechazo y aguante, y puedo decir con orgullo que ese día al fin ha llegado. No obstante, en aquel momento comprendí todo el trabajo que tenía por delante y me zambullí en él, de cabeza.

# Capítulo trece

Estaba sentado en el sofá, ocupado con mis cosas de negro maricón, cuando me sonó el teléfono. Era mi director musical, David Munk.

—¿Qué les has dicho a las señoras del ascensor?

—¿De qué…? —respondí en una nebulosa.

Acababa de llegar a casa después de estar en los Hamptons hasta muy tarde la noche anterior. Era el fin de semana del primer lunes de septiembre, festivo por el Día del Trabajo.

Me había tomado el fin de semana libre de mi trabajo en el exitoso musical de Broadway *Smokey Joe's Cafe* para celebrar que había terminado mi primer álbum de R&B. El disco iba a salir el 21 de septiembre de 1996, el día que cumplía veintisiete años.

Antes de entrar en la historia, típica de la industria musical, voy a presentar a algunos de sus protagonistas:

David Munk, mi director musical. David me avistó en el circuito de cabarets en vivo. Mi búsqueda de una carrera musical popular avanzaba de forma congruente junto a mi carrera en Broadway. Me sorprendí vadeando las aguas del mundillo neoyorquino del cabaret, porque ese era el único espacio que conocía. Estaba ganando seguidores, creándome un público. Agotaba las entradas de todos los conciertos que me autoproducía. No recuerdo quién me presentó a David, pero entró en mi vida en el momento perfecto y me ayudó a cruzar la línea divisoria que separaba Broadway de la industria musical. A ver, afrontemos la realidad: el mundo del R&B en la década de 1990 no miraba a Broadway en busca de su siguiente megaestrella. De hecho, se me dijo que mi vínculo con Broadway perjudicaría mis opciones de ser un rey del R&B. Se me pidió explícitamente que no hablase de mi carrera en Broadway en ninguna de mis entrevistas promocionales, porque era una cosa cursi. Sí, así es: cuando salió mi primer álbum, tenía en el currículum cuatro espectáculos de Broadway y me vi obligado a fingir que nunca habían existido.

Ric Wake, director de DV8 Records. DV8 se distribuía a través de A&M Records, el conglomerado y gran sello discográfico estadounidense fundado como empresa independiente por Herb Alpert y Jerry Moss en 1962. Polygram adquirió la compañía y asumió la distribución internacional en 1989. A&M era la casa de nombres muy conocidos como Sting, Bryan Adams, Burt Bacharach, Liza Minnelli, los Carpenters, Quincy Jones, Janet Jackson, Carole King, CeCe Peniston, Shanice y Sheryl Crow, por mencionar solo algunos. Antes de irse por su cuenta, Ric había sido productor de personal en Sony Music Entertainment, donde trabajó con vocalistas como Taylor Dayne, Mariah Carey, Celine Dion y muchos más. Ha ganado cuatro premios Grammy.

Peter Zizzo, compositor, productor y músico de la casa bajo la protección de Ric Wake/DV8. Ha escrito éxitos para artistas como Celine Dion, Avril Lavigne, Donna Summer, Diana Ross, Jason Mraz y Vanessa Carlton, entre otros muchos. Era mi número uno en el sello. Me entendía como artista y como músico, más que nadie por aquel entonces.

David Munk lo buscó y los dos me respaldaron de todas las maneras posibles en aquella época. Me encantaba trabajar con Peter, porque aunque yo no supiera tocar el piano ni la guitarra, él seguía mostrando el máximo respeto por mi capacidad musical. De nuestro trabajo conjunto en la creación de las canciones de mi primer álbum salieron algunas de mis preferidas. Peter y yo encajábamos, y que quede claro que no encajé con todo el equipo.

Tina Shafer, preparadora vocal. Es una cantante y compositora con discos multiplatino que cofundó el New York Songwriter's Circle, un ya veterano espacio de exhibición de talentos musicales que sigue en activo y permite a artistas mostrar su música, todos los meses en el Bitter End. Tina también ha escrito canciones para artistas como Celine Dion, Sheena Easton, Phoebe Snow, Vanessa Carlton y muchos más. Estaba casada con Peter durante el tiempo que trabajé con DV8 Records.

Denise Rich, miembro de la alta sociedad estadounidense, filántropa y recaudadora de fondos para la política. El amor de Denise por la música la llevó a ser la principal inversora en el universo de DV8. Como compositora ha escrito la letra de canciones grabadas por Celine Dion, Mark Anthony, Natalie Cole, Patti LaBelle, Chaka Khan y Diana Ross.

Ahora que ya están presentados los protagonistas, podemos volver a la trama.

David Munk me llamó un martes por la mañana, después de ese lunes festivo de 1997.

—¿Qué les has dicho a las señoras del ascensor? —me bufó.

—¿De qué señoras me estás hablando? ¿De qué hablas? —le pregunté confundido.

—Ric me ha llamado esta mañana y me ha dicho que había recibido una llamada de una de las señoras con las que te montaste en el ascensor cuando salías de la fiesta de Denise el viernes...

Rebobiné el cerebro para intentar averiguar a quién se refería y qué delito había cometido yo, si es que había cometido alguno. Por entonces llevaba tres o cuatro años en el mundillo del R&B y estaba trabajando en mi debut discográfico. Poco a poco, iba asimilando el hecho de que mi sexualidad ensombrecía mi trabajo. Mi voz, por lo general, aplastaba la homofobia patente y metía bajo tierra a quienes querían venir a por mí, por desgracia, en esa ocasión mi arma, mi salvadora, parecía haber perdido su poder.

—Sí, vale. ¿Y qué ha dicho esa «señora»?

—Le ha comentado a Ric que deberías tener cuidado con las cosas que sueltas en público, porque al final la gente acabará por enterarse.

—¡¿POR ENTERARSE DE QUÉ?!

Silencio.

Dejé que mi ira se aplacase. Y entonces volví a formular mi pregunta apretando los dientes:

—Por. Enterarse. De. ¡QUÉ!

Silencio.

Y se acabó. Aquella fue la gota que colmó el vaso. Me había pasado más de cuatro años encerrado a la fuerza en un armario en el que nunca había estado. En ese momento me di cuenta de que, con cada aspecto aparentemente menor en el que había transigido durante mi viaje como cantante melódico de R&B, había entregado un trocito de mi alma. Mi álbum debut debía salir en menos de un mes y, de pronto, no me reconocía a mí mismo. No quería ser un cantante melódico de R&B. Musicalmente, el tema romántico explícito y sexualizado nunca había sido lo mío. Mis orígenes estaban en la iglesia, así que era más dado a la música con mensaje y, si alguien de mi equipo hubiese prestado atención, lo habrían sabido. En realidad, ¡lo putosabían todos!

Me armé de valor y hablé con una precisión medida.

—Crucé solo unas palabras amables con esas señoras del ascensor.... Les dije que acababa de terminar mi disco y que me había tomado el fin de semana libre en mi espectáculo de Broadway. Estaba ahí Bill Butler. Les conté que nos íbamos a su casa en los Hamptons a descansar y a relajarnos un poco.

—¿Y ya está...? —me preguntó entonces David con un tono de voz que había pasado de salvaje a avergonzado.

—Ya. Está.

Silencio.

Sentí que se me iba abriendo un vacío en el corazón en el lugar donde hasta entonces habían residido la esperanza y los sueños. Había intentado apaciguar a todo el mundo. Me hacía el machote, y lo era, sí: tengo la prueba en forma de dos vídeos musicales, los de mis singles *Show Me* y *Borrowed Time* (¡Quien quiera que googlee a esta diva!). Ocultaba ante la prensa mis méritos de Broadway porque eso era demasiado gay. Al no hacer ostentación de mi «estilo de vida» delante de la gente, interioricé el mecanismo del «no preguntes/no hables», basado en la vergüenza y tan propio de la industria musical. Cantaba las canciones de amor sobre chicas que otros elegían para mí, y lo hacía con fervor. Pero no era suficiente. Yo no era suficiente. Y en ese momento, a juzgar por la conversación con mi futuro exmánager, todos mis movimientos estaban bajo una especie de vigilancia antimarica, mientras yo solo intentaba seguir con mi vida cotidiana.

—Así que cuando Puff Daddy, P. Diddy, Puffy-Pouffy o como quiera que se llame ahora pasa temporadas en los Hamptons se lo considera un emprendedor, pero cuando lo hago yo soy un maricón, ¡¿no?!

Silencio.

Uno de mis deberes tácitos como artista bajo la protección de DV8 Records era cantar maquetas para otros artistas o productores del sello. Aquello solo era una extensión de mi vida real de entonces. Una de las vías para hacerme un nombre en el mundo de la música de Nueva York consistía en cantar las maquetas de todo el mundo. Es decir, demasiada gente tenía mi número de teléfono: cantantes, compositores y productores con su estudio en casa, en una quinta planta sin ascensor y una cabina de voces en el baño. Lo cierto es que disfrutaba haciéndolo, porque me permitía tener tiempo libre en «el estudio» para afinar mis habilidades vocales de cara a las grabaciones. Me encontraba en todo mi apogeo, así que cuando Ric Wake me pidió que grabase la maqueta de una canción nueva que Celine Dion había rechazado hacía poco para su álbum *Falling Into You,* explicitando que querían una voz masculina para venderlo entre artistas hombres y mujeres, ni me lo pensé.

*¡Love Is on the Way* es mi canción! ¡Yo la canté primero!

Bueno, técnicamente fui el segundo en cantarla. Antes lo había hecho el que apareció en la maqueta original que le presentaron al equipo de Celine Dion, cuando yo todavía no estaba implicado. Identidad desconocida. Dicho esto, en cuanto oí la canción supe que era mía. Peter Zizzo, Tina Shafer y Denise Rich la compusieron juntos, y cumplía a la perfección el sueño de «versión masculina de Whitney Houston» que siempre había imaginado. Se trata de una balada noventera de primer orden. Una composición maestra, manipuladora en lo emocional como todas las baladas noventeras y un escaparate vocal de la vieja escuela para cualquier artista. Es el equivalente a un *mic drop. Y si no lo sabías, ahora ya lo sabes.*

La oposición de Ric fue rápida e inflexible. Todos sabíamos que esas baladas estaban reservadas a mujeres y a Michael Bolton. Meter esa canción en mi álbum básicamente supondría «sacarme» a la luz como la reina gritona y marica de iglesia que todo el mundo a mi alrededor trataba de ocultar.

Así que empecé a cantar la canción allá donde iba. En todos los actos benéficos, en todas las fiestas de Denise Rich, en su ático de la Quinta Avenida al lado del hotel Sherry-Netherland y también en el que fue el momento más importante y prominente para mí: el concierto de Navidad —entradas agotadas— en el Ayuntamiento.

En 1995 yo iba a mil por hora. Era fijo en el plantel de los clubes de música neoyorquinos. Solían ser sobre todo locales de cabaret y teatros pequeños, por mis vínculos con Broadway. Esos conciertos eran casi siempre actos benéficos para Broadway Cares o Equity Fights AIDS. Aquel año estábamos en mitad de lo peor de la crisis y mi música era mi manera de contribuir a la causa. Durante un periodo de cinco años, mi concierto navideño fue el acto más popular de la temporada, con un público que creció de las ciento cincuenta personas que ocupaban el aforo del cabaret de Steve McGraw en el Upper West Side hasta las trescientas personas del teatro de la calle 42 —en el circuito alternativo de Broadway—, para finalmente desembocar en las mil quinientas personas del Ayuntamiento.

Me acompañaron una banda de ocho miembros y el coro góspel de Broadway Inspiration Voices, fundado por uno de mis mejores colegas, Michael McElroy. Nota al margen: desde su creación en 1994, esta organización ha crecido hasta convertirse en un elemento esencial de la comunidad, cuya misión consiste en dar esperanzas para inspirar y transformar todo lo que sea necesario a través de la música y del arte. En 2019, Michael y el coro recibieron un Tony Honorífico a la excelencia teatral.

¡Lo del Ayuntamiento fue como un concierto de rock! La reacción del público fue demencial. Y cuando presenté *Love Is on the Way* como un posible tema de mi álbum debut, la canción recibió una ovación de cinco minutos en pie. *¡Sé de lo que hablo, zorras!*

Cuando Ric Wake empezaba a asimilar que su aversión a la idea de grabar ese tema conmigo era un error, recibimos otra señal divina en nuestro favor. Denise Rich preparó la fiesta del cuarenta cumpleaños de mi querida amiga Jenifer Lewis, a quien mucha gente del mundillo y de más allá conocía como «la madre negra de Hollywood». Según era habitual en aquella época de mi vida, me sacaron como la joya de la corona de DV8 Records para cantar y ganarme la cena. ¿Y qué canté? ¡Exacto! ¡Aquel ático abarrotado estaba entregadísimo! Momentos después de acabar, Jenifer se me acercó y me agarró por el brazo en mitad de una conversación: «Guapa, ven conmigo, ¡la Divine Miss M exige una audiencia contigo!». Jenifer me arrastró por el apartamento para llevarme a una habitación distinta, un poco más calmada. Y allí estaba Bette Midler, la Divine Miss M en persona, sentada en un sofá, pasando el rato. Lo cierto es que no recuerdo el grueso de la conversación con Miss M, porque mi espíritu abandonó mi cuerpo y no pude agarrarlo para que volviese. Lo que sí recuerdo es que, cuando logré plantar de nuevo mi culo feliz en la tierra, me dijo lo siguiente: «Estoy grabando una película titulada *El club de las primeras esposas,* con Goldie Hawn y Diane Keaton. ¡Tu canción es perfecta!». Y el resto, amigos, es historia.

Peter Zizzo se puso como loco a producir el tema. Ric Wake se dedicó a cerrar un trato por los derechos de la banda sonora. El plan era asociarnos con las señoras de la película y, para el primer single, hacer un vídeo musical de mi canción como apoyo promocional para el filme. En aquella época, era muy común entre los grandes sellos lanzar a un artista nuevo mediante una colaboración con una película popular. Todo parecía estar yendo como la seda, y entonces un día me llegó la noticia de que Tommy Mottola, el antiguo jefe de Ric, había aparecido con una puja más alta y se había quedado con la banda sonora para Sony. Resultó que Mottola tenía a una artista nueva, Puff Johnson, a la que estaba intentando lanzar. Y ya está, yo me quedé fuera y entró Puff Johnson.

La película se estrenó en septiembre de 1996, casi exactamente un año antes de que saliera mi álbum. El single de Johnson se llamaba *Over and Over*. Por lo que recuerdo, el nuevo plan era presentar primero su single y luego mi *Love Is on the Way*, dado que se preveía que la película fuera un bombazo en taquilla. *Over and Over* entró en antena y se desplomó en las listas rápidamente, y mi momento «segundo single» nunca se materializó. Además, oí rumores de que al final los magnates de la música habían decidido que no daba muy buena imagen tener a un cantante negro de R&B, hombre, vinculado a una película protagonizada por tres mujeres blancas de mediana edad.

Avanzamos ahora rápidamente hasta septiembre de 1997. ¡El día del lanzamiento de mi álbum coincidió con mi primer día como jurado! *¡Mierda, no!* Me habían seleccionado como posible miembro de un jurado. En el encuentro con la jueza, cuando me preguntó por qué no podía cumplir con mi deber en ese momento, le conté la verdad.

—Señoría, hoy sale a la venta mi álbum debut y necesito estar disponible para promocionarlo y celebrarlo. Le he traído una copia para que lo escuche y lo disfrute.

Le pasé a la jueza una copia firmada de mi álbum debut: *Billy Porter-Untitled*.

Era una mujer negra que, evidentemente, amaba la música negra, porque cuando leyó los títulos de las canciones en la contraportada del CD, me reconoció.

—Ah, si yo lo conozco. Llevo semanas viendo su vídeo musical de *Show Me* en BET.

Me eximieron del jurado.

*¡FUEGO!*

No hubo ningún gran empujón para mi álbum desde una perspectiva de marketing. En realidad A&M no invirtió demasiado en el lanzamiento de mi carrera musical. Admito que yo por entonces no sabía mucho de marketing, pero sí era consciente de no ver mi cara en el escaparate de ninguna tienda de discos. No hubo imágenes mías especiales a tamaño real. De hecho, encontraba mi disco enterrado en los vertederos de las secciones de R&B de esas tiendas, y eso con suerte. Muchos de mis amigos y familiares me contaban experiencias similares desde todo el país. Se me rompió el corazón. No hubo artículos serios en prensa, no hubo una promoción en condiciones. No como la que un gran sello multimillonario le inyectaría a un artista en el que creyese de verdad. El deslucido lanzamiento confirmó lo que yo ya tenía datos para considerar verdad: que ni yo ni mi carrera musical le importábamos nada a esa gente. Aquello se asemejó más bien a que me hubiesen lanzado contra una pared como a un pegote mal cocinado de pasta, a ver si me quedaba pegado o no.

La parte de la historia que viene a continuación sigue reconcomiéndome en todos los sentidos. Mientras escribo estas palabras en la seguridad de mi nueva casa, con una carrera boyante que supera mis sueños más locos, el sistema nervioso aún se me enciende y el estómago me hierve con una bilis de más de dos décadas. Pero en cualquier caso, es una historia que debe contarse.

Un día de octubre, cuando no había pasado ni un mes del lanzamiento de mi disco, recibí una llamada de mi querido amigo Dan O'Leary, que por cosas del destino estaba probando suerte como ayudante ejecutivo de Tommy Mottola, el presidente y CEO de Sony Music Entertainment, la empresa matriz de Columbia Records, hogar de artistas como Mariah Carey y Celine Dion. La voz de Dan sonaba tensa.

—Hola, Billy. Te llamo para decirte algo un poco desconcertante.

—Ay, mierda. ¿Qué pasa ahora? ¿Qué he hecho esta vez?

—No has hecho nada más que ser tú: una criatura fabulosa y llena de talento —me tranquilizó.

—¿Y entonces qué pasa? —le pregunté mientras el miedo me inundaba poco a poco.

—Me acaban de dejar en la mesa el nuevo disco de Celine Dion, que sale el mes que viene, y han incluido el *Love Is on the Way*.

—Eso no tiene ningún sentido. Esa canción es mía. No puede ser la misma canción, es imposible.

Me estremecí, tratando de aferrarme a algún atisbo de dignidad.

—Billy, he escuchado el tema y no solo es la misma canción, es que tu equipo aparece como productor en los créditos.

Me brotó agua de los lacrimales como de una boca de incendios en un día abrasador de verano. El corazón pasó a latirme a mil por hora. El cuerpo me empezó a temblar.

Dan continuó hablando y me dijo que la canción estaba en la misma clave (a excepción de una modulación en el estribillo, al final) y que todos mis licks y mis riffs sonaban igual.

Corrí las cortinas y me pasé una semana sentado en la oscuridad de mi apartamento, tratando de justificar en mi cabeza el por qué mi equipo me traicionaría de ese modo. ¿Por qué Peter, mi mano derecha, me abandonaría? Ahí estaba, la encrucijada, mi momento de iluminación divina, por así decirlo. Sabía que todo se había terminado: mi sueño de ser la versión masculina de Whitney Houston acababa de evaporarse en el aire. Decidí que necesitaba hacer algo drástico para cambiar la trayectoria de mi vida. Era el momento de asumir las riendas. ¡Era el momento de elegirme a mí mismo! Le pedí una reunión a Ric Wake. Cuando llegué a su despacho, me lo encontré sentado a su gran mesa, muy animado.

—¿Qué puedo hacer por usted, señor Porter?

—¿Le habéis dado mi canción a Celine Dion?

El ambiente alegre desapareció de la habitación. Mi actitud de confrontación pilló a Ric claramente desprevenido.

—¿Cómo sabes eso? —me preguntó un poco acobardado.

—¿Esa es la respuesta? ¿Preguntarme que cómo lo sé? ¡Qué mierda está pasando aquí! ¿En serio creíais que no iba a enterarme?

No tenía ninguna explicación que ofrecer. Noté mi cuerpo a punto de detonar, desde las entrañas de mi alma, a punto de dejar pedazos macerados de mi ser esparcidos por las paredes del despacho. Pero ¿por qué hacer eso? ¿Por qué destruirme a mí mismo? ¿Por qué había permitido que el cáncer de los miedos ajenos controlase mi vida? *¡A la puta mierda! ¡No pienso salir al mundo así! Todo está en la cuerda floja, señorita. Tu existencia, tu dignidad, tu presencia humana básica sobre este planeta.* Respiré profundamente para asentarme y empecé el viaje de elegirme a mí mismo, de elegir mi verdad.

—La cosa es así: dado que habéis tomado la decisión ejecutiva de convertirme en un cantante de maquetas para Celine Dion, ¡hemos terminado!

—¿Cómo?

—Que. Hemos. Terminado. ¡Punto final!

—Bueno, ¿y qué piensas a hacer? —me dijo Ric con tono fanfarrón.

—¡Haga lo que haga, no pienso hacerlo aquí!

Y así acabó todo. Me alejé de mi sueño en honor a mí mismo. Me marchité en la neblina del fracaso durante meses. En realidad, años. En los meses inmediatamente posteriores me lancé a trabajar, desesperado por llegar a fin de mes. Acepté un trabajo teatral comercial para una farmacéutica, de los que se denominan comúnmente trabajos «industriales», para sacarme un dinero. Estuve fuera de mi apartamento un mes, más o menos. Al volver, entré en casa y me recibió un tufo a podrido que envolvía cada rincón y cada grieta. Resultaba que en mi ausencia me había llegado una cesta de frutas y productos similares. En la tarjeta ponía:

«Gracias por tu inspiración. Con cariño, Celine Dion».

No pretendo tirar por tierra a Celine Dion, que quede claro. La adoro. Se mata cantando y lo que pasó no fue su culpa. Para mí es la versión femenina de Elvis. Ella solita volvió a darle vida al Strip de Las Vegas con su legendaria residencia en el Caesar's Palace como artista, allanando así el camino para que el renacimiento de otros nombres musicales actuales, como Janet Jackson, Britney Spears y J-Lo, devolviese a Las Vegas su estatus de sitio *cool*. Tengo la mayoría de sus discos y los escucho de vez en cuando. Nunca nos hemos conocido en persona. Dudo que se acuerde siquiera de nuestro vínculo.

Tampoco sabré nunca exactamente lo que ocurrió durante las reuniones a puerta cerrada en lo que se refiere a mi persona y a mi humanidad durante el primer intento por convertirme en artista discográfico. Me sentí difamado por los mandamases de la industria. Me lo tomé como algo personal. Me sentí despreciado, agraviado nuevamente, como con la iglesia, como con todo. Invisible. Pero la diferencia fue que en esta ocasión la voz no me salvó. Mi arma, mi salvadora. El miedo al «otro», el silenciamiento de mis impulsos humanos naturales y de mi corazón abierto, el desprecio a mi humanidad, todo eso se convirtió en mi kriptonita. Durante los dos años siguientes, me marchité sintiendo algo indefinido por dentro, flotando emocionalmente, solo en mitad de ese mar.

La implosión de mi carrera discográfica fue un golpe enorme para mi ego. Hasta ese momento mi voz me había hecho sentirme seguro, protegido. Todo eso había desaparecido y estaba perdido, sin ninguna pista sobre qué camino seguir.

*Soy más que mi voz de cantante.*

*Tengo que encontrar qué significa esto.*

Una noche iba paseando por el Midtown y sufrí un ataque de pánico. Me senté en los escalones de atrás del Imperial Theatre, en la calle 46, entre las avenidas Broadway y 8. Llamé a mi madre en busca de consuelo. No jugaba esa carta muy a menudo; reservaba a mi madre para las cosas grandes. Y aquello era grande. Lloré y despotriqué. Mi madre me escuchó con cariño, como siempre hacía. Y como un reloj, rezó por mí al final de mi arrebato. *Rezando se cambian las cosas, ¿no?*

# Capítulo catorce

Una semana después recibí una carta de mi madre.

«Billy, cariño, son las siete de la mañana. He estado rezando y pensando. Siempre fuiste un niño especial y ahora eres un muchacho especial».

Pero también escribió: «el Señor no quiere que nadie viva en pecado y ser gay es pecado. Sé que me has dicho que siempre has sido así y, sin embargo, debes resistirte a Satán para obligarlo a huir [...]. El Señor puede darle la vuelta a tu vida si tú quieres que lo haga. Te quiero mucho y quiero hacer todo lo que pueda por ayudarte».

La emoción me recorrió como un flujo de ácido por un carburador atorado. En el corazón se me habían acumulado treinta años de arenilla y barro emocional.

Ni siquiera sabía por dónde empezar, cómo responder. La carta de mi madre me devolvió un torrente de viejos recuerdos: que me llamaran marica cuando yo ni siquiera sabía qué significaba esa palabra, el miedo que emanaba de las mujeres de mi vida porque algo en mí fallaba, algo que había que arreglar, las lecciones de hombría... Pensé que él sería mi cura. Creía que si hacía todo lo que me decía, mi enfermedad iba a desaparecer. No recuerdo ningún momento en que no me sintiera gay. Pero me llegaba odio y condena por todas partes. Era un pecado con el que había nacido. Todo el mundo odiaba a los gais. Habíamos traído «la plaga» al mundo; muy Sodoma y Gomorra. Lo escuchaba en televisión. Lo escuchaba en la iglesia. Lo escuchaba en mi propia casa. El silencio promueve el miedo. El miedo promueve el odio. El odio lleva a la violencia. Silencio = muerte. ¿Por qué yo?

¡Tuve que salir del armario ante mi madre tres veces! Una ya da bastante miedo, pero tres veces durante una década es sencillamente ridículo. La primera fue cuando el recuerdo de mi abuso sexual a manos de su segundo marido inundó todos mis sentidos durante el descanso de mi actuación en los espectáculos del parque Kennywood. La segunda, cuando llevé a mi primer novio de verdad a casa para que se conocieran, en algún momento del verano de 1989. Dije la palabra «novio»; le entró por un oído y le salió por el otro, y yo lo dejé estar. ¿Para qué insistir? Que avance a su ritmo, ¿no? Y luego la carta. Fue como un puñal directo al corazón. El repudio, el rechazo, la sensación de estar expulsado. Ahí estaba yo, con casi treinta años y aún paralizado por convicciones ajenas, por las estructuras de creencias de otras personas. En defensa de mi madre diré que ella solo conocía la Biblia. Sé que lo que voy a decir va a ser polémico y habrá quien afirme que es una herejía, pero lo de la Biblia es una cosa problemática: el opresor la ha utilizado como arma para apuntalar la hipocresía y justificar el odio. *¿Odiar el pecado pero no al pecador? ¡No quiero saber nada de eso!*

Escribí una extensa carta como respuesta a la misiva de mi madre y a su estilo obligadamente eclesial de «los gais son una abominación y tienes que enmendarte». Le hablé sobre recuerdos traumáticos, sobre la vergüenza, sobre cómo «rezaba para que Dios arreglase lo mío», pero que «yo quería algo distinto, y me puse en pie para ir a buscarlo». Después de la culpa y de la negación, le hablé de cómo encontré el teatro, cómo me salvó la vida, cómo era el único sitio al que podía acudir sin sentirme juzgado. Y que eso me proporcionó una conexión emocional y espiritual desconocida hasta entonces para mí, importantísima además porque su religión, su iglesia, utilizaba creencias religiosas para justificar el odio hacia mi persona.

«No digo estas cosas para faltarle el respeto a la biblia ni a aquello en lo que tú crees —escribí al final de la carta—. No digo estas cosas para causarte impresión. Solo intento ayudarte a entender mi verdad. Yo la he afrontado y no puedo seguir protegiéndote de ella. No tengo respuestas, ni tampoco voy a perder ni un minuto más de mi vida ocultándome en la religión y actuando como si las tuviera. Vivo con el espíritu de Dios en el corazón, y con él experimento una vida plena, feliz y tranquila. Una vida firmemente enraizada en la verdad. Rezo para que sientas la misma alegría que yo he logrado alcanzar. Te quiero más que a nada que haya conocido en la vida, siempre te querré y sé que el amor que me tienes es real. Te libero para que luches por alcanzar tu mejor y mayor bienestar. Te pido que me correspondas con ese mismo espíritu. Quizá algún día nuestros caminos espirituales se alineen, pero hasta entonces esta es mi verdad. Que Dios te bendiga».

Al mirar atrás y leer tantos años después la respuesta que le mandé a mi madre, me maravilla haber sido capaz de infundirme esas palabras de ánimo sin tener la más remota idea de cómo iba a conseguir una auténtica paz, una auténtica alegría. Me asombro ante las oportunidades que el universo me ha ofrecido en mi viaje hacia la sanación. Ha sido un viaje largo y complicado, y agradezco haber vivido lo suficiente para presenciar los destellos de luz procedentes del otro lado de la oscuridad.

*El doctor Fauci dijo que el otoño sería peor, y tenía razón. El número de casos no para de subir. Más de tres mil personas al día. Joder, es que eso es más que la cantidad de gente que falleció en los ataques terroristas del 11-S, y el hijo de puta este diciendo que ganó las elecciones por goleada. ¡Mentiroso! Y ahí está el Partido Republicano, mintiendo al pueblo estadounidense igual que él. Las elecciones fueron tan seguras como siempre. Cuando ganan ellos, las elecciones son justas, cuando no... ¿Quién tiene la piel fina ahora? Han pasado semanas ya y el Zanahorio sigue sin admitir su derrota. Va a continuar así hasta que perpetre el fraude de que le han robado las elecciones, y hay ciento cuarenta y siete facilitadores en el Congreso avalando esas mentiras. Y siguen saliéndose con la suya. Están mintiendo, jugando con fuego. Saben que es mentira. Pero ya está bien, la historia os tiene los ojos puestos encima. Ganamos nosotros. Joe Biden y Kamala Harris son el nuevo presidente y la nueva vicepresidenta electos. Habrá una transición de poder el 20 de enero de 2021, ¡le guste a esa perra o no! ¿Será una transición pacífica? Bueno... Ya se verá...*

Adam y yo nos mudamos a nuestra casa nueva en Long Island el fin de semana de septiembre que se celebraba el Día del Trabajo. Llevamos en esta zona desde que huimos de Manhattan y del CORONA-VETE-Y-NO-VUELVAS, en marzo de 2020, y no hemos echado de menos la ciudad ni una pizca. Primero alquilamos una casa, pensando que la pandemia acabaría en unas semanas a lo sumo y que luego regresaríamos a nuestro apartamento en Harlem y retomaríamos nuestra vida normal. En poco tiempo, y de manera trágica, quedó claro que nadie iba a ir a ninguna parte en un futuro cercano, así que decidimos que era mejor no movernos y quedarnos haciendo cuarentena a salvo en Long Island. Me encantó disponer de tiempo para estar sin más con mi marido, ¡y conmigo mismo! Nunca había tenido el lujo de pensar siquiera en conceptos como autocuidado, equilibrio o límites. Al menos esta época tan espantosa nos ha dado eso, y lo agradezco. Agradezco estar trabajando por fin en sanar mi trauma, algo que a veces puede ser como una tarea de Sísifo. Es momento de dejar atrás mi pasado. Mi trauma ha sido el motor de mi vida entera y no quiero que mi pasado siga definiéndome. Es momento de contar una historia distinta. La historia de mi sanación. Mi terapeuta dice que, para hacerlo, tengo que encontrar la manera de metabolizar mi pena. ¿Y qué significa eso? Pues significa que ahora tengo que sentir mierdas y hablar sobre mierdas. Y aprender a tener cierta compasión conmigo mismo.

¿Qué es la familia? La mayoría de la gente diría que la familia equivale a un grupo de personas estrechamente ligadas por lazos de sangre o de matrimonio, como padres, hijos, tíos, tías y primos. Esa es la familia de índole biológica. En mi experiencia, he aprendido que la familia puede ser también elegida. Con mucha frecuencia, las personas queer descubrimos que nuestras familias elegidas son las que nos quieren de manera incondicional y apoyan nuestra verdad personal y nuestra humanidad cuando los miembros de nuestra familia biológica no tienen las herramientas para hacerlo.

En su momento, mi madre sencillamente carecía de herramientas que le permitieran comprender a un hijo gay. Su carta me llegó en una época muy concreta de profunda desesperación. Ojalá pudiera decir que no me la esperaba, pero sí. Y pese a esperármela, resultó devastadora.

Le respondí con una carta larga de la que guardé una copia. Durante años, no supe bien por qué decidí guardar tanto su carta como mi respuesta. Ahora lo sé. Me abruma mirar atrás, ver esas palabras y darme cuenta de lo lejos que hemos llegado. «Si lo pareces, lo eres» es un concepto en el que llevo años creyendo. *Somos lo que decimos que somos. Dedícate palabras de ánimo. La ley de la atracción, bla, bla, bla.*

A mi madre, la familia de la iglesia y la sociedad en general la animaban activamente a que no me quisiera de manera incondicional. La convencieron de que mi sexualidad era motivo para romper vínculos y de que debía abandonarme si yo no procuraba liberarme de mis modos pecaminosos. Por tanto, tracé una línea en la arena con respecto a la relación con mi madre, pero también conmigo mismo. Fue el principio de la evolución del hombre que soy ahora. Elegí mi verdad. Me elegí a mí mismo y en consecuencia elegí un tipo de familia diferente.

Mi familia elegida son las personas que me han sostenido toda la vida. Estoy vivo y más o menos cuerdo todavía gracias a ellos, a mis incondicionales, a mis fieles compañeros: Ron Pennywell, Walter McCready, Kena Dorsey, Joe Delien (Greg Galick), Vanita Harbour, Virginia Woodruff, Rema Webb, Ty Taylor, Michael McElroy, Natalie Belcon, Renée Goldsberry, Eric Woodall, Matt Zarley, Ron Kellum, Nathan Lee Graham, Bill Butler, Wilson Cruz, Chris Belcher, Dennis Stowe, John-Eric Parker, Suzi y Lenny Beer, Sheryl Kaller, James Sampliner, Tracie Thoms, Bryan Terrel Clark, Leslie Odom Jr., Patina Miller, Tim Smith, Larry Poston, Kali Evans, Aaron y Andrew, Sean, AC... y la lista continúa. Si he olvidado tu nombre, por favor, achácalo a mi mala cabeza y no a mi corazón.

En lo que respecta a mi familia biológica, mi único camino hacia la supervivencia era alejarme de forma absoluta e inequívoca de los peligros que representaban para mi persona su falta de comprensión y, por tanto, su incapacidad para quererme de forma incondicional. La Biblia se había convertido en el punto de inflexión y a mí ya no me interesaba creer en algo que no creía en mí. Tristemente, con gran dolor y sacrificio, eliminé de mi vida la religión estructurada. Y cuando digo que tracé una línea en la arena hablo en serio, muy en serio. Dejé de ir a mi casa, a Pittsburgh, en Navidad. ¡Qué cojones, dejé de ir a mi casa de visita y punto! Llevaba una década con un pie fuera, pero me había aferrado a la esperanza de que mi comunidad eligiese el amor y no el miedo. La mayoría no tenía herramientas para hacerlo, así que di el salto. En los últimos años he descubierto que mi decisión conllevó muchos daños colaterales. Al mismo tiempo, he observado cuánto han evolucionado muchos miembros de mi familia y de la comunidad. A algunos nunca les di siquiera una oportunidad, sencillamente los aparté. Y ahora lo lamento mucho.

Mi hermana, M&M, ha sido el conducto para sanar las fracturas de décadas de separación. Mis primas Stephanie, Chris y Alicia siempre me han transmitido su amor. Mi abuela y la tía Dorothy murieron antes de que surgiera la conversación sobre el elefante en la habitación (salvo aquella vez, cuando se enteraron de que compartía apartamento y «vivía en pecado» con mi compañera de escuela y hermana Natalie Belcon, en mi segundo año de universidad, en Squirrel Hill. Mi madre se quedó horrorizada y mi abuela dijo: «¡Bueno, al menos vive con una mujer!». *Ay, la ofensa... ¡Demasiadas ofensas!)*. Otros parientes más lejanos han dado un paso adelante, en su mayoría por redes sociales, y salen en mi defensa cuando la gente trata de tirarme por tierra por vivir mi vida sin esconderme, con orgullo. Uno de mis primos, que es predicador, me llamó para disculparse por cómo me había tratado la iglesia, a mí y a toda la comunidad LGBTQ+.

«Gracias a ti tengo en mi iglesia un apostolado LGBTQ+. Como consecuencia he perdido a algunos miembros, pero no me importa, porque Dios es amor y el amor es Dios. Siento mucho que te mancilláramos de aquella manera. Te merecías algo mejor. Y ahora soy más consciente, así que me ocupo de hacer mejor las cosas».

*¡Bueeeno, FUEGO!*

Me moría de ganas de que mi hermana se hiciese lo bastante mayor para poder ser los mejores amigos. Es diez años menor que yo, así que cuando conseguí mi primer espectáculo de Broadway y me marché para siempre de Pittsburgh, ella solo tenía once años. Su padre, mi padrastro, el proveedor, el depredador, había muerto cuando ella tenía nueve. Me sentí fatal por dejarla en un entorno que, en última instancia, era cuestionable, y yo lo sabía, pero el día de mi marcha le sujeté la carita entre las manos y le dije: «Me tengo que ir para poder preparar un sitio para ti. ¡Tengo que hacer algo con mi vida para poder llevarte conmigo! Te prometo que volveré a por ti, ¡y muy pronto!».

Me aferré a mi promesa y, pasado un año, cuando mi hermana había cumplido los doce, mandé a buscarla en verano. Empecé a quedármela dos semanas y luego un mes entero. Desde que tuvo dieciséis años, pasaba todo el verano conmigo en Nueva York y la exponía conscientemente a un mundo que iba más allá de nuestra limitada educación. Salí del armario con ella a sus dieciséis años. Recuerdo estar sentado en el sofá de mi apartamento, en el 449 de la calle 44 Oeste, llorando, con miedo al rechazo. Pero nunca hubo rechazo. ¡Me abrazó! Me consoló diciéndome: «Te quiero, hermano, con toda mi alma. Y nada va a cambiar eso». M&M vive ahora en Manhattan, y me enorgullece decir que nuestro amor fraternal me ha mantenido en pie en los mejores y en los peores momentos, por encima de cualquier persona y cosa del mundo. Mi madre siempre llora cuando ve cuánto nos queremos.

Fue en esa época de mi vida cuando levanté un muro inamovible en torno a mi corazón; no iba a salirme gratis, pero me pareció que no me quedaba otra opción. Mi trauma era el motor de mi vida. Mi trauma me activaba para desear la grandeza, confiando en que si el mundo me consideraba un grande ese trauma desaparecería. Lo que no entendía entonces era hasta qué punto tenía infectado el sistema nervioso. Lo que no comprendía bien, ni siquiera después de décadas de terapia personal, era que, de forma inconsciente, sospechaba de la noción misma del amor incondicional. No confiaba en ese concepto. Y menos en un plano romántico.

En 2009 conocí a un hombre atractivo. Me mostré atípicamente insinuante y lanzado con él. Terminamos yéndonos juntos a casa esa misma noche, que es como funcionan las cosas entre los gais, o al menos entre la mayoría. Cuando empezábamos a estar ocupados bajo las sábanas se detuvo un momento, me lanzó una mirada fulminante a los ojos (que seguramente estuviesen ya un poco fulminados) y me desafió: «Creo que por esta noche deberíamos dejarlo en contenido apto para menores». Intuía que ese hombre era especial, aunque no sabía que era «él». ¿Cómo iba a saberlo? Hasta ese mismo momento, la sociedad consideraba que nuestro amor era una perversión. Lo único que conocíamos los gais era la abominación y la vergüenza, así que teníamos integrado en la psique lo efímero de nuestras interacciones románticas. Adam y yo nunca nos referimos a lo nuestro como una «relación», nunca admitimos que sentíamos que nuestra conexión era distinta. Y, como consecuencia, aquella relación–no relación se hundió.

—Creo que era amor y yo salí por la puerta sin más —le dije a mi terapeuta cuando rompí con él.

Ella me levantó el ánimo.

—Bueno, ahora ya sabes cómo es el amor, ¡para la próxima vez que te lo encuentres!

El último par de años antes del cambio de siglo estuvo plagado de confusión. Trabajé aquí y allá, labrándome un camino, por así decirlo, y pese a todo me sentía desubicado. En mi espíritu había algo que no funcionaba bien. Al parecer era cierto que el mundo no estaba preparado para mí. Pero no di mi brazo a torcer.

Supliqué tener una audición para el papel de M. C.[5] en el reestreno de *Cabaret,* en 1998. Me respondieron, y cito: «No es esa la historia que queremos contar». *Ah, entonces ¿*Cabaret *no va sobre opresión y discriminación y el ascenso de los nazis? Vale, cariño.* Poco después de ese rechazo, me topé con un libro en Barnes & Noble titulado *Testigo de raza: un negro en la Alemania nazi,* de Hans Massaquoi. Compré diez ejemplares y se los envié al director artístico de la Roundabout Theatre Company y a todo el equipo creativo de la producción, con un mensaje que decía: «¡Nosotros también estuvimos allí!». Por supuesto, nunca tuve más noticias.

En otra ocasión, abordé personalmente a la directora y coreógrafa Kathleen Marshall para pedirle una audición para el papel de Hines en su inminente producción de Broadway, *Juego de pijamas,* para la misma Roundabout Theatre Company. Sentía una conexión única con ese espectáculo, porque fue la segunda producción que hice en mi vida, estando en secundaria, en el Reizenstein Musical Theater. Recibí un rotundo no. La justificación de Marshall: era demasiado joven para el papel. Hines es el director de la fábrica de pijamas y no habría sido creíble que yo, con treinta y cinco años entonces, fuese el director de Harry Connick Jr. y Kelli O'Hara, *porque nadie ha tenido nunca como director a una persona más joven en ningún espacio de trabajo… ¿verdad? Vale, cariño.*

---

[5] O «Emcee», maestro de ceremonias, personaje que presenta los números musicales y narra la historia.

En el Año de Nuestro Señor de 1999 por fin me eligieron para hacer de John en *Miss Saigón.* Me había pasado una década haciéndome un nombre en la comunidad de Broadway y construyéndome una reputación sólida, principalmente por mi estilo al cantar, único y muy concreto. Mi madre siempre me dice: «Te habrás ido de la iglesia, pero ¡cada vez que abres la boca para cantar lo que te sale es DIOS!». Así que cuando el supervisor musical de los espectáculos de Cameron Mackintosh, David Caddick, me dio carta blanca para improvisar durante el último coro de estilo góspel, en el primer número del segundo acto, *Bui-Doi,* me llevé una sorpresa muy agradable. Había aprendido rápido y en términos muy certeros que, cuando los compositores blancos de teatro ponen «improvisación» en sus partituras, lo que buscan no tiene nada que ver con una manera personal de expresarse: lo único que querían de mí era que cantase como lo había hecho el señor blanco de Londres en la grabación primigenia. Sus esfuerzos por conseguir un auténtico sonido «negro/góspel» son cero originales, además de una muestra de apropiación cultural, y eso en el mejor de los casos. Caddick sí sabía la diferencia. Me miró durante el ensayo de incorporación a la obra y me dijo: «Eres cantante de góspel. ¡Haz góspel! Confío en que, cantes lo que cantes en la parte de improvisación, sea algo auténtico».

Seguidamente, experimenté nueve meses de dicha en Broadway. Interpretaba un papel protagonista; era un personaje de verdad, no un payaso ni un negrito con poderes, sino una persona de verdad: un ser humano real en tres dimensiones. Estaba encontrando mi sitio. Me sentía visto y oído. Era 1999 y notaba un progreso. Yo, Billy Porter, estaba haciendo de soldado, de uno de los soldados principales, y le estaba demostrando al mundo que podía ser un macho. Masculino. Sabía actuar lo bastante bien para convencer al mundo de que era un hombre heterosexual, y no solo un heterosexual normal, sino un soldado..., ¡un marine! Y además Lea Salonga había vuelto al espectáculo para retomar su interpretación de Kim, que le había valido un Tony. ¡Callando bocas!

Decir que la época de Cameron Mackintosh parecía estar plagada de entornos laborales tóxicos por todas partes es como decir que el cielo es azul. Y cuando llegó por sorpresa el compositor del espectáculo, Claude-Michel Schönberg, en la semana de Acción de Gracias de 1999, todos supimos que estaba a punto de caernos encima alguna mierda, o al menos yo lo sabía. Claude-Michel vio la función en secreto un lunes por la noche y convocó un ensayo obligatorio de jornada completa al día siguiente con todo el elenco, con el objetivo de pulir la música. ¡El martes antes de Acción de Gracias! *¡Muy fuerte!*

El elenco llegó al estudio de ensayos, en el Midtown de Manhattan, y aquel espacio estaba montado para intimidar. La situación era la siguiente: los creativos sentados tras una mesa y el reparto entero frente a ellos, conscientes de la inminencia de nuestra fatalidad. Dio comienzo el ensayo y cantamos el acto primero al completo, sin apenas contratiempos. Estábamos gratamente sorprendidos. Nos tomamos diez minutos de descanso y volvimos a reunirnos para el acto segundo, que empieza con un número de lo más emocionante, de corte góspel, encabezado por el personaje de John, un servidor. En vez de ponernos a cantar de inmediato, Claude-Michel nos dio —y en especial a mí— una lección sobre en qué consistía encarnar a un predicador góspel. Sí, sí: ese hombre blanco recién salido de Francia se plantó allí con todo su esplendor europeo y se puso a intentar explicarme, a mí, lo que es predicar a través del góspel. Me sentía confuso. Al principio no entendía de qué me estaba hablando, y él hablaba y hablaba y hablaba. Pasados unos cinco minutos de palabrería, me quedó claro que el señor

Schönberg consideraba apropiado darme, a mí, lecciones de lo que significaba ser un predicador góspel, así que levanté la mano para callarlo.

—Perdona, Claude-Michel, pero tengo que interrumpirte.

Se notó un aumento de la tensión en el ambiente. En la era Mackintosh, nadie le decía las verdades a la autoridad, por temor a represalias. Yo era consciente de mi valía y no tenía ningún miedo, así que le dejé las cosas claras.

—Con todo el respeto, te pediría que te saltaras esta parte de la conversación y pasaras a decirme qué nota quieres que dé…

Había estado esperando a ver si alguien del equipo creativo daba un paso adelante y me respaldaba. David Caddick me había avalado, el director residente había exclamado en mi audición que era lo mejor que había visto en canto y en interpretación… Pero todos se quedaron ahí quietos en silencio, con la mirada muerta, así que me ocupé yo de protegerme a mí mismo.

—Haré lo que pueda por ajustar mi actuación a tus necesidades. Es mi trabajo y pienso hacerlo. Pero no necesito tus lecciones sobre cómo predicar mediante el góspel. Eso se me da bien. Gracias.

*Mierda. ¿Eso lo he dicho en voz alta? Por la cara que tiene todo el mundo… me da que sí. Bueno, para el caso… O todo o nada.*

—… Además, el contrato se me acaba dentro de tres semanas, así que no tendrás que volver a escucharme.

Más o menos en esa época participé en dos películas consecutivas: *La becaria* era un film sobre las maquinaciones de la industria de la moda, con un elenco de famosos y cameos del mundillo que era para volverse loco, y una versión indie de bajo presupuesto de *El diablo viste de Prada:* menos Meryl Streep y Anne Hathaway y más Joan Rivers y Kathy Griffin.

Además, me contrataron para una de las primeras comedias románticas gais en popularizarse, *El club de los corazones rotos;* el guion era de Greg Berlanti, un joven escritor y director emergente, de los primeros en el ámbito cinematográfico queer.

La historia de esta película gira en torno a una pandilla de amigos gais de la zona oeste de Hollywood y todos los dramas, batallas, alegrías y triunfos que conlleva vivir fuera del armario, sin mordazas y con orgullo en el cambio de siglo. A Bill Butler le llegó el guion a través de Joseph Middleton, director de casting y uno de sus mejores amigos y, si bien se daba por hecho que todos los personajes serían blancos (así eran las cosas por entonces), Bill oyó mi voz en el personaje de Taylor: la fabulosa drama queen oficial del grupo. Leí el guion y era muy bueno, pero me di cuenta de que, aunque la blancura estuviera implícita en todos los personajes, a Taylor concretamente lo describían como blanco y rubio.

—¿Cómo va a cuajar esto? —le dije a Bill mirándolo de reojo.

—¡Vas a entrar allí y vas a hacer que cambien de opinión! —sentenció.

*¡Bueeeno, FUEGO!*

Mi audición fue en la suite de un hotel un domingo por la tarde, sobre las siete y media. Muy raro. Entré en la habitación y de inmediato declaré: «¡Confío en que nadie se esté esperando un "trabajito" a cambio de este trabajo!». Miss Hielo se había roto y pasé a leer mis escenas con Greg. Era un muchacho joven y se mostró verdaderamente abierto a una interpretación de Taylor distinta a la que había salido de su cabeza. Y lo agradezco. ¡Porque esta zorra consiguió el papel!

Grabamos la película entera en veintidós días. La grabación fue como una guerrilla indie, en toda regla, y me lo pasé en grande. Desde el principio, el reparto estrechó lazos a un nivel muy profundo. Todos sabíamos lo especial que podía ser esa película y, con Greg al timón de la dirección por primera vez en su vida, comprendimos que estábamos en presencia de la grandeza. Greg Berlanti ha terminado convirtiéndose en uno de los autores más prolíficos de la industria, con una selección de dieciocho series de televisión emitidas en la temporada de 2020. Su arte está poblado por sus creencias y su activismo, y aboga por popularizar historias queer. Su trabajo ha conseguido desplazar la aguja del respeto y del entendimiento hacia nuestro favor. Es una verdadera obra de Dios. Su película más reciente, *Love, Simon,* es el film queer de maduración adolescente que el mundo no sabía que necesitaba. No me imagino con cuánta más libertad habría vivido mi adolescencia al saber que no estaba solo gracias a una representación de este calibre.

Tanto *La becaria* como *El club de los corazones rotos* entraron en el Sundance Film Festival del año 2000. *El club* pasó al codiciado espacio de «estrenos» que no iban a competición, dado que ya teníamos como distribuidora a Screen Gems, de Sony. El reparto estaba salpicado de estrellas como Dean Cain, conocido por la serie de *Lois & Clark*, o Mary McCormack, Nia Long (una de mis actrices negras favoritas) y la cómica Jennifer Coolidge, que se comía el escenario y con quien me reuniría de nuevo décadas después para hacer de mejores amigos en *Socias y enemigas,* una película de Paramount Pictures de 2020 protagonizada por Tiffany Haddish, Rose Byrne y Salma Hayek. El resto del reparto lo completábamos actores emergentes como yo mismo, Timothy Olyphant, Zach Braff, Justin Theroux, Matt McGrath, Andrew Keegan y Ben Weber, muchos de los cuales han acabado por tener unas carreras brillantísimas.

¡Sundance es muy muy así! Ella, lujosa. Ella, llena de estrellas. Ella, sofisticada 24/7. Un entorno excesivo, muy última moda invernal, muy pista de esquí, y todo principalmente destinado a blancos y a superprivilegiados. *Love & Basketball* de Gina Prince-Bythewood, con Sanaa Lathan y Omar Epps como protagonistas, se proyectaba en el mismo cine de «estrenos fuera de competición», aunque una noche distinta, así que por suerte no fui el único trocito de chocolate en las nevadas montañas de Utah.

Comencé en serio una terapia tradicional en 1995. Me daba miedo que el trauma me hubiese perjudicado demasiado, hasta el punto de incapacitarme para mantener una auténtica relación íntima con alguien. Desde el verano de 1989 no me había aventurado a nada, y el sueño adolescente de tres meses que tuve entonces se esfumó cuando descubrí que mi hombre se escabullía en secreto con un muy amigo mío. El perdón para ambas partes fue rápido y necesario por mi propia cordura, pero no encontré ni el espacio ni la confianza para volver a intentarlo hasta que me crucé con Matthew Anderson en algún momento de 1998.

Tengo algo borroso el recuerdo de cómo nos conocimos; sin embargo, sí me acuerdo bien de lo dulce que era conmigo. Y divertido. Por aquel tiempo Matthew trabajaba en la sección de noticias de la MTV y sabía medirle el pulso a la cultura pop estadounidense a la perfección. Abastecía culturalmente a las masas con cualquier elemento pop, ¡y lo sigue haciendo!

Cuando llegó 1999, mi carrera discográfica había implosionado, mi carrera en Broadway se había vuelto nociva y mi vida seguía desarrollándose fuera de la cárcel solo por los pelos, porque no llegué a reventarle la cara a aquella perra francesa que se creía que iba a enseñarme, a mí, a ser un predicador góspel. Una noche del otoño tardío, entre Acción de Gracias y Navidad, me vi de pronto sumido en una espiral. Fue la noche que sufrí el ataque de pánico y llamé a mi madre desde las escaleras de atrás del Imperial Theatre...

Y ya sabemos lo bien que salió aquello... ¡Para cagarse de bien!

Conseguir papeles en dos películas el mismo año y que los dos filmes se estrenasen en el Sundance Film Festival, me aportó la valentía suficiente para dar un salto, para plantearme un cambio, como mudarme a Los Ángeles o algo así. El periodo de diecisiete años de Matt en MTV News estaba llegando a su fin y nos pareció lo más apropiado, así que cargamos el camión y nos trasladamos, no precisamente a Beverly Hills, pero casi al lado, más o menos.

Nos fuimos a vivir a la planta baja de un dúplex en el 1073 de South Odgen Drive, donde ya residía mi gran amigo Ron Kellum.

Yo quería interpretar a seres humanos tridimensionales y se lo dejé claro a todo miembro de la industria que quiso escucharme. El trabajo se estancó casi de inmediato, ¡y en ambas costas! Pasé un año entero en Los Ángeles sin una sola audición. Vale, quizá hiciera un par, pero siempre con la misma respuesta: «demasiado extravagante». *Pero ¡en el desglose del personaje se lo describe como extravagante! ¡Qué cojones!* Los papeles de gay para los que hacía audiciones —y seamos sinceros, todos eran papeles de gay— acababan en manos de hombres heterosexuales. *Vale, conque me dejan fuera de los papeles de hetero porque soy demasiado extravagante y, cuando se supone que sí debo serlo, me paso de extravagante. ¡Y resulta que los «gayrdianes» blancos, llenos de odio hacia sí mismos, van y contratan a hombres blancos heteros para esos papeles! Es un círculo vicioso: no pueden hacerse pelis gais sin estrellas gais, pero los gayrdianes nos cierran el paso! ¿Qué otra cosa puede hacer uno sino tomar las riendas?*

Llamé a Bruce Cohen, mi amigo productor de cine que acababa de ganar el Óscar a mejor película por *American Beauty*. Nos reunimos para almorzar en el California

Canteen del bulevar Cahuenga, el tramo de autovía que pasa por encima del monte en el que Hollywood se une al valle de San Fernando. Le pregunté qué estaba haciendo mal en Hollywood y me vino con la misma historia que con los años acabaría por aterrorizarme: «Tienes un talento muy especial, Billy. ¡Nadie sabe qué hacer contigo!». *Otra vez igual: bailándome el agua, ¡pues me estoy mareando ya con tanto baile! Un talento muy especial sin trabajo no me sirve para pagar las facturas, ¡y esta zorra necesita comer!* En cualquier caso, nuestra conversación se desvió cuando Bruce me preguntó: «¿Tú escribes?».

Retrocedí mentalmente a uno de los días del rodaje de la película *La becaria*. Estaba viendo, desde un lado del plató, la grabación de una escena que no acababa de salir muy bien, y entonces expresé con palabras mi asombro ante el hecho de que aquella película se estuviese filmando: la habían escrito dos becarias desconocidas de la industria de la moda que, mágicamente, sacaron un conejo de la chistera con el rodaje de ese filme.

—¿Cómo puede estar pasando esto? —murmuré sin reparar en que alguien pudiese escucharme.

El primer asistente de dirección se giró hacia mí.

—¡Pues porque alguien lo escribió! —respondió, y siguió concentrado en la escena que se estaba rodando.

—¿Qué?

—Has preguntado que cómo puede estar pasando esto y te digo que es porque alguien lo escribió. Si tienes algo que decir, dilo.

*Qué hombre más pragmático. Sin un atisbo de ironía ni nada. Es como si supiera algo de mí que ni yo mismo sé. ¡A lo mejor debería probar yo también!*

En un intento por ordenar mis ideas, le contesté:

—Ni siquiera sabría por dónde empezar ni cómo darle forma. No tengo ni ordenador.

—Bueno, lo primero es que estamos en 1999 y los ordenadores son una cosa imprescindible, ¡y punto! Lo segundo: existe un programa de escritura que se llama Final Draft. Te compone el formato. Incluso tiene plantillas de muestra de algunos de los mejores programas de la tele. ¿Qué más excusas tienes?

Me quedé mudo. Apenas conocía a ese hombre ni recuerdo su nombre, pero le estoy muy agradecido. Al día siguiente fui a comprarme mi primer ordenador, un Sony VAIO. A continuación, peiné todo Manhattan en busca de ese Final Draft del que me había hablado aquel primer ayudante de dirección tan sabio. Encontré el programa informático en la Drama Book Shop. En cuanto llegué a casa instalé el ordenador, con cuenta de correo de AOL y todo, y cargué de inmediato el Final Draft en el equipo.

¡El primer asistente de dirección tenía razón! El programa incluía una plantilla de *Will & Grace*, una de mis series favoritas de aquella época. El instinto me decía que iniciase esa nueva aventura de escritura con algo conocido, así que me lancé a escribir un episodio de *Will & Grace* que incluyese a una persona negra. Por desgracia, la diversidad racial estaba bastante ausente en el reparto de *Will & Grace*, a excepción de Gregory Hines, uno de los novios de Grace (ah, ¡menuda ironía! ¡El único personaje negro coherente en aquella serie aplastantemente gay era hetero!).

En cualquier caso, me metí de lleno en la narración. Escribí una trama para *Just Jack*, en la que Karen contrata a un nuevo director negro para el programa de Jack (basado en mi mentor, Billy Wilson) que llega y convierte *Just Jack* en toda una sensación dentro del circuito alternativo de Broadway. Escribía en privado, en secreto. Escribía para mí y solo para mí. Cuando me vi en mitad del Sundance pasando el rato con mi vieja amiga del reestreno de *Grease* en Broadway, Megan Mullally (la mismísima señora Karen), le pasé una copia del capítulo. Lo leyó esa noche y al día siguiente me alentó diciéndome: «¡Cariño, es fantástico! Has captado nuestras voces a la perfección. ¡Eres un gran escritor!».

Me guardé sus palabras en el corazón mientras me lanzaba a probar con *Sexo en Nueva York,* otra de mis series favoritas de la época. Iba a escribir un episodio en el que todas las mujeres se follaran a negros, pero en el proceso de bocetar el capítulo decidí, en mi trayectoria aún inexplorada de encontrar una voz propia, crear una serie totalmente nueva, con el espíritu de *Sexo en Nueva York,* pero ¡con un reparto exclusivo de hombres gais negros!

Titulé la serie *The Ladies Who Lunch.* Acabé dos episodios y decidí «salir del armario» como escritor. Llamé a algunos de mis amigos actores para que vinieran a casa a hacer una lectura de los dos guiones en el salón, así que cuando Bruce Cohen me sugirió que debía asumir las riendas y crear un espacio para escribir, yo ya iba un paso por delante.

«Vas a tener que mostrarle al mundo quién eres. Todavía no te entienden», me dijo Bruce.

Le conté el secreto de mi floreciente faceta de escritor y cómo había llegado a esa forma de arte. Le expliqué que, aunque se me daba más o menos bien eso de saltar en el trampolín de la escritura, lo mío no era una habilidad real, un arte, ¡y eso que soy una zorra estudiada! Me gusta conocer las normas para poder romperlas. ¡Que nadie se confunda, que esto no es casualidad!

Le pregunté a Bruce si sabía de algún curso de escritura al que pudiese apuntarme y me sugirió un programa de guion profesional que se impartía en la Universidad de California, en Los Ángeles. «Son clases de escritura, pero sin tener que pasar por todos los cursos del grado». Corrí a casa y me metí en internet para consultar el sitio web de la UCLA y buscar información sobre el curso. El plazo límite para las solicitudes se había cumplido el día antes. Levanté el teléfono y llamé a centralita, y por casualidad me pusieron con la señora encargada de las solicitudes. Le dije que acababa de enterarme de la existencia del programa por un amigo y le supliqué que aceptase mi solicitud. «¿Tiene alguna muestra de escritura?», me preguntó. «¡Sí, sí que tengo!». Me ofreció que le enviase las muestras ese mismo día y que se plantearían aceptarme. A la mañana siguiente recibí una llamada de la señora de las solicitudes. ¡Estaba dentro!

# Capítulo quince

*Ring… ring… ring… ring…*

Salta el contestador en el despacho del fondo.

Me revuelvo en mi cama extragrande de California y me tapo la cabeza con la almohada para anular aquel indicio de comienzo del día, de reincorporación a la vida tal y como la había dejado…

«Hola, has llamado a Matt y a Billy. Deja un mensaje después de la señal y te devolveremos la llamada lo antes posible».

*Clic-clic, tono de llamada.*

… O el inicio de una nueva vida. Quién habría podido saber o predecir lo que estaba por llegar.

Medio segundo después.

*Ring… ring… ring… ring…*

Contestador automático.

*Clic-clic, tono de llamada.*

¡Qué mierda de hora es esta para que me llame nadie!

*5:46 de la mañana.*

¡¡¡Mis reinas saben que solo pueden llamarme antes de las diez en caso de emergencia!!!

A mi lado, Matt daba toda una lección de narcolepsia: un trozo de piedra, inconsciente, inmóvil. ¡Y roncando como un demonio!

Matt solo roncaba cuando estaba agotado y el viaje de vuelta de nuestro legendario crucero gay por el Mediterráneo estuvo plagado de retrasos en vuelos, pérdidas de maletas ¡y un AUTOBÚS!

Había sido un viaje exquisito a lugares en los que yo nunca había estado, sitios a los que ni había soñado con ir. Ni siquiera sabía soñar con sitios así, soñar tan a lo grande. Barcelona fue el punto de partida. ¡Gaudí! ¿Estás de coña? Desde la Casa Batlló hasta la iglesia esa que llevan construyendo desde que se creó el agua, o incluso el museo en el que parece que Disney lo vomitó todo, en el buen sentido. Y luego llegó Roma, con el Coliseo, la Fontana de Trevi, la basílica de San Pedro, la Capilla Sixtina y Ciudad del Vaticano...

*Ring... ring... ring... ring...*

*El teléfono me saca de mis sueños.*

Supongo que será una emergencia. No estoy preparado para emergencias tan temprano. ¿Qué hora es...?

«Hola, has llamado a Matt y a Billy...».

«¡Billy! ¡Matt! ¡Despertad ya! ¡Levantaos! ¡Coged el teléfono! ¡Despertad de una puta vez y coged el puto teléfono! Venga ya. ¡Tenéis que cogerlo! ¡Vengavengavengavengavenga! Un puto 767 acaba de...».

—Eh, eh, eh, aquí estoy. ¿Qué pasa? ¿Qué está pasando?

A Aaron casi no le salían las palabras.

—Tenéis que levantaros y poner la tele. Un avión acaba de estrellarse contra el World Trade Center. Piensan que puede ser un ataque terrorista.

Me dio la impresión de que las paredes cedían y se retorcían a mi alrededor. Me iba secando las lágrimas mientras trataba de llegar al salón. Lágrimas desprovistas de emoción:

eran crudas, viscerales, aterradoras, iban ligadas a algo incomprensible, desconocido aún.

¿Qué quiere decir eso de «ataque terrorista»?

*Respira.*

*Calma.*

Ve a por el puñetero mando y pon la televisión.

*Tan horrible no puede ser, ¿no…? Mejor no exagerar ni crear falsas alarmas por nada, ¿no…?*

Sin duda, era peor de lo que pensaba. El 11 de septiembre fue el momento más determinante de mi vida, aún lo es y seguramente lo seguirá siendo hasta que me muera. Y no creo que sea el único que lo siente así. Me atrevería a decir que ese día el mundo entero cambió para siempre. Sencillamente. Se transformó. Así sin más. Fue de esos cambios evidentes e ilusorios y frenéticos y empoderantes; una transformación carente de definición, de palabras que la describan. Para los suertudos y cuerdos (y yo afortunadamente me contaría entre estos) quizá supusiera un cambio de conciencia, un mayor nivel de conexión, pero para los menos afortunados en lo relativo a la cordura sería una mera excusa para denigrar al «otro» y declarar guerras que nunca acaban.

Aquella mañana me senté comatoso en el suelo, en esa postura que adoptamos de niños, con las piernas cruzadas, justo delante de la pantalla. Fascinado. Hipnotizado. Con la cara pegada a las formas humanas que había al otro lado del vidrio templado. No podía apartar los ojos de la devastación. Había un vídeo que la CNN repetía constantemente. Un peatón por la calle, a varias manzanas. Una perspectiva surrealista. Entonces, a cámara lenta, aquella masa enorme de metal en movimiento que eclipsaba poco a poco el abrasador sol de septiembre —rugido y estruendo de motores fuera de control, el instante previo a la detonación—, un alien salvaje y monstruoso, como en una película de ciencia ficción y catástrofes al más puro estilo Spielberg. «Como en una película», eso dice todo el mundo. Pero no fue una película. Fue real. Sentí que me ahogaba, fue una reacción visceral. Me faltaba el aire.

Cuando recuperé la respiración noté que tenía los ojos empañados, casi cerrados por la hinchazón de las lágrimas, del miedo. Una extraña sensación de vacío inundaba mi ser. Las brutales imágenes del momento y la inmediatez con la que aquella... aquella... información inimaginable asaltaba mis sentidos me provocaron un colapso en el disco duro emocional. Estaban las lágrimas, estaba la emoción, pero me veía incapaz de casar esas dos energías y unirlas. Mi psique trataba de hacerse a la idea de que aquellos escombros, esa metralla que salía disparada por la boca de fuego que flotaba en el cielo, no eran solo metal, cristal, llamas, ordenadores, mesas, sillas, lavabos, maletines, carteras, baños, luces fluorescentes, amianto..., móviles, fotos familiares, cemento..., sino que podían ser también... seres... ¿seres humanos...? ¿Cabezas? ¿Piernas? ¿Brazos? ¿Entrañas? ¡DIOS!

La desoladora certeza de que la madre, el hermano, el amante, el marido, la colega, la amiga-hermana de alguien acababa de quedar reducido a cenizas, evaporado en un abrir y cerrar de ajos, me dejó incapacitado, impotente. La yihad. Una guerra santa. ¿En nombre de Dios? ¿Ese mismo Dios que se rumorea que nos ama? No quiero pensar lo que debió de ser mirar de frente al morro de un 767. No me imagino capaz de soportar un infierno así.

*¡¡¡BOOM!!!*

*6:03.*

Un segundo Boeing 767 hace estallar la torre sur del World Trade Center. Vuelvo a la realidad de golpe y me doy cuenta de que Matt sigue en la cama dormido como un lirón. Seguro que mi querido novio está soñando todavía con Santorini, esa ciudad construida en la falda de una montaña, o con Montecarlo, donde nos prohibieron entrar a comprar porque íbamos en pantalones cortos, o con las playas de arena blanca de Miconos.

—Cariño, tienes que levantarte. —Lo zarandeé con suavidad. Sin suerte—. Nene, levanta. Tienes que levantarte. ¡El mundo está ardiendo!

Ahí ya estaba gritándole.

—¡No me grites! —balbuceó Matt—. Ya voy.

—No, no vienes. Sigues dormido. ¡Y necesito que espabiles y vengas ya!

Prácticamente le desencajé el brazo arrastrándolo hasta el salón. Los dos nos colocamos en esa posición de piernas cruzadas justo delante de la tele. No estoy seguro de por qué, quizá necesitábamos sentirnos cerca de lo que estaba pasando, por retorcido que parezca, porque no estábamos allí. Nos marchamos a Los Ángeles con una esperanza y un sueño. Llegaba el cambio de siglo y habíamos cumplido treinta años hacía poco. El año 2000 parecía tan bueno como cualquier otro para renovarse.

Matt y yo habíamos entrado en el nuevo siglo en el epicentro de todas las celebraciones. El vestíbulo del Minskoff Theatre daba a Times Square y los dueños del teatro, la Nederlander Organization, dieron allí una fiesta de lo más glamurosa. El mundo entero estaba alterado por la posibilidad de que la red informática se hundiera. La gente se estaba preparando para que los ascensores se desplomasen y los aviones se cayeran del cielo. ¡Pero nadie podría haber predicho esto!

Mientras veía el mundo explotar delante de mí, no pensaba nada más que en lo traidor que me sentía de repente por haberme ido de Nueva York. Cuando la cosa se puso seria, corté por lo sano y eché a correr. Abandoné a mis amigos, a mi familia, mi arte, mis sueños, en un intento de… ¿De qué? ¿De encontrarme a mí mismo?

Sí, en cierto modo todo eso parecía una frivolidad en aquellos momentos. Rebusqué en mi alma una justificación para mi traición, pero solo sentía un vacío hostil, ese tipo de hueco que te lleva a querer largarte, pero en serio, de verdad. Tuve que mudarme a Los Ángeles con Matt porque me sentía desencantado, así que necesitaba cambiar de sitio. Necesitaba dar un paso atrás y reevaluar lo que quería para mi carrera, para mi vida, para mi supervivencia en este planeta.

Me inundó una sensación terrible de necesidad de reflexión. Me lo cuestioné todo. Todas las decisiones que había tomado hasta ese momento se habían basado en el miedo o en una necesidad maniática de aprobación o aceptación. Era el momento de intentar algo nuevo, el momento de alejarme de la carrera de la masculinidad; alejarme, en última instancia, de cualquier carrera. Mi objetivo pasó a ser abandonar la necesidad de toda validación que no fuese la mía propia. Era el momento de elegirme a mí mismo, de dejar de necesitar la idea de la aceptación o tolerancia de nada ni de nadie más. ¡Empecé a exigir respeto! Respétame: respeta mi humanidad y a todos nos irá bien. Cuesta enseñarle trucos nuevos a un perro viejo, así que mi transición vital tardó un poco en afianzarse. ¡Además, esta zorra seguía necesitando comer!

Y entonces se me vino a la cabeza. *¡JODER! ¿Qué pasará con* Into the Woods? *Fijo que no sale adelante.*

A principios de 2001 había oído rumores de que iban a reestrenar *Into the Woods*, de Stephen Sondheim, uno de mis musicales favoritos de uno de mis autores favoritos. Llamé de inmediato a mi agente para conseguir una audición. La respuesta fue que el director de casting estaba pensando con toda la calma del mundo si yo era «adecuado» para el proyecto. «No ser adecuado» era la expresión en clave para «no ser blanco», y yo eso lo sabía. La raza siempre había sido una barrera tácita, una barrera de la que era muy consciente. Como también era muy consciente del encasillamiento al que me habían relegado los mandamases de la industria: para ellos yo era un cantante extremadamente dotado y nadie pensaba que supiera actuar, así que no me sorprendió la respuesta del director de casting.

No obstante, gracias a mi historial en el mundillo durante la década anterior, tengo la absoluta certeza de que mis talentos habían demostrado con creces que merecía que se me dedicaran cinco minutos: «... Y les dices a esas perras que si no me citan para una audición pienso reventarles la puerta del Mark Taper Forum y enseñarles mi culo negro y beligerante hasta que acepten... ¡Y que he trabajado con James Lapine!», dije enfurecido. James Lapine, el escritor del musical y director de la producción original de *Into the Woods*, iba a regresar a la dirección para ese reestreno previsto para la primavera de 2002. Ni que decir tiene que conseguí mis cinco minutos.

La audición fue en el centro de Los Ángeles, en el afamado Center Theatre Group. Hice las pruebas para el papel de panadero. Esa vez probé algo nuevo: canté siguiendo la partitura. ¿Lo de *Grease*? Esa forma de presentarme se había convertido en mi norma general, era lo que se esperaba de mí y la gente lo disfrutaba. Nunca encajaba en casillas tradicionales, pero necesitaba que me escucharan y esa era mi manera de conseguirlo.

Sin embargo, para esta audición en concreto mi objetivo era otro. En realidad necesitaba que la sala de audiciones no se viniese a bajo. Necesitaba ser normal, demostrarles que podía encajar en la casilla que los mandamases habían establecido. Así que canté lo que ponía en la partitura, las notas ahí presentes, y nada más. Canté la canción en su clave original, que era tan baja para mí que las cuerdas vocales casi no se me activaron para generar sonidos. El objetivo era eliminar de la ecuación mis dotes extremas de canto, mi don, y con ello abrir un espacio para que la gente experimentase mi capacidad interpretativa. Esa siempre había sido la justificación para no concederme papeles que exigieran cierta dimensión. Mi trabajo no se veía como tridimensional, enraizado en la tierra, humano. Me consideraban un cantante asombroso con capacidad para detener un espectáculo, sí, pero por entonces para ellos yo no era más que un payaso. A esa época de mi vida la apodo respetuosamente «mi era de negrito del África modernizado». Mi objetivo con la audición de *Into the Woods* era descartar de una vez y para siempre el mito de que no sabía actuar. Así que me planté allí y, con la intención y la concentración activas, canté en voz queda, calmada, transparente.

Cuando acabé se hizo un silencio persistente que al fin rompieron unas palabras de James Lapine. «Eres un actor extraordinario. No tenía ni idea». Ahí estaba: ahí tenía mi prueba. Ser consciente de la percepción ajena es clave para el éxito. Hay que saber cómo lo perciben a uno desde fuera. Mi madre me decía siempre que no me preocupase por lo que otra gente dijera o pensara de mí: «Eso no es problema tuyo, hijo mío», y en general es muy buena filosofía de vida. Sin embargo, en esta situación en concreto el cambio solo podía darse tomando conciencia de eso: hay que saber cómo te percibe la gente que puede darte trabajo.

Mis buenos amigos y colegas me tachaban de absurdo o exagerado cuando me quejaba de que se me considerase falto de talento para la actuación, pero yo siempre había sabido la verdad. Ellos no estaban en las salas de audiciones conmigo. Por fin asumí esa verdad y, en consecuencia, llevé las armas adecuadas para abrirme un hueco en este mundo. Usé ese conocimiento. ¡Porque el conocimiento es poder!

En mi cabeza ya había ganado. El hecho de que James Lapine acabase de hablar sobre mi interpretación y no sobre mi voz era el objetivo real. Yo no era la persona adecuada para el papel original del panadero y lo sabía. Sabía que haría falta un milagro para estar de pronto en un mundo en el que me eligiesen para el reestreno en Broadway de otro espectáculo blanquito. *¡Por algo era la Gran Vía Blanca!*

Le di las gracias a James mientras recogía las cosas para marcharme de la sala.

—¿Adónde vas? —me preguntó el señor Lapine.

En ese momento me estremecí. Había escalado el primer muro: se había despertado el interés de Lapine. Le vi una luz encendida en el cerebro.

—Bueno, no creo que seas el tipo de persona adecuada para el panadero. Tienes demasiada chispa para ese personaje…

*¿«Chispa»? Estás hablando en clave, perra, no te creas que no sé lo que estás queriendo decir.*

—… pero me parece que eres perfecto para la bruja.

*¡Zooorraaa! ¡No juegues conmigo! Ese es mi sueño. Llevo soñando con interpretar ese papel desde que vi a Phylicia Rashad sustituir a Bernadette Peters en Broadway.*

En este mundillo la batalla por un casting no tradicional no es ninguna broma, aunque hay una salvedad: si eres famoso, tienes permitido hacer cosas que otras minorías legas no pueden; por ejemplo, si eres lo bastante popular para vender entradas y resulta que eres negro, no pasa nada. Así que mi objetivo era hacerme tan famoso como para ser una entidad rentable y entonces trascender la raza. De lo contrario, ¡no muevas ese culo negro de su sitio!

Me quedé sin habla al ver que la idea partía del mismísimo hombre blanco: del autor, del director. No era yo abriéndome camino a la fuerza y exigiendo tener un asiento a la mesa, cosa que había hecho en todos los ámbitos de mi existencia hasta ese momento. No era yo haciendo el trabajo que tenían que hacer ellos y enseñándoles una nueva manera de interpretar su material para intentar abrirme un hueco. Me presenté en aquella audición con toda la intención de encajar, sin más: vedme como veis a todos los niños blancos que contratáis para todos los bolos de esta ciudad. Todos mis contemporáneos parecen ser capaces de conservar un trabajo y, sin embargo, yo me veía oscilando entre vientos cambiantes de posibilidad y oscuridad. Por absurdo que parezca, la verdad es que el trabajo se estancó en cuanto puse mi humanidad como exigencia, es algo tan cierto como el aire que respiro. Juro por Dios que es verdad. Resultaba que, después de todo, mi percepción de cómo se me percibía no era tan equivocada. Por fin, me recompuse para responder.

—Yo... Es que... Siempre he soñado con hacer el papel de la bruja, así que no se ría de mí, haga el favor —dije con mucha chispa.

—No me estoy riendo. Hablo muy en serio. Llevo tiempo buscando un nuevo enfoque para este material y justo ayer estuve rumiando la posibilidad de hacer una versión masculina de la bruja. La cuestión es que ya está ahí la relación quebrada entre madre e hija, y eso podría traducirse muy fácilmente en la de un padre con una hija. —Se autoconvenció en un orgasmo creativo—. ¡Por qué no! Lo escribí yo, así que se hará lo que yo diga.

*A ver si el pececito no muere por la boca...*

—Por qué no te llevas el material a casa y vuelves dentro de un par de días para que veamos lo que sacas de ahí.

—No me hace falta. —Sonreí con suficiencia.

—¿Perdón...?

—No me hace falta llevarme el material, puedo hacerlo ahora mismo —dije salivando.

—Pero necesito que cantes el material de la bruja.

—Sí, lo sé.

El cerebro me iba a toda máquina.

*¡Si siempre estás preparado, nunca tendrás que prepararte!*

*El éxito llega cuando la oportunidad y la preparación se cruzan. ¡Eso decía Oprah!*

—Solo necesito un par de minutos para leer un poco la escena y estoy listo.

Decir que reventé a aquellas criaturas sería quedarme corto. ¡Hundí a aquel hombre con mi forma de actuar y de cantar! Como ya he dicho antes, la sala de audiciones es mi espacio favorito del mundo. Es un lugar en el que puedo dejar las cosas claras, lucirme, vender mi material. Me llevaron en avión a Nueva York para la segunda audición. Lapine me recibió en la puerta con una sonrisa enorme y un abrazo cálido, abierto, me atrevería a decir que acogedor, de esa manera que te hace pensar que los vientos de la subjetividad han soplado a tu favor.

—Me gustaría empezar con lo que llamamos el rap de la bruja. Está en la secuencia inicial. ¿Lo conoces?

—Creo que he oído hablar de él, sí.

Me hice el evasivo.

—Bueno, acércate al piano y vamos a repasarlo.

Fingí desconocimiento mientras hacía como que leía el rap por encima del hombro del músico de acompañamiento. Luego aparté la mirada de la partitura y empecé a soltar rimas de memoria, como si aquello fuera una batalla de improvisación.

Se hizo un silencio cuando terminé la estrofa. Lapine se quedó colgado de todas mis palabras como unos aretes brillantes de diva de barrio en los lóbulos de Beyoncé. Después seguí con mi sesión de auténtico gangsta rap, dando el espectáculo.

A continuación, Lapine me pidió que cantase *Stay With Me* y cuando terminé se levantó de la silla y se puso a caminar. Parecía estar esforzándose por ponerle freno a su emoción. La cara de póker se le empezó a borrar cuando vio algo en mí que lo hizo sonreír. Lapine no es de sonreír mucho. Los flujos creativos le estaban corriendo por las venas y sentí que yo tenía mucho que ver con esa circulación. En este mundillo recibes suficientes noes para saber cuándo es viable un sí, y yo sabía con total seguridad que Lapine me adoraba. En cualquier caso, él era consciente de lo tiquismiquis que podía ser el señor Sondheim en lo que respectaba a la interpretación de su obra. ¡Era famoso por mandar callar a todo Dios! Así que me organizaron una sesión de trabajo con Paul Gemignani, el director musical del señor Sondheim desde hacía muchos años.

Tres meses después volví a Nueva York en avión para esa sesión de trabajo con Gemignani y para la audición final con el gran hombre. Las últimas candidatas para el papel de la bruja éramos Jennifer Holliday, Vanessa Williams y yo misma, encantada. Terminé de cantar mi primer tema para Gemignani y el hombre se quedó pensativo..., en silencio. Al momento, me pidió la siguiente canción. Cuando acabé, levantó la vista de las teclas y dijo: «Hazlo justo así».

Estaba empapado en sudor nervioso cuando subí al escenario para la última audición en el Westside Theatre, en la calle 43, esquina entre las avenidas 9 y 10. Invoqué al dios de todo lo fantástico para que acudiese al edificio. Me centré en el hechizo que había que conjurar. El mismísimo espíritu de Cristo poseyó mi cuerpo en esa mañana de julio sofocantemente húmeda. Terminé de interpretar el material de la audición y el señor Sondheim me interrogó incrédulo sobre lo que acababa de presenciar.

—¡Vaya! ¿Eres capaz de repetir esto ocho veces por semana?

Muy atrevido y sin pestañear, le solté:

—¡Apuéstese lo que quiera a que sí!

A mediados de agosto de 2001 aún no había tenido noticias de la gente de *Into the Woods* y empecé a ponerme nervioso. Le pedí a mi agente que indagara sobre mi situación en el proyecto. ¿Me seguían teniendo en mente? ¿O ya no? Me llegaron rumores de que todos los creativos estaban en el bando de Billy Porter, pero que los productores andaban algo preocupados. Aún hoy sigo sin adivinar lo que les preocupaba. Si los creadores de la obra pensaban que yo era el adecuado, si James Lapine y Stephen Sondheim pensaban que yo era la persona apropiada, es que lo era, ¿no?

Asumí la responsabilidad de ser proactivo y le escribí una carta al señor Lapine. Le conté que me sentía abrumado por la libertad artística que me había dado al permitirme ser yo mismo. Lapine me había dicho: «Esta bruja no encaja. Tú no encajas, Billy», y le expliqué lo hondo que me habían calado sus palabras, igual que las de Sondheim cuando de pequeño iba en el autobús escolar de Pittsburgh escuchando en el Walkman *Sunday in the Park with George*. Y le repetí que quería el trabajo, que teníamos la oportunidad de cambiar el teatro juntos, de no ser elitistas ni irrelevantes, sino aportar algo nuevo y tomar decisiones valientes que ayudasen al teatro estadounidense a sobrevivir en el siglo XXI.

El 10 de septiembre de 2001 tenía un mensaje en el contestador automático, justo cuando Matt y yo regresamos de nuestro crucero por el Mediterráneo.

«Hola, Billy. Soy James Lapine. Solo te llamaba para decirte que he recibido tu preciosa carta. Hemos estado sorteando ciertos rechazos hacia nuestras ideas creativas para *Into the Woods,* pero no hay nada que temer, lo estamos solucionando. Los ensayos empiezan el 13 de diciembre. No aceptes otros trabajos...».

Sentado en el suelo delante de la televisión con las piernas cruzadas, en Los Ángeles, viendo la repercusión del ataque terrorista en Nueva York, supe que mi sueño de interpretar a la bruja se había desvanecido. Si el espectáculo llegaba a continuar alguna vez, ya tenían una excusa. Ahora los productores tenían una razón de peso para no asumir riesgos, una necesidad de responsabilidad fiscal. La elección artística, la elección valiente, la elección que me incluía, tendría que esperar de nuevo.

Me quedé al lado del contestador automático, sumido en un trance. Le di a repetir el mensaje una y otra vez hasta que lo escuché lo suficiente. Necesitaba asegurarme de que era real. Necesitaba oír la esperanza en la voz de aquel hombre mientras me lamentaba por la pérdida de otro «casi». En el fondo de mi corazón, sabía que el señor Lapine me había hecho una promesa que el universo no le iba a permitir cumplir.

Pulsé el botón de eliminar en el contestador. No podía soportar volver a oír ese mensaje. Nunca tuve más noticias del señor Lapine ni de nadie del equipo implicado en el reestreno de *Into the Woods*.

# Capítulo dieciséis

*¡Es un puto linchamiento! Un puto linchamiento público en la actualidad. 9:29… El cobarde ese estuvo nueve minutos y veintinueve segundos arrodillado sobre el cuello de aquel hombre, rodeado por cámaras de móviles que captaron la ejecución. Me aterra saber que, como hombre negro residente en Estados Unidos, puedo morir en cualquier momento, de forma sencilla y sistemática, a manos de la misma institución que se supone que debe servir y proteger a toda la ciudadanía.*

*Esta semana ha sido dura para la población negra. En un intento por amenazar a un hombre negro y usar a los cuerpos de seguridad en su contra, una señora blanca que estaba paseando al perro por Central Park, incumpliendo la ley por llevarlo sin correa, llamó a la policía para denunciar a un hombre negro, un observador de aves que le había pedido que se ajustase a la ley y le pusiera la correa al perro. La mujer marcó el 911 y con la voz temblorosa dijo que alguien la estaba amenazando.*

*Estas puñeteras microagresiones, que no son tan micro, ocurren a diario. Hace unos días estaba trabajando en una sesión de fotos para la portada de la revista* Essence *(el primer hombre negro gay que decoraba esa portada, para celebrar los cincuenta años de la publicación) y la zorra que vive frente a nuestra casa de alquiler en Long Island llamó a la policía para denunciarme.*

*Esa sesión de fotos era mi primer bolo de la pandemia. Estaba muy emocionado. Era muy importante para mí, teniendo en cuenta lo apartado que me he sentido siempre de la comunidad negra. Mi condición queer siempre ha sido una manzana de la discordia y mi masculinidad siempre se ha mencionado como motivo para borrar mi humanidad y mi existencia. El equipo creativo, íntegramente negro, estaba entusiasmado con la sesión, convencido de que ayudaría a iniciar la imprescindible conversación que debe darse entre las personas negras homofóbicas y la comunidad LGBTQ+. Bajo el paño de la alta costura de Thom Browne, en las calles de una zona apartada y desolada, nos pusimos a crear nuestra espléndida magia de posados, con su protocolo COVID, su distancia social, su ruptura de roles de género y su rechazo a la masculinidad tóxica.*

*Sentíamos tal efervescencia y gratitud por poder trabajar que probablemente nos sobrepasamos al decidir hacer parte de la sesión delante del amplísimo camino de acceso a la casa de nuestra vecina. Entendí mi responsabilidad en esa cagada de inmediato, en cuanto escuché el ruido de un coche que se deslizaba detrás de mí por la gravilla blanca y perfecta. Mientras el coche se nos acercaba vacilante, a todos se nos despertó la alarma racial. La señora mayor blanca que iba en el vehículo me lanzó una mirada fulminante. Bajó la ventanilla por completo, como invitándome a darle una explicación.*

*—¡Hola, buenas! ¿Qué tal lleva el día?*

*Usé el tono más respetuoso que pude para reducir la intensidad de una posible interacción complicada.*

*En vez de responder a mi intento de conversación con el respeto que me merecía, que todos nos merecíamos en ese momento, la mujer eligió seguir fulminándome con la mirada, subir la ventanilla y avanzar hacia la esquina de la manzana, donde esperó en punto muerto los siguientes cinco minutos. Mi equipo y yo, sin movernos ni alterarnos, continuamos con nuestro trabajo. Pero cuando apareció la policía local cinco minutos después, todos supimos lo que había pasado. Como de costumbre, aquella señora jugó la carta de la mujer blanca agobiada y les dijo a las autoridades que había «unas personas en mi calle con mascarillas y disfraces» que la tenían muy confundida.*

*A ver, voy a detallar la situación: en primer lugar, estamos en plena pandemia y la recomendación del Centro para el Control y la Prevención de Enfermedades es que todo el mundo use mascarilla. En segundo lugar, yo estaba en mitad de la calle, resplandeciente, con un vestido de alta costura de Thom Browne, rosa, con corsé, estilo siglo* XVIII *de tipo cortesana, o de mantua, como se conoce comúnmente. Adornaba mi cabeza un sombrero blanco recubierto por un encaje que sobresalía al menos treinta centímetros, en forma de corazón, y al que iba adherida una cola de encaje blanco de veinte centímetros.*

*Por tanto, fue otro caso común de #[insertar cualquier tipo de actividad]siendonegro. Y por añadir sal a la herida, poco después de este jaleo descubrí que el negocio familiar de esa zorra estaba ligado a la moda. La puta realidad es que toda esta mierda podría haberse evitado si esa señora hubiese tenido la capacidad de verme como a un ser humano y de hablar conmigo cuando le ofrecí una posible conexión.*

*Las horripilantes imágenes del oficial de policía blanco de Minneapolis, Derek Chauvin, apretando la rodilla contra el cuello de George Floyd, un vídeo que dura 8:46 minutos, llevan días repitiéndose en bucle, sin parar, en la pantalla de mi televisión y en mi cabeza. Estoy cansado. Para mí ya ha sido suficiente. Para todos ha sido suficiente. Cuatrocientos años con la misma mierda. Todos los días de mi vida he vivido con ese miedo. TODOS LOS DÍAS de mi vida, mi humanidad ha dependido de la legislación. Y se supone que debemos permanecer sentados con la boca cerrada. Nos encontramos en un momento crítico y el Zanahorio 45*[6] *y sus compinches saben muy bien lo que están haciendo: crear discrepancia, generar división, crear caos, verlo todo arder y luego culpar a la población negra por reaccionar. Estamos cansados, enfurecidos. Estoy tan cabreado que no sé ni qué decir. Estoy tan enrabiado que me cuesta hablar porque lo único que quiero hacer es gritar. Lo único que quiero hacer es liberar mi rabia, prender fuego a todo. Desmantelar el sistema entero y que los escombros caigan donde caigan. No sé qué otra cosa hacer. Nos han llevado de nuevo al borde de la locura. Todos los días de mi vida tengo que hacerme más pequeño para que la gente blanca se sienta más cómoda, y ya estoy harto.*

*El mundo entero vio cómo ese cabrón engreído linchaba a George Floyd, con la comodidad de saber que no tendría que rendir cuentas. Sabía que podía asesinar a ese hombre negro esposado con total impunidad. A diario, me acecha el sonido de la voz de George Floyd llamando a su madre muerta mientras estaba tumbado, clavado en el asfalto, suplicando por su vida. Podría haber sido yo. Yo soy George Floyd. Soy Breonna Taylor. Soy Tamir Rice con sus doce años, soy Philando Castile, Freddy Gray, Eric Garner, Michael Brown, Ahmaud Arbery, Rayshard Brooks... La lista es infinita. La cruda realidad es traumatizante. El lado bueno, si es que puede haber algo así en este tema, es ver al puto mundo despertar. Esta tragedia ha encendido una llama en*

[6] Donald Trump fue el cuadragésimo quinto presidente de Estados Unidos, por eso en algunas ocasiones se añade el número 45 a su apellido (o al apelativo que se use para llamarlo).

*nuestras almas. Las criaturas han tomado las calles en protesta, y no solo en Minneapolis, sino ¡en todo el mundo! Ya está bien, y nosotros, el pueblo, nos estamos levantando una vez más para plantarnos en las calles y meternos en problemas que sí valen la pena.*

Me desperté el 12 de septiembre de 2001 sin voz.
No podía hablar.
No podía cantar.
No podía producir ningún tipo de sonido.
Mis cuerdas vocales no sonaban.
Fui a mi médico de voz.
Grave reflujo de ácido.
¡Generado por el estrés!
Mi salvadora, mi arma.
DESAPARECIDA.
Del todo.
Ni un sonido.
La kriptonita me había alcanzado.
¡Soy algo más que mi voz!
Lo he gritado desde cimas de montañas.
Le pedí al universo que se me viese.
Le rogué a Dios una guía, le rogué valentía.
Esto parece una valentía obligada.
Pero valentía en cualquier caso, supongo.
Después de muchos meses, de muchos médicos...
Y la cita para la endoscopia no arrojó ninguna luz.
Estrés.
Como cuando estaba en séptimo.
Los nódulos de mis cuerdas vocales.
Descanso vocal durante seis meses antes de volver.
La historia aquella...
*Perdón:* el abuso.
No fue una historia. Mi terapeuta me corrigió.

Abusaron de mí sexualmente, pero la abominación soy yo.
Nadie me ayudó, nadie me protegió.
Pero la abominación soy yo.
*Soy* más que mi voz.
*Y*... sin ella, ¿quién soy?
¿Qué soy?
¿Cómo respiro?
¿Cómo voy a vivir?
Aquí estoy, ante el precipicio de la oscuridad.
Por un motivo.
Por una sanación.
Necesaria... y profunda.
Vale, Dios, ya te veo...

Conocí al Doctor Macizo Negro en una fiesta en Los Ángeles. Julio de 2001. Lo vi desde la otra punta de la sala y nos miramos a los ojos. Me dejó sin respiración. Los dos íbamos de invitados a una fabulosa velada gay y negra en el límite de Baldwin Hills, una zona comúnmente conocida como «el Beverly Hills negro». Estaban presentes todas las divas en todo su esplendor. Yo asistí con un conjunto de Abercrombie & Fitch; en realidad ese no era mi estilo, pero por entonces no podía permitirme otra cosa. La fiesta estaba en pleno apogeo cuando llegué. Era una barbacoa, a la gente negra nos encantan las barbacoas. Acudí solo porque mi novio, Matt, estaba de viaje por trabajo. No tenía previsto quedarme mucho. Pretendía aparecer por allí, dejarme ver durante una media hora y luego marcharme. Busqué algo de beber. Busqué un plato. Costillas, berza, ensalada de patatas... Lo típico. Me senté en un rincón del comedor para acoplar el plato y ponerme fino, y entonces me dieron unos golpecitos en el hombro. Era el Doctor Macizo Negro.

—Qué tal. Te he visto cuando has entrado y quería acercarme a saludar. Eres Billy Porter, ¿verdad?

—¡Sí, el mismo! —dije, y tragué.

Me estremecí entero mientras ese negro exquisito entablaba una conversación conmigo.

—Quería que supieras que tu disco me sirvió para sobrevivir a Medicina.

—Ay, por favor, qué bonito. ¡Eres una de las diez personas que lo compró!

Se quedó callado un momento y añadió:

—Eso da igual. Si has llegado de verdad a una sola persona… Es lo que importa, ¿no?

Y ya. Estuvimos en aquel rincón sumergidos en nuestra conversación durante las tres horas siguientes. Hablamos de política, hablamos sobre la semántica entre la individualidad «gay» y la del «amor entre personas del mismo género», hablamos de la finalidad y la misión en la vida, de la vocación y el ministerio. Y es que el Doctor Macizo Negro tenía vocación de sanador. Vivía en Atlanta y su especialidad médica se centraba en el VIH dentro de la comunidad negra, así que parecía que me lo habían enviado con un motivo específico, con un propósito divino. No supe dar con la tecla del porqué, lo único que sé es que me subí al coche y me pasé una hora llorando antes de poder conducir. Me miré en el espejo retrovisor y me di cuenta en ese momento de lo mucho que mi trauma prematuro había influido en quién y qué me atraía de adulto. En ese momento me di cuenta de que, hasta entonces, nunca me había permitido ni pensar siquiera en sentirme atraído por un hombre negro. Los hombres negros eran un peligro para mí. Fue un hombre negro el que abusó de mí. Los hombres negros odiaban a los maricas y, por tanto, me odiaban a mí. Los artistas negros de rap sacaban dinero de su odio hacia la gente gay, incluso nombres pronegros y concienciados como Brand Nubian *(«fuck up a faggot / don't understand their ways, I ain't down with the gays»)* y Goodie Mob *(«the world would be a better place to live, if it was less queers»).*[7] Y los cómicos negros eran peores. El genial Eddie Murphy entró a saco contra «los maricones» en su monólogo especial *Delirious* y dijo: «Cuando me levanto y subo... no permito que los maricones me miren el culo mientras estoy en el escenario» y siguió y siguió, metiéndose con el sexo gay, el pánico gay y el sida.

Tenía trece años cuando salió *Delirious* y recuerdo colarme una noche, ya tarde, en el salón de casa de mi abuela para verlo. Registré cómo el público gritaba, clamaba y alentaba sin miramientos la degradación a la que la señorita Murphy sometía a todo aquello que, en el fondo de mi corazón, yo sabía que era mi auténtica humanidad. En ese momento, me quedó aún más claro que el mundo en general se reía de nosotros, se reía de mí. No puede haber sensación ninguna de seguridad en algo así. No puede haber protección para los maricones.

Voy a decir una cosa: en las décadas que siguieron he visto evolucionar a muchos que antaño fueron infames homófobos. Lo común es haber escrito o compuesto algo homófobo y haber renegado de ello; incluso Eddie Murphy calificó de ignorantes sus viejos chistes. Agradezco la evolución pública de todos. Agradezco que ahora sean aliados. ¡Bravo! Después de conocerlo en persona en la ceremonia de los Globos de Oro de 2020, Eddie se acercó a mi equipo para decir que era fan de mi trabajo y de mi compromiso con mi autenticidad, y que tenía un proyecto en el que le gustaría que colaborase. ¡Progreso, zorras! *¡FUEGO!* Me moría por descubrir qué obra de arte transformadora íbamos a crear juntos.

[7] La letra citada de Brand Nubian significa: «A mamarla, maricones / de qué van, no lo pillo, los gais me importan un pito», mientras que Goodie Mob dice: «El mundo sería un lugar mejor para vivir si no hubiese tanta gente queer».

No podía parar de llorar. Me veía incapaz de seguir corriendo. Inconscientemente o no, tenía que afrontar mi realidad: los hombres negros me daban miedo. No sabía cómo querer a un hombre negro en la intimidad, porque en mis raíces, en las raíces de mi experiencia personal, los hombres negros no eran un espacio seguro para mí. Y por desgracia, la vuelta de tuerca es que si tengo problemas con los hombres negros, tengo problemas conmigo mismo; si me dan miedo los hombres negros, me doy miedo a mí mismo; me atrevería a decir que, si odio a los hombres negros, me odio a mí mismo. ¡Y eso no está bien! ¡Ante todo, yo soy un hombre negro! ¡Es lo primero que ve el mundo!

¿Cómo podía no haberlo entendido antes? Me sentía muy avergonzado. Para ser sincero, lo había visto venir hacía casi diez años. Sabía que necesitaba afrontar una sensación de odio absoluto por mí mismo que nunca había abordado. A mediados de la década de 1990 me metí en un club de lectura gay y negro para estar más en contacto con mi condición de gay negro. Entablé relaciones con gais negros fuera de mi círculo íntimo de amigos-familia elegida, que en su mayoría son negros. Creé vínculos reales con hombres negros que no pertenecían al mundo del espectáculo. Nunca acabé saliendo con ninguno de esos hombres, nunca tuve relaciones sexuales con ninguno, pero sí entablé relaciones duraderas, cariñosas y fraternales que aún hoy valoro.

El Doctor Macizo Negro y yo mantuvimos el contacto durante todo el año siguiente y, aunque me guardé este vínculo para mí y no le hablé de él a mi pareja de entonces, me enorgullece decir que nunca hubo infidelidad. Nunca traicioné así mi relación.

Llegada la primavera de 2002, después del 11-S, supe que necesitaba hacer algunos cambios. El mayor de ellos fue romper con mi pareja de hacía cuatro años. No lo vio venir. Le pilló por sorpresa, y a mis amigos también. Nadie sabía cómo me sentía. Yo nunca hablaba de mis sentimientos, de dónde me encontraba emocionalmente en la relación, me lo tragaba todo. Un gran error cuyo precio pagué muy alto. Mi expareja me hizo el vacío y, sin embargo, siguió agresivamente vinculado a todos y cada uno de mis amigos, amigos que yo le había presentado, siempre negándose a dirigirme la palabra. Esa situación se prolongó casi una década. Algunos tomaron partido. Se lo permití. Seguí mi camino. Me sentí traicionado por unos, burlado por otros, incomprendido por todos.

En el proceso de mi tortuosa ruptura se me presentó la oportunidad de crear y dirigir un espectáculo de revista, estilo Broadway, basado en el catálogo musical de Stevie Wonder que se titularía *Signed, Sealed, Delivered.* Estaba previsto que el proyecto debutase en el hotel Venetian, de Las Vegas. Trabajé con un director musical brillante y muy amigo, Stephen Oremus, y juntos creamos todos los arreglos. Stephen llegaría a ser supervisor musical de éxitos de Broadway como *Avenue Q, Wicked, The Book of Mormon, Kinky Boots, Frozen* y muchos, muchos más.

Mi primera experiencia en la dirección resultó ser un alución de traumas. Primero, estaba enredado en una ruptura desoladora. Segundo, el turbio productor estaba envuelto en algún problema legal provocado por él mismo y desapareció tres días antes de que empezasen los ensayos. Tercero, tuvimos la fortuna de contar con la incomparable Chaka Khan como artista principal de la producción; sin embargo, y para exasperación nuestra, el Venetian no ofrecía ningún incentivo como apoyo a nuestro proyecto, así que no hubo ningún soporte promocional para la producción y, por tanto, nuestro espectáculo fracasó y cerró en un suspiro de tres meses.

El Doctor Macizo Negro y yo nos sumimos en una tórrida aventura durante los meses que transcurrieron entre la cancelación de *Signed, Sealed, Delivered* y mi traslado de vuelta a Nueva York para empezar los ensayos de *La tienda de los horrores,* una producción ideada para Broadway. La experiencia no salió muy bien, pero no pasa nada. ¡Las cosas se van solucionando!

La intensidad de nuestra aventura amorosa llegó a un final abrupto cuando, después de volar a San Francisco para por fin consumar la relación que habíamos estado alimentando a distancia durante al menos un año, el Doctor Macizo Negro me informó, postcoitalmente por cierto, de que había conocido a otra persona y tenía pensado seguir adelante con ese otro tipo. No hace falta aclarar que me largué de allí a la primera de cambio. *¿Sería mi trauma demasiado? ¿Muy complicado de gestionar? ¿Demasiado para hacerle espacio? ¿No lo bastante negro? No lo sé, pero ¡al menos pasó rápido!*

No tuvimos ningún contacto durante el primer año posterior a la ruptura, si se le puede llamar así, pero entonces surgió un nuevo acercamiento. Se disculpó conmigo por ser un gilipollas. Asumió la responsabilidad por lo fea que fue aquella situación y todavía hoy seguimos siendo muy amigos. El Doctor Macizo Negro ha dedicado su vida y su carrera a afrontar las disparidades raciales sistémicas dentro de la estructura sanitaria de Estados Unidos. Se ocupa de cambiar la vida de muchos cuerpos negros desahuciados, uno a uno. Y yo me siento orgulloso de mi amigo.

¿Alguien cree en las relaciones? ¿Es posible siquiera una relación comprometida y monógama entre dos hombres? La clave está en el sexo. ¡¡¡S-E-X-O!!! El sexo dentro de los confines de una relación, o para ser más precisos, la falta de él. Cuanto más me engancho, menos consigo conectar; con el sexo. A ver, supongo que este tema no es nuevo. Mi terapeuta me dice que no soy el único con este problema.

Tengo... un problema. Un problema para conectar, un problema para cerrar el abismo, ese hueco que hay en mi corazón, ese hueco que existe entre el sexo y la intimidad.

En el lugar del que vengo, ser gay no es una opción. Es el tabú definitivo, el pecado final, una abominación. Mi familia hubiese preferido que fuera un asesino en serie que un maricón.

Alguna gente... La mayoría de la gente carece de la fuerza necesaria para superar el rechazo, esa alienación abyecta, así que se meten —nos metemos— bajo tierra. Yo intenté enterrar mis instintos. Intenté aplastar el impulso, sustituir el dolor, reemplazar la vergüenza. ¿Eliminarlo todo a base de rezos?

Padre nuestro
que estás en el cielo
santificado sea tu nombre...

El deseo llega en oleadas. Yo lo llamo la Entidad, el Otro, la escisión de personalidades. Compartimentar. Disociar.

Bernie está en mi habitación, el sida está en mi habitación, siempre.

Te tomas una copa, te das un morreo, te metes una raya, anulas el ruido, acallas la vergüenza, al menos un rato. No sé cómo... No sé cómo conectar.

El sida está aquí, Bernie está aquí. Cumulonimbos de vergüenza. Siempre.

Es como una posesión demoniaca, el trauma que engulle mi mente, que intenta volver mi mente reprobable. Como dice la Biblia, Romanos 1:28, los necios que no reconozcan a Dios perderán la cabeza. ¿Dónde estás, Dios? ¿Estoy perdiendo la cabeza?

A diario, a cada minuto, alimentando la vergüenza, que es una cabrona, sujeto por sus fieras garras. No logro recobrar el aliento. No logro sentir el alma. Follo para recordar. Follo para olvidar. Follo para borrar la vergüenza. Follo para atravesar el dolor. Follo por mi libertad. Follo para sentir algo, lo que sea...

O quizá sea para adormecerme, anestesiarme. Madurez, experimentación.

Silencio = muerte

Sexo = muerte

Rondando las calles, después de Pegasus, el club definitivo. Dando putivueltas por Dithridge en mitad de la noche. Haciendo negocio en The Fruit Loop, por el parque Schenley, mamadas de obrero en camionetas, botas polvorientas tras las incursiones en el bosque, entre las sombras.[8] Siempre en la oscuridad, siempre en secreto, bajo la vergüenza de la noche. Cuando el desprecio y la opresión, el estigma y la vergüenza son lo único que conoces...

Ya no puedo soñar mucho, la verdad... Pero no para de acecharme. No pasa un día sin que piense en eso. Cada elección que hago, cada decisión que tomo, cada relación que tengo, cada puta vez que respiro...

¡Y va y se muere! ¡El hijoputa va y se muere! Antes de encontrarle una solución, un cierre, traumatizado para siempre...

Lo odio por haber hecho eso. Lo odio por robarme la infancia, la inocencia. Me echó toda su mierda encima y luego desapareció. Y ahora esa mierda es mía. Y tengo que vivir con ella, pagar por ella, los Pecados del Padre. Mi pad... mi padrastro...

---

[8] Los lugares y zonas citados son destinos frecuentados por la comunidad gay de Pittsburgh, especialmente en aquellos tiempos de mayor clandestinidad. En concreto, The Fruit Loop (o «el circuito de la fruta») es el nombre que recibe Prospect Drive, una calle situada en la zona del parque Schenley.

Padre nuestro
que estás en el cielo
santificado sea tu nombre…

El odio me consume con un poder que paraliza. A veces estoy mejor. Tengo días muy muy buenos. Tengo días malísimos, mientras intento poner toda la mierda en orden. Pero él no está aquí. No está físicamente aquí.

Creía que mi madre lo sabía. Creía que todo formaba parte del plan. El PLACER convertido en VERGÜENZA convertida en IRA. Necesito que desaparezca. Necesito sanar. Necesito paz… Ahora entiendo cómo la gente pierde la cabeza. Entiendo a la adicta que necesita un chute porque solo quiere que el dolor se esfume, o que remita, al menos. Y cuando creo que por fin ha acabado, el dolor, la furia… Cada vez que siento que he hecho algún progreso, que lo he perdonado, que me he perdonado, que he perdonado a Dios, al universo, o a LO QUE SEA… La mierda vuelve… La Entidad, el Otro, que se transforma en un nuevo monstruo aterrador, que viene a por mí, más grande y más fuerte que la vez anterior, que se ríe de mí.

Se ríe…

# Capítulo diecisiete

*Es un virus nuevo. Y un virus nuevo es un virus que nunca antes se ha registrado. Es desconocido, una nueva amenaza, un asesino nuevo. Los científicos andan revolviéndolo todo. Zanahorio 45 nos mintió a todos. Nos dijo que era como la gripe, que para Pascua habría desaparecido. Hay que recuperar y reactivar la economía, y mientras tanto los cadáveres se amontonan unos encima de otros en hospitales desbordados. Por todo el país, los pacientes de las residencias de ancianos mueren a cientos. Zanahorio dice que para el verano se habrá esfumado, como por arte de magia, y procede a no comprometerse. Ni un plan nacional ni una medida de protección. Sálvese quien pueda. Que los gobiernos locales se las arreglen solos. Tampoco hay ningún EPI para los trabajadores que están en primera línea. No hay suficientes y los equipos disponibles van a parar al mejor postor, así que los estados tiene que competir entre ellos para conseguir los suministros médicos que salvarán vidas. Que les follen.*

*«Así son las cosas...». Esa es la respuesta que da el líder del mundo libre ante una pandemia global.*

*Llevar mascarilla sería de gran utilidad para reducir la expansión del virus. Al Zanahorio le da igual. A sus compinches les da igual. El Partido Republicano sigue intentando desmantelar el Obamacare, el Medicare y el Medicaid de forma activa. En mitad de una pandemia…*

*Llevan décadas jugando a eso, pero no solo. Su otro juego son los tribunales.*

*Si todos los tribunales son conservadores, da igual el presidente que tengamos o el partido que controle el Congreso. Ruth Bader Ginsberg ha muerto. Por supuesto, el Partido Republicano se está dando prisa por ocupar ese sitio con una mujer conservadora que se ha posicionado contra todo por lo que hemos luchado durante el último siglo y más. ¡Menuda hipocresía! ¡Menudo asco!*

*En realidad, el sistema entero da asco. No está roto: funciona tal y como está montado y pensado que lo haga. ¡Para mantener a los negros en nuestro sitio! James Baldwin escribió: «Ser negro en este país y ser relativamente consciente de lo que ocurre es vivir lleno de rabia casi todo el tiempo».*

*Para ellos todo es un juego, y nos la han jugado. A la gente del Partido Demócrata nos la han jugado porque aún creemos como ingenuos en lo que dijo Michelle: «Cuando ellos bajan, nosotros subimos». Es el momento de redefinir lo que significa «subir». Es el momento de jugar al juego en el que nos han metido en vez de limitarnos a observar la batalla con una bolsa de palomitas.*

*Nos la están jugando. Desde hace años. Desde hace décadas. Desde hace siglos.*

*En las elecciones de 2016, cuando Zanahorio entró en la carrera presidencial y todo el mundo pensó que era broma, yo sabía que iba a ganar. Porque estábamos dormidos al volante. Teníamos un presidente negro y reaccionamos en plan: «Kumbayá, zorras, ¡el racismo se acabó!». En diciembre de 2015, el senador del Partido Republicano Lindsey Graham dijo que Zanahorio era «un fanático religioso y xenófobo que usa cuestiones de raza para ganar votos», pero en cuanto llegó el momento de decidir denunciar a Zanahorio o perder poder, la servil #LadyGraham cerró filas.*

*No puedo respirar. Y lo digo en serio: no puedo respirar viviendo en este horror que es Estados Unidos.*

En 1992, oía todo el rato hablar de un espectáculo nuevo titulado *Jelly's Last Jam,* basado en la vida de Jelly Roll Morton, el autoproclamado inventor del jazz. En aquella época yo estaba en el 890 de Broadway con los ensayos de *Five Guys Named Moe* y me cruzaba en los ascensores con el elenco de ese otro espectáculo. Me emocionó ver aquel nuevo musical negro de Broadway para el que no se me había tenido en cuenta, que yo ni sabía que estaba montándose. Me di el capricho de ir a verlo la primera semana del preestreno. No era bueno. Duraba cuatro horas y era en gran medida incoherente, un desastre a los ojos de mi yo joven y pretencioso de veintidós años con el culito recién salido de la Carnegie Mellon.

Cuatro semanas después, *Jelly's Last Jam* se estrenó con unas críticas magníficas y terminó consiguiendo once nominaciones a los Tony. En su efusiva reseña para *The New York Times,* Frank Rich se refirió a George C. Wolfe, autor del libreto, como «un talento visionario» y al espectáculo como «un sofisticado intento de contar la historia del nacimiento del jazz en general y, de camino, narrar el tenso drama que suponía ser negro en el Estados Unidos moderno, un país tumultuoso que se animaba a ritmo de jazz».

*Este no ha visto el mismo espectáculo que yo. No sé de qué está hablando esta gente. Voy a tener que ir a ver esa cosa otra vez.*

Yo no sabía mucho sobre Wolfe. Por lo que vi, tuvo un ascenso meteórico. Me parecía que había salido de la nada cuando, en cuestión de tres años, ya se había convertido en el hombre que lo hacía todo en el teatro estadounidense.

Sabía un poco sobre él porque mi profesor de teatro de secundaria me enganchó con una de sus primeras obras, *The Colored Museum:* una serie de once «muestras» *(sketches)* que exploran temáticas prominentes de la cultura y la identidad afroamericanas. Interpreté el mordaz monólogo que hace el personaje la señorita Roj en *The Colored Museum* para la audición de la Carnegie Mellon, pero por entonces no le presté mucha atención al nombre del dramaturgo. Era joven. Pido disculpas.

Dado que debía permanecer como suplente en *Five Guys Named Moe,* unas manzanas al sur del Eugene O'Neill Theatre, tardé un tiempo en sacar hueco para volver a ver *Jelly's Last Jam.* Para entonces ya habían pasado los premios Tony y *Jelly's* se había llevado a casa un total de tres: mejor actor en un musical para Gregory Hines (Dios tenga su legendario culazo en su gloria), mejor actriz de reparto en un musical para Tonya Pinkins (que descubrí que había estudiado en el Departamento de Teatro de la CMU y que también había abandonado los estudios antes de tiempo para debutar en Broadway, en el coro de *Merrily We Roll Along,* de Stephen Sondheim) y mejor diseño de iluminación en un musical para Jules Fisher. *Five Guys* estaba nominado a dos Tony: mejor musical y mejor libreto de un musical. Perdimos los dos.

*Jelly's Last Jam* fue una revelación. Asombrosa. Una obra de arte. ¡Y punto! Ahí aprendí para qué servía de verdad el periodo de preestreno en el teatro. La clave está en que, en teatro, el último compañero de escena es el público. El público siempre te dice si tu movida funciona o no. El preestreno es el momento en que una obra puede pasar de ser buena a ser grandiosa. Eso significa que durante el día se sigue trabajando: cambios en el libreto, en la música, números de baile totalmente nuevos, etcétera. En las funciones de preestreno, el trabajo está sin duda inacabado. En aquella época yo estaba con mi segundo espectáculo de Broadway y ambos habían llegado desde Londres, así que al aterrizar en Estados Unidos, el «trabajo de ajuste» del preestreno ya estaba hecho. Mis periodos de preestreno con *Miss Saigón* y con *Five Guys Named Moe* consistieron en representar un musical que ya estaba fijado desde hacía años.

En otros tiempos, además, los precios de las entradas para las funciones de preestreno solían ser más bajos; por lo general, costaban un treinta por ciento menos, y a veces la mitad de una entrada normal. Esta práctica permitía a los creadores de la magia del teatro tener tiempo para perfeccionar su trabajo sin que un público disgustado se marchase del teatro y se pusiera a soltar mierdas sobre una obra de arte inacabada. Un poco lo que estaba haciendo yo.

Cuando volví a ver *Jelly's* me maravillé ante los recursos que encontraban los artistas para usar el claqué como un lenguaje emocional, como una fuerza vital necesaria para hacer avanzar la narración. No era solo cuestión de menearse, de hacer cabriolas y bailar como un negro para placer y entretenimiento de la gente blanca. Aquella fue la primera obra teatral que presencié en la que se le pedía al público de Broadway, mayoritariamente blanco, que se plantease los costes: ¿Qué nos cuestan el racismo y la supremacía blanca en un plano espiritual y emocional? ¿Qué peaje tenemos que pagar en nuestra psique por todo eso? Gregory Hines, un joven Savion Glover, George C. Wolfe y el elenco entero de exquisitos artistas lograron redefinir y reclamar el significado de nuestro patrimonio afroamericano, que en esa obra en concreto está en los ritmos. Desde los tambores de África hasta el clac clac clac de nuestros pies al ritmo de la vida, lo que hacemos es buscar nuestra historia, nuestra sanación colectiva: ¡nuestro ritmo es nuestra vida!

Me pasaría toda la década siguiente tratando de coincidir con ese genio al que cariñosamente yo llamaba GCW. Sin éxito. No conseguí nada, ni una pizca de cariño. Después de varios años sintiéndome literalmente invisible para ese hombre al que adoraba en la distancia, me di por vencido. Pasé página. Me lo tomé casi como algo personal.

En 2002, mi exploración de dos años y nueve meses por Los Ángeles había llegado a su fin. Puedo contar con los dedos de una mano las audiciones para cine y televisión que tuve. Me había fundido mis ahorros en el programa de escritura profesional de guiones de la UCLA y había roto con mi novio de cuatro años, Matthew Anderson. Así que aproveché sin pensarlo la oportunidad de volverme a Manhattan con un bolo que me salió en Broadway. Estaba preparado para ganar unos trescientos mil dólares por sentarme entre bambalinas en una cabina de sonido y ponerle voz a una planta devoradora de hombres: iba a interpretar a Audrey II en un reestreno de *La tienda de los horrores*.

Y entonces surgió *Radiant Boy*, un nuevo musical basado en la vida de Keith Haring. Había participado en varias lecturas de esa obra por deseo de los autores, Stuart Ross y Debra Barsha. Y cuando una eufórica Debra vino a contarme que a George C. Wolfe le había gustado la obra, que pretendía anunciar una producción ya montada para la temporada 2002-2003 en el Public Theater y que iba a dirigirla él mismo, le comenté que seguramente el señor Wolfe no me quisiera en ella.

Debra se lo tomó a burla.

—¡Qué ridiculez! ¿Quién no iba a querer a Billy Porter en su espectáculo?

Pues mucha gente. Mucha gente no me quería en sus espectáculos.

—A ver, a mí me encantaría formar parte de ese proyecto, pero te digo que, por mi historial con George, no va a quererme ahí.

Según cuenta la leyenda, George sabía que yo había estado implicado en el proyecto. Empezaron el casting. Vieron a todo el mundo. Yo por entonces estaba en la ruina, perdón, estaba pasando «ciertos apuros económicos», y me había metido a hacer una obra en New Haven, Connecticut, llamada *Going Native*. Me alojaba con la Long Wharf Theatre Company, pero a la obra le quedaban solo un par de semanas y yo estaba a la espera de que George dijera que sí o que no. Mi amigo Jordan Thaler era (y sigue siendo) el director interno de casting del Public Theater, así que lo llamé.

—George tiene hasta hoy a medianoche para tomar una decisión. Ya he esperado bastante y tengo otra oferta sobre la mesa que necesitaré aceptar si esto no sale adelante. ¡Esta zorra tiene que pagarse el seguro médico!

Jordan me llamó a las once y media de la noche. Era viernes.

—Bueno… ¡Debra Barsha ha explotado!

—¿En serio? ¿Qué ha dicho?

—¡Ha puesto a George a caldo!

—¿De verdad?

—Le ha gritado: «Billy me contó hace un año que lo tenías vetado y no lo creí. ¿A ti qué te pasa? Si Billy Porter quiere estar en mi obra, ¡yo también quiero que esté!».

—Bueno… ¿Y qué ha dicho él?

—George ha levantado las manos y ha dicho que vale.

Ni siquiera era un papel como tal, solo un puñado de instantes hilados, lo que en teatro llamamos un «personaje utilitario»: un actor que entra y sale con diferentes identidades a lo largo de una obra, que se mueve por todo el espacio con mucha frecuencia a modo de generalización cultural, cuyo nombre en el programa suele estar indicado como Hombre 1, Mujer 2, Solista de disco, Reportero, etcétera. Pero a mí me daba igual. Yo quería coincidir con GCW. Necesitaba estar ahí con él. Sabía que la vida de artista que ansiaba y a la que aspiraba estaba ahí. Así que mi ego era secundario. El papel daba lo mismo. Lo importante era la obra, siempre lo ha sido.

*Bueeeno, ¡FUEGO!*

En la fiesta del estreno, el 3 de marzo de 2003, George me llevó a un lado y me ofreció una disculpa: «Por experiencia, la gente que tiene un talento tan singular como el tuyo está loca. Di por hecho que tú también lo estabas y nunca consideré que tuviese un papel de la envergadura necesaria para que pudieras afrontar esa suposición mía. Gracias por hacer de líder para estas criaturas. Sin ninguna duda, tu presencia y tu profesionalidad han mejorado este proceso». O algo similar.

¡Guau! Era el deseo, el sueño, hecho realidad. Lo que siempre había querido era disfrutar en presencia de la divinidad. George se convirtió en la figura paterna artística que nunca había tenido.

Luego, en el verano de 2003, me enteré de que me habían despedido de *La tienda de los horrores* (a tres semanas de la clausura, durante el periodo de prueba fuera de la ciudad, en un teatro cualquiera de Coral Gables, Florida, ajeno al sindicato de actores) y vi el anuncio oficial en Playbill.com de que Michael Leon Wooley, amigo de suplencia en *Five Guys Named Moe,* pasaba a ser la voz de Audrey II. En vez de trescientos mil dólares, la remuneración por largarme fue de quince mil. Intentaba estirar el dinero todo lo que podía, intentando apañarme para llegar a fin de mes, apoyándome en la bondad de amigos que me dejaban sofás o habitaciones de invitados para al menos poder tumbarme. «Tres maletas, veintidós cajas y un diván: una vida en una década», así titulé esta época tan complicada de mi vida.

Intentaba agarrarme a algo.

Y George me echó un cable.

«Anda y que les den. No tienes necesidad de estar cantando en una cabina fuera del escenario. Vuelve a la ciudad y vente al teatro. Te buscaré un escritorio en el edificio y arreglaremos un periodo de residencia. Sé que quieres escribir, dirigir y crear tus cosas, ¡así que venga!».

Durante mi residencia en el Public Theater, entre 2003 y 2006, subí al siguiente nivel de mi capacidad artística bajo la tutela de mi héroe y mentor, George C. Wolfe. Estuve junto a él, absorbiendo todas las joyas de información que podía, mientras lo veía crear *Caroline, or Change,* obra escrita por Jeanine Tesori y Tony Kushner. Compartí habitación de hotel con él en Londres cuando fue a rehacer el montaje de *Topdog/Underdog,* obra de Suzan-Lori Parks ganadora de un premio Pulitzer, en asociación con el Royal Court Theatre, que tenía a Jeffrey Wright y a Mos Def como protagonistas.

Tanteé a GCW para hacer un espectáculo de Sondheim con un elenco íntegramente negro y su respuesta fue bramar: «¡Sondheim está sobrevalorado!», con su típica frivolidad. Así que me sumergí en mi propia obra original: contar mi historia —dado que nadie más mostraba interés por hacerlo—, ser el cambio.

Fue en esa época cuando desarrollé mi espectáculo autobiográfico y unipersonal *Ghetto Superstar,* y George se aseguró de producirla para la temporada 2004-2005 en asociación con Tracy Bridgen y la City Theatre de mi ciudad natal, Pittsburgh. Había muy poca gente en el mundo a quien yo pudiera conferir el control creativo supremo sobre mis pensamientos e ideas. La confianza y la admiración que sentía por el genio de George eran y siguen siendo muestra de uno de los mayores amores de mi vida. Así que es fácil imaginar lo terrorífico que me resultó tener que declinar respetuosamente su dirección. Ir en contra del maestro.

Las funciones de preestreno de *Ghetto Superstar* las monté en el Joe's Pub, que había transformado su espacio en un auténtico teatro de diseño exquisito. Ampliaron el escenario, aunque seguía siendo bastante pequeño. Mejoraron el equipo de iluminación y mi espectáculo unipersonal fue el primero de su índole en representarse allí: un musical/obra de teatro auténtico en el escenario del Joe's Pub. El segundo número de mi obra de teatro era una canción original que escribí con mi compañero de composiciones, James Sampliner. Se titulaba *Sissywhippers*, o «azotamaricas», un título que, a mi parecer, sonaba autoexplicativo. Al de George, no tanto.

«No lo entiendo. No sé lo que significa "azotamaricas"», comentó con tono sarcástico.

Yo me quedé en plan: «¿Qué es lo que no se entiende? Significa lo que el propio nombre indica: "azotamaricas", una persona que azota a maricas».

George no era el director de mi espectáculo, era mi productor. Trabajaba de director artístico para el Public Theater: ¡El hombre gay negro era el que manejaba el tema! ¡George era el negro al mando, cariño! Sus ideas creativas tenían siempre una omnipotencia todopoderosa y, por lo general, todos nos inclinábamos ante su sabiduría y su experiencia. Yo quería que George dirigiese mi espectáculo y él no aceptó, no hubo problema. En su lugar contraté a Brad Rouse, que venía recomendado por Tracy Brigden, la directora artística de la City Theatre Company de Pittsburgh, nuestro socio productor. Constantemente nos llegaban notas «de arriba», de George (su despacho estaba en la segunda o tercera planta del complejo del teatro), diciéndonos, más bien diciéndome a mí, que *Sissywhippers* no funcionaba y que tenía que recortar ese número. Lo curioso era que todo mi equipo creativo —director, banda, coristas, diseñador de iluminación, diseñador de sonido, joder, incluso los acomodadores y los camareros— estaba de acuerdo en que *Sissywhippers* era una de las mejores canciones originales del espectáculo.

Estuve evitando a George dos semanas durante el preestreno. Yo era el artista, el que estaba representando el espectáculo todas las noches. Sé cuándo funcionan las cosas y sabía que esa canción funcionaba. Sin embargo, no tenía claro cómo abordar el conflicto. Al final, después de la tercera o cuarta amonestación, decidí intentar eliminar *Sissywhippers* del espectáculo. El equipo y la banda se quedaron confundidos. Los tranquilicé: «Estamos en el preestreno. Este es precisamente el momento de probar cosas. Si no funciona, ¡*Sissywhippers* volverá mañana por la noche!».

No funcionó. *Sissywhippers* volvió al espectáculo la noche siguiente. A George le dio un ataque desde arriba y lo dejé tener su berrinche. Había probado su idea y el espectáculo se había resentido. Yo mismo me había resentido. Esa canción era el segundo número de la función, de hecho, los dos primeros números eran canciones originales mías. Eliminar *Sissywhippers* me dejaba unos veinte minutos de cháchara entre el número inicial y el siguiente elemento musical. No salió nada bien, no funcionó. Quedé como un fantoche, o peor. Tomé una decisión ejecutiva: me salté la cadena de mando y esperé a que me llegase la guillotina. Pero nunca llegó. Supe que George estaba furioso, echando humo, y lo dejé echar humo. Confié en mi instinto y me elegí a mí. ¡Y salió bien! Y en la fiesta del estreno, George me llevó a un rincón, con unas copitas de más, y me soltó: «Tenías razón. ¡*Sissywhippers* funciona!». Y se largó a seguir disfrutando de la fiesta. La noche del estreno me escribió una nota muy cariñosa que conservo enmarcada y colgada en la pared del salón:

> ¡Billy, ya ves lo que se consigue cuando te alejas de bares y clubes! Tu obra es alucinante. Cuánto he disfrutado viéndote aprovechar la ocasión, y no solo aprovecharla, sino exprimirla y sacarle oro. Con cariño, George.

George me había echado un cable. No fue económico, pero sí artístico. Artístico y por tanto espiritual, al permitirme aferrarme a cierto atisbo de fe, esperanza, encanto, gratitud, cordura y respeto por mí mismo. Así que cuando George descartó mi idea de Sondheim, no tuve fuerzas para presionar más. Sencillamente pasé página y no le di más vueltas.

Suzi Dietz no dejó de presionar nunca. Me estuvo mandando un mensaje de correo electrónico al menos una vez al mes, pero yo tenía cuenta nueva y no miraba la antigua muy a menudo. Cuando lo hice, se me habían acumulado tres años de mensajes en los que me preguntaba cómo estaba y cómo iba la idea de Sondheim. Se lo había mencionado de pasada en nuestro primer encuentro y Suzi me había estado persiguiendo. Durante tres años. Casi se me escapa esa bendición.

Pensé: «¿Esta señora de Los Ángeles, que dice ser productora de Broadway, por qué me molesta con lo de Sondheim?».

Fui amable y respondí a sus mensajes con educada indiferencia. Pensé que el Dios del Teatro, el hombre negro y gay al mando, me guiaría hacia mi renacimiento. No podía concebir siquiera la noción de que una señora judía y blanca, a la que apenas conocía, quisiera producir mi idea sobre un espectáculo de Sondheim íntegramente negro. Yo acababa de empezar a escribir, acababa de empezar a dirigir, acababa de empezar a encontrar mi voz.

Y en cualquier caso, GCW había dicho que era una mala idea.

Tres días después de estrenar *Ghetto Superstar,* Suzi Dietz voló desde Los Ángeles junto a su socia productora, Paula Holt, para asistir a mi espectáculo. Me llevaron al Noho Star (ya cerrado y situado entonces en la misma calle Lafayette) a tomar algo después de la función.

—Bueno, ¿y tu próximo proyecto cuál es, Billy?

Fue lo primero que preguntó Suzi.

—Hum... En realidad no estoy pensando en eso ahora. Ya has visto lo que acabo de hacer. Y han sido tres años de trabajo, desde la página al escenario. ¡Tengo la cabeza que me va a explotar!

*Así funcionan las bromas, niños.*

Se echaron a reír. Pero entonces ocurrió algo novedoso, algo que yo no había vivido nunca antes en mi carrera. Aquella mujer a la que apenas conocía me tendió la mano, creyó que en mí había algo que yo solo estaba empezando a descubrir: Suzi abrió el bolso, sacó un cheque doblado y lo deslizó en gesto conspirador desde el otro lado de la mesa, como esos maestros de los negocios que vemos en las películas. ¡¿Siete mil quinientos dólares?! Intenté no gritar.

—¡Bueno, pues supongo que lo próximo será un espectáculo de Sondheim íntegramente negro!

¡Suzi Dietz me salvó la vida! Ya se sabe que siempre hablo de los ángeles de mi historia. Suzi se lanzó en picado y me salvó la vida, pero literalmente. En primer lugar, creyó en mí y en mi arte más allá de lo que era hasta entonces; vio el artista en el que podía convertirme. Suzi y su marido, Lenny, pasaron a ser mis mecenas. Lenny Beer es el fundador de la revista *Hits,* en la que se recopilan las listas más acertadas de singles y álbumes, hechas por expertos de la industria musical que sirven como suplemento a las de *Billboard,* más ampliamente publicitadas. Lenny es además mánager musical y un hombre de negocios feroz. Y ahí estaba yo, en mitad de mi momento vital «valle», a punto de tirar la toalla y volverme a Pittsburgh para trabajar como profesor a tiempo completo. Pero el universo tenía otros planes. El universo me estaba dando una lección, una que en aquel momento yo no era capaz de definir, aunque intenté mantenerme consciente de todos modos. Hice lo posible por permanecer abierto. Aprendí que no hay que avergonzarse por necesitar ayuda y que hay que dejar el ego a un lado para encontrar la vulnerabilidad necesaria para pedirla.

Los mecenas de las artes eran una figura que solo había conocido en los libros de historia. Nunca imaginé que necesitaría aceptar ayuda, pues nunca tuve el lujo de depender de nadie más que de mí mismo. «La gente hace lo que quiere hacer, y nada más», rumiaba mi madre. Y por simplistas que sonaran las lastimeras introspecciones de mi madre discapacitada, a mí me parecían algo más que ideas básicas; para mí, iluminaban la verdad. «Que nadie te deba nada», decía a menudo, tratando de prepararme para los rigores de la vida. «¡Nada va a salirte gratis nunca!». Así que cuando Suzi y Lenny aparecieron en mi vida para ayudarme, desconfié.

Suzi y Lenny me hicieron un hueco en su apartamento de Manhattan cuando yo no tenía donde caerme muerto. Me cedieron su casa en Laguna Beach para que me centrase en mi escritura (allí terminé mi primera obra larga, *While I Yet Live)*. Suzi me extendió un cheque para pagar nueve meses de mi alquiler, en 2007, y ese mismo año siguió adelante y produjo aquel espectáculo de Sondheim íntegramente negro que yo había amenazado con crear. Me dio un empujón. Creyó en mí, probablemente —no, seguro— más de lo que yo creía en mí mismo, aunque parezca mentira.

Y ahí estaba, codeándome con esa pareja judía y mayor en Laguna Beach, preguntándome cómo había llegado a esa situación. ¿Por qué esas personas blancas y ricas me apreciaban tanto? ¿Por qué me habían acogido? ¿Quién era yo para merecer aquello? ¿Cuándo iba a pegarme la hostia?

Por otro lado, nunca había presenciado tan de cerca una relación como la suya. Suzi y Lenny llevan juntos más de cuarenta años. Tienen dos hijos y múltiples nietos, un vínculo sólido, cariñoso y en crecimiento, lleno de confianza. En el caso de mi abuela y de mi tía Dorothy, las dos llevaban el apellido de sus maridos, pero no recuerdo a ninguna de ellas pronunciar siquiera su nombre, olvidados hacía mucho. Mi madre y mis otras tías tampoco hablaban nunca de ello. Ya hacía unos veinte años que me había olvidado de mi confusión heredada por nacimiento y de mi infancia traumatizada, y esa separación, esa disociación, llevaba décadas descontrolada. Así que estar en presencia del amor, de un amor agraciado, de un amor maduro, me abrió un hueco en el corazón y me permitió soñar con que quizá, solo quizá, yo también pudiera conocer un amor así algún día.

Fui al frigorífico a por una pera *gourmet* de Harry & David. Había llegado en una cesta regalo que Suzi y Lenny recibieron por Navidad. Era la pera más dulce y jugosa que hubiese probado nunca. Al instante, en el lado derecho de la boca, al fondo, empecé a notar un hormigueo en un diente. Pasados treinta minutos, la molestia se convirtió en un pálpito constante, en un dolor tan intenso que me dejó contraído en la cama, en posición fetal. Era un viernes por la noche, ya tarde, y no había ningún dentista de urgencia al que acudir, así que Suzi y Lenny me ofrecieron el Vicodin líquido que les quedaba en el frigorífico de una intervención por la que alguno de los dos había pasado. Le di un trago y a la hora lo estaba vomitando todo. Mi cuerpo estaba en modo rechazo, tratando de expulsar una infección que ya era sistémica (eso lo descubriríamos a primera hora de la mañana siguiente, cuando Suzi concertó una cita de urgencia con su dentista).

Entonces yo no tenía seguro médico y estaba angustiadísimo por cómo iba a pagar esa factura. Pero nunca hubo factura. Suzi y Lenny se ocuparon de todo. El dentista me diagnosticó un absceso en un diente. Una infección sistémica en el cuerpo entero. Me recetó dos variedades distintas del antibiótico más potente del mercado y volé a casa al día siguiente para empezar los ensayos de *Langston in Harlem*.

Sin embargo, de vuelta en Nueva York no mejoré nada. Una mañana me desperté y me di cuenta de que cada vez estaba más enfermo. Las tres semanas anteriores habían sido un auténtico infierno. No paraba de adelgazar; había perdido unos once kilos. Me sentía débil, fatigado, sediento todo el rato. La noche anterior había ido a ver *Jerry Springer: The Opera* y noté la visión borrosa, no distinguía las caras. Lo atribuí a los antibióticos, pero M&M me dijo que pintaba a que tenía el azúcar por las nubes. Pero ¿cómo...? ¡Si soy la zorra que come brócoli para desayunar!

No obstante, en la familia había antecedentes de diabetes. La abuela y Dot tenían que pincharse siempre antes de comer y llevaban encima una bolsa fría allá donde iban. Nunca le había prestado mucha más atención al tema. ¡Son los antibióticos! ¡Debe ser eso!

Volví al dentista cuando se acabó el primer ciclo de antibióticos y la infección no se había ido. Tuve que tomar más, más veneno para el cuerpo. ¿Ingerir veneno para matar veneno?

*Algo no va bien, algo en mí no va bien.*

M&M me dijo que tenía que ir al médico.

«¿Con qué seguro? ¿Con qué dinero voy a pagarlo? Me echaré crema antibiótica y estaré bien».

Esa mañana tuve que arrastrarme para salir de la cama y llegar al baño. Me di un repaso en el espejo: demacrado, piel cenicienta, mejillas hundidas, mejillas ennegrecidas. Me desvanecía, me iba, desaparecía.

Me fui andando camino del metro, a solo unas manzanas.

*Memeomemeomemeoencimamemeo...*

El transbordo en Times Square. El paseo hasta el teatro, el Public, en la calle Lafayette. Exhausto, no sé si hoy seré capaz.

*Memeomemeomemeoencimamemeo...*

No puedo parar de llorar. La gente pensará que estoy loco. La presentación. Con público delante. *Langston in*

*Harlem*. Se lo dije al director Kent Gash, le dije que lo haría. Me retiré de todos los números del coro. Mis dos solos y nada más. Con eso puedo, ¿no? Voy a hacer lo que he dicho que voy a hacer. No quiero dejar a nadie tirado. Dos solos. Dos presentaciones. Y de vuelta a la cama. Lo único que me sienta bien es el frío, y odio el invierno. Pero este frío hoy, el gélido frío de febrero, me está sentando bien.

*Memeomemeomemeoencimamemeo...*

Hago mi entrada. ¡El público suelta un grito ahogado! Audible colectivamente. Acabo mis dos números. Le digo a Kent que no puedo con la segunda función. Tengo que ir al médico. No tengo seguro médico. No puedo pagarlo. Me echaré crema antibiótica... Voy andando desde la esquina de Lafayette con la calle 18 hasta la esquina de la 21 con la 5. Entro en la consulta del médico, me echa un vistazo y dice:

—Eres diabético. ¡Vete ahora mismo a urgencias!

*Memeomemeomemeoencimamemeo...*

Voy andando solo hasta el hospital St. Vincent's, en la esquina entre la calle 7 y Greenwich. Planta baja. Urgencias... Espera... Pasan dos horas. Me suena el móvil. Es Stephen Oremus, director musical extraordinario, muy buen amigo. Llama para saludar, para ver si me gustó su espectáculo, *Jerry Springer: The Opera*, el que vi borroso.

—¿Dónde estás...?

—Estoy en las urgencias del St. Vincent's, esperando.

—¿Qué te pasa?

—No lo sé. Me encuentro mal. Llevo mal unas semanas.

*La crema no está funcionando esta vez...*

—¿Llamamos al doctor Dan? Es el médico jefe.

—¿Conozco al doctor Dan?

—Lo has visto un millón de veces, conmigo y con Vincent...

No tengo energías para hablar, pero lo intento.

*Memeomemeomemeoencimamemeo...*

—Ahora te vuelvo a llamar —dice Stephen—. ¡Voy a hablar con el doctor Dan!

A los pocos minutos, se abren un par de puertas dobles que dejan a la vista la silueta angelical de…

¡El doctor Dan!

—¡Billy! ¿Qué haces aquí?

Levanto la vista, casi cegado por el brillo celestial que lo baña.

—No lo sé. Un médico me ha dicho que tengo diabetes.

—¡Ven conmigo!

Y, como las aguas del Mar Rojo al paso de Moisés, las majestuosas puertas dobles se separan y dejan entrar mi cuerpo enfermizo. Las paredes son de color crema. Caminar por la moqueta es como andar sobre nubes. Las puertas se cierran detrás de nosotros y hay paz. Es como llevar unos auriculares con cancelación de ruido en un 747.

El doctor Dan me acompaña a una camilla. Corre las cortinas. Me mide las constantes vitales. Me mide los niveles en sangre. Se va y está fuera unos treinta minutos. Vuelve con un portapapeles en la mano. La cara, su cara, desprende compasión. No necesito compasión. No quiero que nadie me tenga pena.

¡No soy un puto caso de beneficencia! ¿O… sí? Las voces de mi cabeza retumban, recuerdan la maldición.

—Bueno… ¿Primero la noticia buena o la mala? —pregunta el doctor Dan.

—La mala. Dime.

—Pues nada, tu nivel de azúcar en sangre está en setecientos cincuenta.

—Vale. ¿Cuál sería un nivel normal?

—Entre ochenta y ciento veinte, ciento treinta a lo sumo.

—Entonces soy diabético.

—Sí. ¿Ahora quieres escuchar la noticia buena?

*¿Cómo cojones ha pasado esto? Se suponía que esto no debía pasar. ¡Si desayuno brócoli!*

—¡La noticia buena, no, la noticia magnífica, es que estás sano!

—Ah, ¿sí?

—Sano como un roble. Por lo general, los órganos vitales empiezan a dejar de funcionar en torno a los cuatrocientos cincuenta. Has conseguido seguir caminando las últimas tres semanas estando casi muerto.

—¡Dios santo!

Llegan las lágrimas. Fluyen como un río.

—¿Cómo ha pasado esto? ¿Qué he hecho?

—Nada. Parece que la infección por el absceso desencadenó una predisposición interna. ¿Hay diabetes en tu familia?

—Sí. Mi abuela, mi tía abuela, mi padre, mis tías por parte de madre y de padre, si no recuerdo mal…

—¡Pues ahí lo tienes!

—Vale, ¿y ahora qué?

—Vas a tener que estarte quieto un tiempo. Hay que controlar el azúcar.

*¡Joder! ¡Joder! ¡Joder! No tengo seguro médico.*

—No… no… no tengo seguro médi…

—No te preocupes por nada de eso ahora. Tenemos que centrarnos en que te pongas bien para que pueda verte actuar de nuevo. ¡Eres de mis preferidos!

Un celador me lleva en silla de ruedas a una habitación privada. Me quedo dormido…

Suena el teléfono del hospital.

—¿Diga?

—Buenas, señor Porter. Soy de la oficina de facturación del hospital.

—Ajá…

—Llamo para preguntarle cuál es su aseguradora médica.

—No tengo.

—¿Y cómo tiene previsto abonar su tratamiento?

*Qué huevos tienen estos hijos de puta. ¡Llevo en la habitación diez minutos y ya me están llamando para pedirme dinero!*

—¡Pregúntele a George W. Bush! ¡A ver qué le dice el cabrón ese y me cuenta!

Clic.

Me pasé diez días en el hospital. Nunca he estado ingresado tanto tiempo. El conocimiento general sobre la diabetes tipo 2 tiende a culpar siempre a la víctima. Todos y cada uno de los amigos que vinieron a verme me preguntaron qué había hecho. Les expliqué que era hereditario, pero muchos siguieron mirándome de reojo.

Los médicos me mandaron a casa con un montón de medicamentos y a la semana de estar tomando insulina el nivel de azúcar se empezó desplomar día tras día. Resultó que una vez que tuve controlada el azúcar ya no necesité más insulina. Las ventajas de llevar una vida relativamente sana.

Me retiré la medicación poco a poco y mantuve a raya el azúcar a base de dieta y ejercicio, sin medicación, durante casi cuatro años.

Entonces mi cuerpo cedió. Los niveles de azúcar se me dispararon sin motivo.

—Hay un motivo y se llama predisposición genética —me aplacó el médico—. No es tu culpa. ¡Apártate de los médicos de internet y sigue el tratamiento!

Fui al despacho del abogado a firmar los documentos. Anulé todas mis tarjetas de crédito. Dejé mi deuda al descubierto. Veinte mil dólares se habían convertido en cien mil en solo cinco años de intentar pagar el mínimo sin demora y mantener una buena capacidad crediticia. Siempre se me había dado bastante bien manejarme con las tarjetas de crédito, teniendo en cuenta que están pensadas para cazar a personas de escasa formación económica, que casualmente somos la mayoría. Yo no sé nada de dinero. Nunca he tenido. Aprendí a vivir con lo justo desde el día uno, así que ser un «artista muerto de hambre» nunca me pareció muy distinto a lo que había vivido en mi infancia.

Me sentía orgulloso de mí mismo por haberme ido de casa a los diecisiete años y, durante los primeros veinte años de mi vida adulta, llevé mis finanzas bastante bien, si pensamos que no contaba con la guía de nadie. No tenía asesoría financiera. Cuando gané *Star Search,* nadie me dijo que debería haber usado ese dinero para invertir en propiedades (tendría que haberme comprado un estudio en el barrio neoyorquino de Hell's Kitchen antes de que Disney se mudase al Midtown y el valor de todas las propiedades en el área circundante se triplicase, o cuadruplicase en algunos casos). ¿Quién iba a saber eso? Yo no, desde luego. Ese dinero se quedó en el banco y viví de él hasta que se acabó. Resulta que, después de aplicar los impuestos, cien mil dólares tampoco es tanto.

Asumí cierto riesgo al decidir perseguir mi sueño. Salté del acantilado sin red y ahí estaba, siete años después, todavía en caída libre. Nunca imaginé que alejarme de los papeles insultantes que me ofrecían en Broadway, papeles para negros, de negrito con poderes, de payaso hada madrina, equivaldría a no conseguir nada. Tras una década en el mundillo, miré mi futuro y no me gustó lo que vi. Sin acritud, pero no adivinaba mucho crecimiento ni profundidad en el camino que estaba llevando, así que cambié de marcha y continué por la carretera menos transitada. No fue fácil. Perdí papeles de alto nivel que sabía que podría haber conseguido y, junto a ellos, perdí también sus cheques. No tener casa y estar en bancarrota fueron otra parte del viaje. Muchas noches me quedé dormido mientras lloraba en un sofá ajeno que había ocupado más tiempo del que se me había ofrecido. Y ahí estaba, siete años después de mi «salto de fe», firmando... Qué vergüenza... Firmando los papeles de mi bancarrota. ¡Bancarrota! ¡Estaba oficialmente en bancarrota! ¡Menuda puta mierda!

Cuando aboné mis clases de guion en la UCLA nunca imaginé que iba a pasarme una década sin trabajar. Mi trayectoria hasta ese momento había sido positiva. Había trabajado sin parar entre los veinte y los treinta. Cinco espectáculos de Broadway, un montón de trabajos alucinantes para evolucionar, un contrato discográfico de R&B. ¡Le estaba dando la vuelta! Me estaba haciendo un nombre, creándome una marca personal. No pensé que el trabajo desaparecería, que se estancaría por completo. Así que ahí, con treinta y siete años, al borde de la oscuridad, firmé los papeles de mi bancarrota.

*He conseguido no contagiarme de COVID, aquí, recluido en Long Island. Encontré este pequeño y agradable refugio para mí y para mi maridito por casualidad. Perdimos a Nashom el 23 de marzo. Fue un shock. Tenía mi edad. Grande y fuerte como un roble. Lo encontraron muerto en la cama. Terrence McNally falleció al día siguiente. Adam entró en pánico y exigió que nos largásemos de aquel Vietnam, y me alegro de que lo hiciera. Yo estaba aturdido. El terror de sus ojos, mi corazón, mi respiración. ¿Adónde íbamos a ir? Nunca antes había alquilado una casa; nunca había tenido los recursos para hacerlo, pero ahora sí. Me acordé de mi amigo John, que se había trasladado con su familia a Long Island. Le mandé un mensaje y le pregunté si sabía de alguna otra casa para alquilar. Me puso en contacto con su agente inmobiliario y a las dos horas habíamos alquilado un sitio para tres meses. Nos mudamos ese domingo, 29 de marzo. Solo hicimos la reserva hasta finales de junio, sobre todo porque la casa ya estaba ocupada en julio y agosto, y quién iba a pensar que Estados Unidos se vería obligado a cerrar de manera indefinida. Quién habría predicho que nuestro gobierno ignoraría por completo una pandemia y convertiría el país en lo que parecía una región tercermundista. Aunque si lo pienso seriamente, al analizar Estados Unidos y el perfil de personas y de cosas por las que decide preocuparse la gente blanca que está en el poder... La respuesta nunca es por mí ni por nadie como yo.*

Era la primavera de 2007. Empezó como un granito en la nalga derecha, un pelín por encima de las posaderas. Creció en tres semanas. Creció y alcanzó el tamaño de una moneda de veinticinco. Y se endureció. No había manera de seguir obviando el bulto: se había hecho sensible al tacto y me costaba sentarme. Sin decir nada, me apoyaba cada vez más en la nalga izquierda. Seguía sin tener seguro médico, así que aquello era como en mi infancia, no se iba al hospital a no ser que se te saliera el ojo de la cuenca. Te echabas crema antibiótica y punto. ¡Y eso hice! Me eché crema antibiótica en el granito, luego en el bulto, después en el quiste.

Decidí ir al Callen-Lorde Community Health Center, un centro de atención primaria ubicado en Chelsea, en la calle 18. El Callen-Lorde se dedica a ofrecer asistencia médica a la población LGBTQ de la ciudad, sin tener en cuenta su capacidad de pago. Debe su nombre a Michael Callen y a Audre Lorde. Fui andando hasta allí un día de primavera cautivador, de esos días que te hacen saber que el tiempo ha cambiado definitivamente. Se acabaron las heladas en un abrir y cerrar de ojos. La reina que atendía el mostrador de recepción era un muchacho divertido y coqueto. Le dije que estaba allí para que me vaciaran un granito del culo y me preguntó si quería que además me hicieran una prueba de VIH.

—Son solo diez dólares —me ofreció.

—Pues la verdad es que ya han pasado los seis meses de rigor, ¡así que vale!

El médico era amable. Comprobó mis constantes vitales. Me revisó el grano. Me hizo la prueba de VIH y luego desapareció unos veinte minutos.

Cuando regresó a la sala de exploración noté que venía con otra energía. Estaba solemne, pensativo. No recuerdo demasiado después de que la palabra «positivo» se le cayera de la boca. Todo se oprimió. Dejé de respirar. Veía que los labios del médico se movían y fui captando trozos de frases:

«Ya no es la sentencia a muerte que era antes».

«¿Tienes médico de familia que te haga un seguimiento?».

«Todo va a salir bien».

¿Seguro? ¿Saldría todo bien? Nada había salido bien nunca. Llevaba toda la vida corriendo. Corriendo de mi familia, de la iglesia, de mis circunstancias, de lo inevitable. Corriendo para escapar de unos datos estadísticos que decían que acabaría siendo otro maricón negro más que moriría desahuciado y arruinado, porque eso es lo que se merecen todos los maricones. Muchos años atrás, aquella señora me había dicho desde el púlpito que nunca sería bendecido si no permanecía en el camino «recto y angosto» que Dios tenía diseñado para mí. Estaba maldito para siempre. Lo único que escuchaba en mi cabeza era lo habitual: «¡El sida es el castigo de Dios!». Elegí ser un maricón y estaba pagando el precio final. Y ahí estaba yo, en aquella mágica tarde primaveral: diabético, en bancarrota y VIH positivo. Todo lo que la sociedad me había dicho que sería. Eso era: pura estadística, la encarnación de lo que el mundo entero había predicho para mí. Por mucho que lo hubiese intentado, por mucho que hubiese rezado, no había podido escapar. Escapar de lo obvio, de lo común. De lo inevitable.

# Capítulo dieciocho

En 2010 estaba con los ensayos técnicos de mi regreso a los escenarios estadounidenses, interpretando a Belize en el reestreno de *Angels in America* con la Signature Theatre Company, dentro del circuito alternativo de Broadway, cuando recibí una llamada de Jerry Mitchell para que fuese a participar en una lectura informal para un musical nuevo en el que estaba trabajando: una adaptación de la comedia angloamericana *Pisando fuerte*. Habían designado a Jerry para liderar el equipo creativo como director y coreógrafo, con libreto de Harvey Fierstein, cuatro veces ganador de un Tony, y música de Cyndi Lauper, dos veces ganadora de un Grammy.

*Pisando fuerte* está basada en hechos reales. La película cuenta la historia del conservador Charlie Price, que tras la repentina muerte de su padre hereda el negocio familiar, una fábrica de zapatos británica en apuros. Como estratagema para salvar el negocio, Charlie establece una extraña asociación con Lola, una drag queen negra, y desarrolla un plan para producir calzado personalizado para drag queens, en vez de los clásicos zapatos de cuero calado inglés por los que era conocida la empresa, enemistándose con mucha gente en el proceso.

Cuando en 2005 se estrenó la película original, moví mi culito feliz hasta el cine para verla yo solo. No sabía nada de ella, pero el cartel me tenía intrigado. Aparecía un hombre negro de pie junto a un hombre y una mujer blancos, y delante, en primer plano, una bota alta hasta el muslo, de tacón fino y color rojo brillante. Protagonizaron la película Joel Edgerton y Chiwetel Ejiofor, en los papeles principales del dueño de la fábrica de zapatos y su musa drag queen, respectivamente. El filme me dejó loco. Me hizo sentir que, con un poco más de empuje, mis talentos naturales podrían abrirme un hueco. El papel de Lola, la drag queen, la estrella, el corazón moral de la obra, lo interpretaba un hombre negro; un hombre negro de Inglaterra, pero un hombre negro en cualquier caso. Literalmente me dije, en voz alta, que si hubiese vivido en Londres y hubiese tenido acceso a la audición para el papel de Lola, Chiwetel Ejiofor se habría quedado sin ese trabajo. No es una ofensa, es un hecho. Chewy, como he oído que lo llaman sus amigos, estaba magnífico en el papel; como una fiera, que dirían las reinas. Sea como fuere, yo sabía con toda certeza que si se me hubiese dado la oportunidad de demostrar lo que sabía hacer con un papel como el de la señorita Lola, habría podido no solo inyectar cierta estabilidad a mi carrera, sino además transformar el mundo.

La figura del hombre hetero pavoneándose vestido de mujer para entretener a las masas ha sido una forma de arte respetada desde el principio de los tiempos. Los hombres interpretaban papeles de mujer ya en el teatro griego antiguo, igual que hicieron dos mil años después en época de Shakespeare, de hecho, a las mujeres ni siquiera se les permitía ser actrices. Y eso se ha mantenido en la actualidad, desde Tony Curtis y Jack Lemmon en un divertidísimo clásico como es *Con faldas y a lo loco*, hasta Dustin Hoffman en *Tootsie* (una de mis películas favoritas de todos los tiempos), o

Robin Williams en *La señora Doubtfire,* o el personaje de Geraldine de Flip Wilson, Eddie Murphy en sus incontables retratos de matriarcas negras, tetonas y regordetas para las películas de *El profesor chiflado,* Wesley Snipes como Noxeema Jackson en *A Wong Foo,* la hilarante diva Sheneneh de Martin Lawrence en su exitosa comedia televisiva *Martin,* y la Madea de Tyler Perry con sus gritos de aleluya. La capacidad de la sociedad para recibir a estos hombres heterosexuales vestidos de mujer sin sentir ningún rechazo era la norma. Incluso en *Pisando fuerte,* la intención era sin duda crear la ilusión de la heterosexualidad. «Travestismo», si se quiere. «Ellos» se cortaban los penes y el mundo se tragaba esa mierda como abejas que acuden a la miel. Y así durante siglos.

Cuando me enteré de la existencia de *Kinky Boots: The Musical,* la adaptación de *Pisando fuerte,* vi la oportunidad de interpretar el personaje de Lola para cambiar el marco de la narración; desafiar las expectativas y crear a un ser humano tridimensional, no solo a un payaso fabuloso y ostentoso del que se riese todo el mundo. Quería que el mundo se riese, llorase, creciese y se transformase conmigo, no a mi costa. Quería que mi Lola fuera sexi, descarada, mundana y, lo más importante, ¡gay! Y es que, mientras que a los hombres heterosexuales vestidos de mujer siempre se les había considerado parte de esa forma de arte, los hombres gais vestidos de mujer (al menos antes de la explosión de *RuPaul's Drag Race* y su dominación mundial) quedaban muy a menudo denigrados por la sociedad convencional, que los tildaba de pervertidos y depredadores. Este tema es especialmente peligroso y dañino cuando la línea directa del mensaje reside en la idea de que, si soy un hombre gay y elijo ser drag queen, o llevar un vestido de mujer sencillamente porque me gusta, de algún modo voy a acosar a tus hijos. ¡YA VALE CON ESA MIERDA! Ni si quiera me hacen gracia los niños. Hay depredadores de todas las formas, tamaños, razas y sexos. Que alguien lleve o no un vestido de mujer mientras perpetra una práctica sexual abusiva y depredadora no tiene absolutamente nada que ver con eso.

Para mi gran consternación, los creadores iban a continuar con la tradición. En el desglose del casting se describía el papel como «un boxeador negro, travestido. Debe ser capaz de hablar en dialecto británico». «Travestido». Traducción: «heterosexual». De nuevo, me vi frente a la conversación de la «masculinidad». Estábamos ante un personaje, un arquetipo, que nunca antes se había visto sobre un escenario de Broadway: una drag queen negra que ocupaba el centro y el corazón de la historia. No era el objeto de las bromas, no era una persona denigrada por su humanidad, no era el personaje secundario con el típico número de góspel que echaba el teatro abajo. ¡No! Por fin tenía ante mí la oportunidad de dar vida a un ser humano verdadero, real, auténtico. Solo había un obstáculo: ¡primero tenía que conseguir ese bolo!

Un lunes recibí una llamada de teléfono de Jerry Mitchell para pedirme que participara en una lectura informal de *Kinky Boots.* La idea era sentarse en torno a una mesa con unos cuantos actores y leer el guion que Harvey Fierstein estaba adaptando a partir de la película. También querían que me aprendiese una canción.

Llevaba más de dos años esperando esa llamada. Me habían comentado que ese tipo de lecturas se daban esporádicamente con distintos actores. En una llamada anterior que le hice para comunicarle mi interés en el proyecto, Jerry me aseguró que yo estaba el primero de su lista. Por desgracia, mi historial (como con el reestreno de *Into the Woods)* demostraba que estar el primero en la lista de alguien no significa forzosamente que el trabajo sea para ti. Sabía que tendría que batallar por él, y desde luego estaba armado con toda la munición necesaria.

A la mañana siguiente, llegué pronto para repasar la canción que Stephen Oremus me había enviado el día anterior, *Not My Father's Son*. La letra me conmovió muchísimo. La melodía, el mensaje... Esa canción parecía escrita para mí, para mí concretamente, para Billy, no solo para el personaje. Va sobre un hombre que se reconcilia con su padre, con el hecho de no ser «la imagen de lo que él había soñado», porque se da cuenta de que «podía ser simplemente yo». La letra apela a la fuente misma que todos llevamos dentro para activar el perdón. El amor es una cosa activa. Con el perdón pasa igual y, en última instancia, resulta sanador para quien lo recibe, pero —y esto es lo más importante— también para quien lo da.

Los aros de fuego por los que tuve que saltar para conseguir ese bolo fueron de los más abrasadores que me he encontrado en mis más de treinta años de carrera. Tras haber sufrido casi una década de agonía por graves reflujos de ácido, mi instrumento seguía sumido en el vacío de la incoherencia. A veces mi voz funcionaba bien y otras el reflujo se reavivaba y me dejaba en la mierda. Joan Lader, diosa gurú de la voz, conocida en todo el mundo por su amplia sabiduría terapéutica en materia de cuerdas vocales y de sanación de daños en la voz, salía en mi ayuda una y otra vez. Me veía obligado a volver a aprender a cantar, literalmente. El estrés siempre fue el factor determinante de mis reflujos, y el estrés de saber que no era siempre la primera opción se cobró un buen peaje.

Mucha gente de la industria da por sentado que yo era una elección obvia para el papel de Lola, y el tiempo ha demostrado que ese hecho es cierto. Sin embargo, quiero que quede claro que no me ofrecieron el papel de inmediato. Tuve que hacer una audición, como todos los demás actores negros de musicales de la época. Soporté meses y meses de amigos (y Lolas potenciales) llamándome para preguntar por qué les estaban haciendo audiciones, diciéndome airados que los de arriba deberían darme a mí el papel y punto. Yo sentía lo mismo, pero al mismo tiempo entendía que debía controlarme, dejar mi ego a un lado, acudir a esa audición y hacer lo que se me daba mejor: ¡Arrasar!

No me llamaron hasta las audiciones finales. Mi reflujo estaba en todo su esplendor, pero incluso en mis peores días tenía la certeza de que sacaría el conejo de la chistera recurriendo a mis décadas de clases de voz y cuidados hacia mi capacidad artística. Al regresar al apartamento de Suzi Dietz donde me estaba alojando (dado que no tenía casa propia), mi mánager se puso en contacto conmigo para decirme que el director musical quería tener una sesión de trabajo vocal conmigo. *¡Cómo! ¡¿Que Stephen Oremus quiere tener una sesión de trabajo conmigo para revisar cómo canto?! ¡¿Estás de puta coña?! Mi querido amigo, con el que hice los arreglos para las producciones de* Jesucristo Superstar *en Sudáfrica en 1998 y de* Signed, Sealed and Delivered: The Music of Stevie Wonder *en Las Vegas; el mismo artista que me llama mentor y que me llama madre, él quiere una sesión de trabajo conmigo para ver si puedo... ¿Si puedo qué? ¿Manejarme con ese material? Algo no cuadra.* Mantuve mi ego a raya y fui directo a esa sesión de trabajo.

—Tienes que cantar a voz en grito.

Stephen lanzó las manos al aire y puso los ojos en blanco.

—¿Qué coño, Stephen? —le espeté.

—Todo el mundo cree que tu trabajo escénico es el mejor, de lejos. Pero hay gente preocupada porque piensa que no tienes capacidad para aguantar ocho funciones semanales.

Respiré hondo, riéndome por lo bajo de la ironía.

—Vale. Pues cantaré como si no hubiera un mañana. Es un espectáculo de pop, así que todos sabemos que no tiene ningún sentido, pero da igual. Mañana vuelvo y les enseño a estos hijos de puta cómo se canta a lo Patti LuPone. ¿Eso es todo?

Cuando llegué a casa y me tomé un cuenco de sopa para cenar, mi moderado reflujo de ácido se había reactivado y me estaba revolucionando la garganta. Mis cuerdas vocales no emitían sonido alguno. No era capaz de producir nada audible. La misma situación que el 12 de septiembre de 2001, pero con esteroides. Y el día después del 11-S perdí la voz por completo. Me quedaban unas quince horas para reponerme y encontrar una voz. Llamé a mi madre para que rezase por mí.

«Mamá, necesito que invoques al Señor por mí. Mañana tengo la audición final, final para *Kinky Boots* y mi garganta no está cooperando. Esto es por mí, mamá. Es mi primera y última oportunidad, pero de verdad. Tengo que ser capaz de cantar algunas notas mañana a mediodía, a toda voz».

Mi madre rezó por mí. Noté la imposición de manos a través del éter telefónico. Me tomé una de mis pastillitas mágicas y caí frito; necesitaba descansar. Me desperté sobre las siete y media de la mañana y empecé con el tratamiento de calentamiento vocal que me había mandado Joan Larder para conseguir que mis cuerdas emitieran algún sonido. Mis cuerdas vocales tardaron cuatro horas enteras en relajarse, en calmarse lo suficiente como para generar un sonido digno del protagonista de un musical de Broadway.

¡Canté esa música a los cuatro vientos! *¡FUEGO!* Les enseñé lo que era una mujer blanca poderosa y muy británica (no olvidemos que tuve la calificación máxima en clase de dialectos por mi acento británico en la CMU). *¡Golpe de melena!* Recogí mis cosas y di mi trabajo por concluido. Cuando llegué a la calle, había vuelto a perder la voz.

Recibí una llamada de Bill Butler, mi mánager, para decirme que Jerry quería que fuese a su ático a tomar un café. Llamé a mi amigo. La tensión se había apoderado de mí.

—Jerry, ¿el café ese es un café bueno o es un café malo? Porque no hace falta que vaya a tu casa para tomar un café si es malo, ¡un café malo puedes servírmelo por teléfono!

—¡Billy! ¡Calla ya y ven ahora mismo!

Fui andando a un ritmo trepidante por la avenida 9 desde la calle 42 y crucé a la calle 44 hasta el apartamento de Jerry, entre la calle 7 y la avenida Broadway. *¿Esto está pasando de verdad? ¿Estoy a punto de interpretar un papel en un musical de Broadway? ¿Se está haciendo por fin realidad el sueño original? ¿En serio?*

Cuando llegué al ático de Jerry, me empapaba el sudor por miedo al fracaso. Jerry me abrió la puerta con dos copas de champán en las manos. Tiró de mí para darme un abrazo y apretarme muchísimo, y me susurró al oído: «Es para ti. Siempre lo ha sido. Nunca ha habido nadie más y siento mucho que me obligasen a hacerte pasar por todo esto».

Respiré hondo. Me conmovió que mi compañero, mi amigo de veintiún años, se hubiese acordado de mí: había mirado atrás, había alargado la mano y había levantado a un hermano. Saco este hecho a colación porque mucha gente, cuando esté en posiciones de poder, no hace ese tipo de cosas. Jerry sí, y con ello cambió mi vida para siempre.

Hace poco recibí cierta información privilegiada sobre lo que fue mi viaje hasta llegar a la señorita Lola. Como ya he dicho, alguna gente, concretamente algunos productores, no me querían allí. Una llegó incluso a llevar a un agente de la Creative Artists Agency a la presentación con los promotores para preguntarle si tenían a otra persona en su lista, a «alguna estrella» por la que pudieran sustituirme. Por fortuna ese agente era Joe Machota, y por fortuna le dio una lección a esa señora y le dijo que, de hecho, yo era la única estrella que necesitaba y que si no era capaz de verlo, su espectáculo nunca tendría éxito. Y por eso ahora Joe Machota es mi representante. *¡FUEGO!*

El calendario de producción de *Kinky Boots* quedó oficialmente cerrado. Julio de 2012: taller de trabajo de cuatro semanas. Septiembre-noviembre de 2012: pruebas fuera de la ciudad, en Chicago. Febrero de 2013: inicio de los ensayos para la producción en Broadway. 4 de abril de 2013: noche de estreno en Broadway.

Stark Sands, Annaleigh Asford y yo mismo éramos los artistas principales del reparto. Nos reunimos un elenco impresionante de virtuosos y emprendimos la tarea de crear pura magia teatral para, con suerte, cambiar el mundo a base de transformar mentes.

Durante el proceso de audiciones, no le di ninguna importancia a mi intranquilidad ante la idea de que el equipo creativo estuviese escribiendo el personaje de Lola como un boxeador heterosexual. De hecho, no dije nada al respecto hasta la última semana de trabajo, después de las presentaciones con los promotores. Pedí tener una reunión con Jerry, Cyndi, Harvey, Stephen y los productores principales, Hal Luftig y Daryl Roth.

«Vale, ahora que habéis visto mi interpretación y mi creación de Lola, ¿sois capaces de decirme, con total sinceridad, que alguna persona de este planeta podría pensar que yo soy un hombre hetero?».

La respuesta fue un rotundo NO y todo el mundo pasó página, salvo aquel día de fiesta con la prensa en el Al Hirschfeld Theatre, cuando el infame periodista neoyorquino Michael Musto me pilló por sorpresa al soltar lo de que «Lola es un boxeador heterosexual», un dato interno. Le planté cara y le dije con descaro que Harvey y yo seguíamos peleando como gatas por ese tema. Le conté que después de una conversación con el corazón en la mano, en la que Harvey me explicó que «ya hemos visto el personaje de Lola antes y yo ya lo he escrito otras veces», yo le comuniqué que ese arquetipo en el que se había sumergido durante tantas décadas como escritor nunca me había incluido a mí, un hombre negro. «¿Cuándo ha sido Zaza de *La jaula de las locas* un hombre negro en una producción de Broadway de primera línea?». La respuesta es… ¡Nunca! ¡Y lo he intentado, vaya si lo he intentado! Y por si sirve de algo, creo que, ante todo, la brillantez de la historia, el guion de Harvey, las letras de Cyndi y la temática en general trascienden nuestra sexualidad y conflictos de género, desconcertantes y llenos de errores humanos. Como dice *Raise You Up/Just Be,* la triunfante canción final del espectáculo: *«Never let'em tell you who you ought to be / Just be. With dignity. / Celebrate your life triumphantly».*[9] ¡Eso es! ¡Así de simple! Quiérete a ti mismo y ten la valentía de querer a tu prójimo de la misma manera. Durante el régimen de reacción negra pretrumpista, tocado por la gracia de Obama, cambiamos muchas mentes. Recibí numerosos mensajes de diversa índole y de gente de todo el mundo que se había sentido transformada por el mensaje de *Kinky Boots,* nuestro pequeño espectáculo que tanto pudo hacer.

Y no por nada, Wayne Brady, un hombre muy heterosexual, con una interpretación muy heteronormativa de Lola, me sustituyó en Broadway, ¡y funcionó! Mismo mensaje, ¡distinto emisor!

Así pues, el escenario estaba preparado: Chicago, septiembre de 2012, Bank of America Theatre, primer día de ensayos técnicos. Completamos tranquilamente la secuencia inicial, titulada «The Most Beautiful Thing in the World», con una comodidad y un aplomo absolutos. Entonces llegó mi entrada: la señorita Lola, vestida con una extravagante creación de Gregg Barnes diseñada para representar al sol.

---

[9] «Nunca dejes que te digan quién serás / Sé tú. Con dignidad. / Celebra tu vida de modo triunfal».

Un vestido escaso de altísima costura que causaba impresión, sujeto solo en un hombro, brillante y deslumbrante, con un patrón que simulaba rayos de sol y un dobladillo de tentáculos colgándome del toto. La peluca era del color de un merlot dulce, si es que eso existe. Los modelos de mis niñas, los Ángeles de Lola (unas artistas drag), estaban ideados para evocar el espíritu de las flores, con un rollo espectacular de pasarela de alta costura estilo Alexander McQueen, de primer nivel.

La puesta en escena de mi entrada era una cosa grandiosa. Un eco en las sombras, un misterio: una dama (más o menos) con una gabardina de piel que llega a la carrera, perseguida, acosada por unos abusones amenazantes. Esa enigmática fuerza de la naturaleza echa mano del bolso y saca una bota alta de tacón de aguja. Utiliza la bota como arma, blandiéndola por encima de la cabeza con intención de golpear a sus asaltantes, pero sin saber cómo falla y deja inconsciente a un buen hombre anónimo que se ha colado en la trifulca, en un intento por acudir en su ayuda.

¡BAM! (El buen hombre se queda inconsciente, noqueado). Comienza un glissando y oímos voces en una armonía de tres partes que anuncian la llegada de la reina: «Lola/ Looola».

Se prende entonces un foco para mostrar a la señorita Lola en todo su esplendor, con el efecto de un sol de alta costura. Lola procede a invitar al público a que entre en su abrazo con su habilidad seductora: murmura en un ronroneo que «no es el primer hombre que se da de bruces por mí» y que en vista de la reacción «tampoco va a ser el último». Y con esas, se larga.

Cuando llevaba completadas tres estrofas y media de sensual canto…

—¡PAUSA! —gritó Jerry al micro, desde la cabina, y la producción paró en seco.

—¡Todo el mundo a almorzar!

Se encendieron las luces de trabajo. La iluminación de la sala entera se activó y desde el escenario vi al equipo creativo apiñado al fondo del teatro en modo resolución de problemas, muy concentrados y analíticos. El director que llevo dentro se preguntó qué estaba ocurriendo. ¿Cuál era el problema que había que solucionar?

—Estás demasiado guapo —declaró Jerry contento desde la puerta de mi camerino—. Estás tan espléndido que no se puede ni describir con palabras.

—¿Y no era esa la intención? —sonreí con superioridad—. A ver, un crítico del *Pittsburgh Post-Gazette* me describió, en 1989, como una joven Diahann Carroll cuando interpreté el papel de Mary Sunshine en el *Chicago* de Kander y Ebb, en el Pittsburgh Playhouse.

—Bueno, y no mintió. La cosa es que yo sabía que ibas a estar guapo, pero no me di cuenta de lo impactante que iba a ser la cosa, rodeado por los Ángeles y todo. Creo que, nada más empezar la historia, el poder de tanta belleza puede ser demasiado para nuestro público. Tenemos que hacer que la gente se acerque, que se sienta segura.

—¿Qué quiere decir eso? —preguntó este solucionador de problemas creativos.

—Todavía no lo sé con seguridad. En el almuerzo voy a comentar con Gregg las opciones que tenemos y más tarde te daré una respuesta.

*¡Bueeeno, FUEGO! Por primera vez en mi vida me siento guapo. ¿Es posible? ¿Se está haciendo realidad al fin, de verdad, el sueño original? He esperado décadas para que me den acceso a una grandeza de este calibre, a tener responsabilidad en una época como esta. He pasado demasiado tiempo corriendo para escapar de mi condición queer, de mi mariconez, de mi feminidad. Todas esas cualidades eran mi lastre en este mundillo, como todo el mundo me había*

*dicho. Y tenían razón, sean quienes sean los que la tenían. Tenían razón. ¡Aunque creo que están a punto de dejar de tenerla! ¡Porque me estoy preparando y me lo voy a comer todo!*

—¿Y esto, «esto», va a hacer que la gente blanca se sienta segura?

Me quedé como apopléjico mientras sostenía un sujetador de encaje negro sin tirantes y unas medias junto al cuerpo (un cuerpo recién puesto a punto).

—De momento es solo una solución provisional mientras diseño algo nuevo para la ropa interior de la escena inicial. Se te va a ver todo durante un segundo en el escenario, mientras te cambias para ponerte el vestido de Viuda Negra —me dijo Gregg Barnes, el diseñador de vestuario, para intentar consolarme—. La idea del girasol, con la estructura interior de apoyo, no funciona bien.

—Sí, resulta que esa idea tan original de la ropa interior en plan conejita de Playboy está desfasada y no te realza el cuerpo —intervino Jerry desde el sofá de mi camerino, mirándome el cuerpo en el espejo. Su cerebro estaba activo, intentaba resolver el problema que tenía ante sí.

En el descanso de dos horas para cenar, Gregg Barnes dio forma a una idea totalmente nueva. El objetivo, al partir de cero, era que el impacto visual de la señorita Lola y sus Ángeles fuese el de una invitación, una especie de bienvenida a lo que, para muchos, sería un mundo nuevo y atrevido. La señorita Lola y sus Ángeles son un constructo inherentemente subversivo. Lo son incluso cuando escribo esto, en 2021, en un mundo ebrio y cautivado por la forma artística del drag, que se ha elevado e inmortalizado gracias al genio que es RuPaul Charles y a su industria artesanal de reinas de *Drag Race;* en 2013, hacer que los heteruzos se sintieran cómodos era nuestra única manera de entrar, nuestra única vía para cambiar el *statu quo* e iniciar una conversación nueva con el mundo, nuestra manera de conseguir que las masas se rieran con nosotros y no de nosotros, al tiempo que blandíamos el amor como arma para la sanación.

He combinado con cuidado las palabras «blandir» y «sanar» con un objetivo. Porque a veces el amor es duro. A veces amar equivale a sentirse incómodo. Las consecuencias del desfile del Día de Acción de Gracias de Macy's en 2013 encarnaron precisamente uno de esos momentos.[10] No habíamos terminado nuestro número cuando ya recibimos una respuesta de odio y homofobia. Saltaban titulares por todo el país. Los conservadores formaron un milicia de retórica del pánico y del odio con la intención de subvertir el mensaje de *Kinky Boots,* un mensaje de amor, tolerancia, aceptación e inclusión, transformando el mero acto festivo de nuestra interpretación durante un programa de televisión en «la agenda gay» que pretendía ir a seducir y a violar a sus hijos. *Otra vez lo mismo... ¡YA BASTA! Poco importaba que* Matilda: el Musical, *que se había representado justo antes del nuestro, expusiera ante el mundo a un hombre vestido de mujer encarnando a la malvadísima maestra, la señora Trunchbull.*

Voy a decirlo alto y claro para que lo oiga todo el mundo: el personaje de la señora Trunchbull es feo, por dentro y por fuera, rayano en lo grotesco. Bueno, lo retiro: es grotesco del todo. ¡Y lo es adrede! Esa es la forma femenina que pasa desapercibida para la cultura dominante: el tipo de fealdad que

---

[10] Todos los años, los grandes almacenes Macy's organizan un desfile por el Día de Acción de Gracias, que incluye actuaciones y diferentes opciones de entretenimiento. En 2013 participó el elenco de *Kinky Boots* con un número extraído del musical y hubo una serie de airadas protestas por parte del sector conservador de la sociedad estadounidense, motivadas por la presencia de drag queens en lo que se consideraba un acto para público infantil.

los hombres heterosexuales obvian y, por tanto, su existencia en este planeta se hace invisible. Una mujer con un aspecto ante el que vuestro querido expresidente diría: «¡No es mi tipo!», como prueba y defensa de que las acusaciones de acoso sexual, procedentes de personas como E. Jean Carroll, tienen que ser falsas.[11] Basta decir que la señora Trunchbull no provocaría ninguna erección entre los maridos estadounidenses promedio durante el desayuno del Día de Acción de Gracias. *¿Por qué os cabreáis, madres de familia? Basta de odio. ¡Apreciad la belleza, la legendaria autenticidad que no desaparece nunca!*

La organización de Macy's tiene todos mis respetos. Dieron un paso al frente y apoyaron nuestro mensaje de inclusión, igualdad y amor al recibirnos a mí y a mi coprotagonista, Stark Sands, el día después del escándalo. Como respuesta directa a los *haters*, nos plantamos allí y nos pusimos a comprar con nuestro supervestuario: yo ataviado de mujer y él con una americana, una corbata larga, unos bóxer y unas botas altas idénticas a las mías, color manzana de caramelo. Harvey Fierstein nos acompañó en esa sesión de compras compulsivas y envió una declaración a la prensa: «Estoy muy orgulloso de que el elenco de *Kinky Boots* llevase su mensaje de tolerancia y de aceptación al desfile de Estados Unidos. Hace diez años tuve el honor de ir en una carroza vestido de Señora Claus y fue lo más emocionante de mi vida. Felicitaciones a Macy's, líder a escala mundial, no solo en ventas, sino también en humanidad».

---

[11] Elizabeth Jean Carroll es una periodista estadounidense que acusó a Donald Trump de haberla agredido sexualmente a mediados de la década de 1990. En una de sus reacciones a dicha acusación, Trump respondió con un: «[Carroll] Nunca sería mi tipo, de ningún modo, manera o forma». El caso se ha cerrado con una condena a Trump por abuso sexual y difamación contra ella.

Cuando acabamos nuestro primer preestreno en Chicago, el 2 de octubre de 2012, el ambiente ya había afilado garras y dientes hasta convertirse en un rugido sordo pero real. Salí envuelto en diversas prendas de abrigo, como para proteger un regalo frágil, mostrando una cautela excesiva, rozando lo hipocondriaco: un abrigo de cachemira extragrande, un gorro de invierno, múltiples bufandas... ¡Parecía la tía vagabunda de cualquiera! No obstante, bajo techo esas perras me tenían todo el día meneándome arriba y abajo con aquel conjunto de sujetador de encaje negro y medias. Habían incorporado a las medias una minifalda de encaje, y cuando digo mini me refiero a diminuta. Lo imprescindible para taparme el... Bueno... Eso... ¡El nabo! ¡Sí, he dicho NABO! Y dije nabo también desde el escenario, a las doce menos cuarto de la noche, cuando aquella perra de Jerry gritó al micro:

—¡Menuda fiera! Tenemos que hacer algo con ese bulto, pero...

Y ahí lo interrumpí, con los brazos en jarras, totalmente expuesto y vulnerable como no me había visto nunca antes:

—¡No puedo remediarlo! ¡Tengo un nabo muy grande!

Se hizo el silencio... más silencio... y más...

Y entonces Jerry rugió en el micro, asegurándose de que el sonido reverberase en todo el teatro:

—¡TÚ Y TODOS, ZORRA!

Y ese fue el culmen del día. Estuvimos riéndonos horas con ese momento. Esa historia sigue siendo parte de la leyenda de *Kinky Boots*.

Después de *Miss Saigón* en 1999 (que todos sabemos cómo acabó), no había vuelto a participar de ningún modo en ningún espectáculo de Broadway. Transcurridos doce años, ahí estaba yo, saliendo por la puerta del escenario de un teatro de Chicago homólogo de los de Broadway, con pinta de haber estado ensayando todo el día y actuando toda la noche: irascible y reventado. Había algunos fans esperando, solo unos pocos. La gente hizo fotos, sin más aspavientos —cuando tenemos suerte—, y arrastré mi culito cansado y feliz a casa. Ocho horas más tarde, tras mi reconstitución y lavado matutinos, descubrí que mi superlook superchic de vagabunda había quedado inmortalizado para la posteridad en una nueva movida de internet llamada «redes sociales» y, concretamente en este caso, en Facebook. Salía con una pinta horrible. ¡Quería meterme bajo las tablas del teatro! *Esto significa que tengo que empezar ya, tengo que empezar a vestirme bien. Había previsto ofrecer a estas criaturas un estilazo* geek chic *para los actos con la prensa, pero ahora tengo que replantearme todo mi plan de compras. ¡Tengo que vestirme para triunfar todos los días! La tía Dorothy siempre decía: «¡Vístete para el trabajo que quieres, no para el que tienes!». Y el trabajo que quiero en última instancia es ser la zorra al mando.*

Estrenamos en Chicago con unas críticas potentes que resultaron muy estimulantes. Eran unas críticas relativamente justas y constructivas, cosa que se da muy raras veces. Una de ellas, de Michael Roberts, publicada en el *Showbiz Chicago*, decía: «*Kinky Boots* tiene algo único que multiplicará su éxito, y ese algo es Billy Porter [...]. Me atrevería a decir que *Kinky Boots* hará por el señor Porter lo que *Hello, Dolly* hizo por Carol Channing, *Una chica divertida* por Streisand, *El fantasma de la ópera* por Michael Crawford y *Evita* por Patti LuPone. Tanto el espectáculo como el papel serán para siempre sinónimos del señor Porter, y con razón». ¡Guau! Yo no soy muy fan de las críticas, pero hay que reconocer que algo así es extraordinario.

Bill Butler me contó después que el productor Hal Luftig lo había llevado a un lado en la fiesta del estreno en Chicago y le había dicho: «Qué suerte que Billy no tenga nada de ego y no se largara de este proyecto después de lo que le hicimos pasar durante el proceso de audiciones. Si no lo tuviésemos en esto…, ¡nos habrían jodido!».

*¡Muy buena esa, Hal! Gracias por reconocer la verdad.*

El elenco tuvo un par de meses libres para disfrutar de las fiestas, entre la clausura en Chicago y el inicio de los ensayos para la producción de Broadway. Necesitaba buscar un sitio para vivir. Llevaba una década sin alquilar nada a mi nombre. Mi forma de vida era ocupar sofás ajenos y subalquilar. Haber solicitado la bancarrota en 2007 implicaba que tenía «mal crédito». Traducción: no podía conseguir un alquiler a mi nombre sin un cofirmante. Entra en escena Suzi Dietz. Cuando encontré el apartamento que quería, en Harlem, en la esquina de la calle 127 con el bulevar Adam Clayton Powell Jr., Suzi subió conmigo en el tren A para conseguirlo. Allí descubrimos que las reglas de estos contratos habían cambiado y que los cosignatarios ya no significaban nada. Para transmutar mi situación de bancarrota, a Suzi le exigían estar incluida en el alquiler como mi compañera de habitación. Lo que se narra a continuación fue la locura…

Me puse a rellenar la solicitud para el apartamento y llegó la parte en la que se suponía que había que introducir los ingresos anuales. Anoté la cuantía aproximada de mi recién proyectado *Kinky Boots* y le pasé la solicitud a Suzi. Ella rellenó el formulario entero, pero dejó en blanco la pregunta sobre los ingresos. Sin conocer ese detalle, le entregué la solicitud al agente inmobiliario, que se fue a otro despacho a procesar la documentación y pasado un instante regresó, perplejo.

—Disculpe, señora, pero ha dejado en blanco la sección de ingresos anuales.

—Lo sé. Usted consulte mi nombre —respondió con tono educado, restándole importancia.

—Pero necesito sus ingresos anuales para procesar la solicitud —insistió él con educación.

—No. No los necesita. Consulte mi nombre.

Chiiicaaa... Casi me estalla la cabeza en mil pedazos cuando esa perra apareció con tooodas las copias de la solicitud, con tooodas las líneas de puntos techadas y subrayadas y tooodos los bolis necesarios para firmar, sin más preguntas, sin mayor preocupación por ingresos anuales. ¡Me quedé muerto! *¡Menudo momentazo de mujer blanca al mando! ¡Ya sé que Suzi es judía, pero hoy ha enseñado las auténticas garras de señorona blanca sofisticada!*

En las funciones de preestreno en Broadway hubo ciertos comportamientos extraños entre el público. En varias ocasiones, algunas personas, de las que no diré nombres, vinieron al camerino después de mi incuestionable triunfo y, llevándose una mano a la garganta, me dijeron mierdas del tipo: «¿Estás bien? ¿Te aguanta la voz? Será mejor que vayas con cuidado, lo que haces ahí fuera es insostenible».

*¿Insostenible para puto quién? Sé muy bien lo que estoy haciendo. ¿De qué hablan ahora estos hijos de puta y por qué intentan venir a por mí?*

Mi instinto inicial me decía que les reventara la cabeza a esas perras tan básicas y que ya llegaría el momento de preocuparme. Pero al final elegí el camino más contemplativo e inquisidor. En el fondo sabía lo que estaba pasando. Como decía siempre mi madre: «¡Hoy no, Satán!». Esa misma facción de gente era la que, después de volver a ponerme metódicamente en forma, en cuerpo, mente y espíritu, de cara a la dura realidad de ocho funciones semanales en Broadway (y todo gracias a mi trabajo con el programa *Mark Fisher Fitness: Snatched*, una cosa de locos con un enfoque muy ingenioso), gritaba incrédula al verme por la calle: «¡Ay, Dios mío! ¡Te has quedado en la mitad!».

*¡¿En serio, perras?! ¿En serio? Sé que nunca he sido el* sex symbol *de nadie, ni siquiera el objeto de los afectos de la gente en el mercado, pero ¿en la mitad? ¡A la mierda todos! Perdí once kilos. Me puse en mejor forma, sí, como hace la gente cuando se prepara para el papel de su vida. En confianza, de entrada tampoco estaba tan mal. La vez que pesé más, con un metro cincuenta y cinco de altura, estaba en ochenta kilos. Vale, no era material apto para ser modelo de ropa interior en las vallas de Calvin Klein o Marky Mark, pero ¡tampoco iba por ahí paseándome como la familia Klump! ¡Qué huevos!*

Necesitaba otros ojos que me dijeran que no estaba loco por pensar que los motivos de «esa facción» eran meterse en mi cabeza, inyectarme dudas en el espíritu. Su última jugada consistía en sacarme de mi propio juego; mi juego dentro del juego general, en el que la mayoría de los mandamases y jugadores me habían dado por perdedor una década antes, basándose en lo que se percibían como desventajas y lastres inherentes a mi persona.

Durante una velada en honor a Jerry Mitchell, en la temporada de los premios Tony de la primavera de 2013, estuve echando un rato con el director Jack O'Brien, tres veces ganador de un Tony y otras siete veces nominado. Ese año, *Kinky Boots* había logrado un récord de trece nominaciones a los Tony, toda una victoria inesperada y definitiva sobre *Matilda: el musical*, al que *The New York Times* había descrito como el «genuino éxito de crítica» de la temporada. *Matilda: el musical* había recibido también la irritante calificación de «el musical más satisfactorio y subversivo que nos ha llegado de Gran Bretaña». Más allá de ese éxito de crítica, *Matilda* había ganado el premio Drama Desk a musical destacado y había fijado un récord al obtener la mayor cantidad de premios Olivier de la historia. Incluso antes de que empezaran los ensayos de nuestro espectáculo, *The New York*

*Times* y toda la comunidad teatral en general ya habían tomado la decisión de que *Matilda* debía arrasar, y arrasaría, en tooodos los premios. *Kinky Boots,* por su parte, recibió unos elogios cínicos y despreciativos, movidos por el odio. Los críticos, pese a no defenestrarnos del todo, optaron por centrarse en que el mensaje de nuestro espectáculo era demasiado «aleccionador». ¿Es que eso es un problema? A veces la gente necesita que la aleccionen, a veces el mensaje de amor, inclusión e igualdad tiene que ser claro y directo.

Ben Brantley, de *The New York Times,* escribió: «La faceta remilgada y aleccionadora del señor Fierstein —evidente en partes de su guion para *La jaula* e incluso en su exitosa obra debut, *Trilogía de Nueva York*— luce aquí en todo su esplendor sacrosanto, y es una luz poco favorecedora. Voy a dar solo un apunte de lo que esperarse en esta obra: una alicaída Lola le canta un himno de amor y respeto en una residencia de ancianos a un hombre en silla de ruedas, que resulta ser…».

A ver, que quede claro: el himno al que se refiere el señor Brantley es el número estrella del segundo acto del musical, *Hold Me in Your Heart,* y en ese momento del espectáculo mi personaje opta por el perdón. Yo, Billy, subrogado en Lola, tuve la fortuna de interpretar el acto de perdón hacia una figura paterna —concretamente, hacia mi padrastro y hacia mi padre biológico— en ocho funciones por semana durante tres años. Fue una experiencia transformadora, una bendición. Y me situó en el camino de una sanación más profunda, desconocida hasta entonces para mí. Así que cuando los *haters* cínicos seáis capaces de parar en seco un musical de Broadway mientras aleccionáis a la gente con un mensaje urgente de amor, ¡cuando podáis hacer eso!, me llamáis. Hasta entonces, ¡poneos cómodos en vuestras butacas!

Este es un gran ejemplo de la complacencia equivocada y cómplice de la progresía blanca, que piensa que hemos superado la necesidad de recibir mensajes directos de igualdad. De esa gente blanca «muy buena» que seguramente votó a Obama y piensa que el racismo y la supremacía blanca han desaparecido. De esos que de verdad creen que ni mi negritud ni mi condición queer tuvieron nada que ver en el encumbramiento de *Kinky Boots*. De esa gente blanca cuyo privilegio inconsciente —o consciente, para el caso— le impide ver el hecho de que el personaje y arquetipo de Lola en *Kinky Boots* es un acto revolucionario, sencillamente porque es una persona negra y, al integrar mi interpretación en el ADN del personaje, es además una persona total, completa y abiertamente queer. Eso era algo, hasta entonces, nunca visto en el mundo. Y la mayoría de la gente ni siquiera sabía que «eso» estaba pasando. Pero ¡yo desde luego que sí!

Mi arte es mi vocación, mi finalidad, me atrevería a decir que incluso mi ministerio, y voy a utilizar mi plataforma con orgullo y sin ninguna duda para «aleccionar» con el evangelio de la verdad y del amor mientras me quede algo de aliento en el cuerpo. Porque, la verdad sea dicha, según el desarrollo de los acontecimientos que hemos visto en los últimos cinco años y pico, todavía hay una mitad de nuestro país que no lo entiende. Sigue habiendo facciones de odio por todo el mundo que creen en el poder absoluto de la supremacía blanca, heterosexual y masculina, a perpetuidad y a cualquier coste. Nuestro trabajo como artistas y narradores es enseñar el evangelio de la verdadera humanidad en todas sus formas, y aleccionar en este sentido cuando sea preciso. Toni Morrison dijo: «Precisamente este es el momento en que los artistas han de ponerse a trabajar. No hay tiempo para la desesperación, no hay espacio para la autocompasión, no hay necesidad de silencio, no hay margen para el miedo. Hablamos, escribimos y creamos lenguaje. Y así sana la civilización».

Me había pasado la primera década del siglo XXI tratando de poner mi casa en orden, tratando de reconstruir lo que quedaba de mi carrera; reconstruyendo mi voz, mi superpoder, tras rescatarla de las garras de la vergüenza y de la enfermedad que tenía interiorizadas. Me había pasado más de una década ante el precipicio de la oscuridad, pero transcurrido ese tiempo vi una luz brillar en el horizonte, una luz que me decía que aguantase un poco más. *Kinky Boots* era ese horizonte y todo el mundo lo sabía. Y el hecho de que hubiese *haters* intentando meterse en mi cabeza, aún hoy me provoca ganas de vomitar.

Le pedí a Jack O'Brien cierta orientación durante aquella velada de tributo en honor a Jerry Mitchell. Necesitaba que alguien me confirmase que la luz de gas que yo creía que me estaban haciendo era real. Jack lo corroboró con ese estilo suyo tan Truman Capote, tan de hablar y callar bocas: «Cariño, sabes muy bien lo que ocurre. Te has sacado un conejo de la chistera. En el mundillo, todos habían decidido que ya habías alcanzado tu tope. La gente estaba muy cómoda con tu aparente estancamiento. ¡A la mierda todos! ¡Y la próxima vez que te venga alguien al camerino a soltar basura, tú limítate a eximirles de tu presencia y sigue a lo tuyo!».

O algo así...

Gracias, Jack O'Brien, por transmitirme la fuerza que necesitaba en aquel momento para continuar mi camino y avanzar dentro de las ilimitadas posibilidades que tenía por delante en la vida.

Las nominaciones a los Tony salieron el 30 de abril de 2013 y tanto mi coprotagonista, Stark Sands, como yo estábamos nominados para mejor actor en un musical. También nominaron a Annaleigh Ashford como mejor actriz de reparto en un musical. El espectáculo en sí recibió otras nueve nominaciones: mejor musical, mejor dirección y coreografía en un musical para Jerry Mitchell, mejor guion de musical para Harvey Fierstein, mejor canción original para Cyndi Lauper, mejor diseño de escena en un musical para David Rockwell, mejor diseño de vestuario en un musical para Gregg Barnes, mejor diseño de iluminación en un musical para Kenneth Posner, mejor diseño de sonido en un musical para John Shivers, y mejor orquestación para Stephen Oremus. Y así dio comienzo la carrera de un mes para votar en los Tony.

Las temporadas de premios son como carreras de caballos. Y todo el mundo quiere hacer como que los premios dan igual y no interesan nada. «Es un gran honor estar nominado»: esa es la disciplina general de partido. A mí me parece una actitud falsa, e incluso me he regodeado en este tema en concreto para intentar exudar gratitud. Los premios son un mal necesario y potencial de nuestro negocio, y si no vas con cuidado puedes verte arrastrado al lado oscuro de todo el proceso.

Uno de esos lados oscuros toma la forma de predicciones. Mi sugerencia para alguien que entre en este mercado es que ni se le ocurra leer nada —y cuando digo nada quiero decir nada— durante el periodo de votación para cualquier carrera de cualquier premio. Yo cometí el error de leer un par de artículos. Está muy extendida la práctica de enfrentar unas producciones con otras y a unas personas con otras. No me gustó esa sensación. Históricamente, Broadway siempre ha sido una comunidad de artistas que, en su mayor parte, se apoyan mucho entre sí. Las nominaciones a los Tony me hicieron sentir un poco desconectado de mis colegas, así que decidí hacer algo al respecto. Decidí invitar a todos los nominados en mi categoría a comer, para fomentar el compañerismo, celebrar. Creo que la cita fue al acabar una de nuestras funciones matinales de domingo previas a la ceremonia de los Tony. Estaba muy contento, porque los otros cuatro nominados habían aceptado mi invitación para comer y beber.

Nos vimos en el 44 & X, un sitio muy popular ubicado justo donde su nombre indica —la esquina de la calle 44 con la avenida 10—, propiedad de mis amigos Scott y Bruce. Los invitados y nominados eran mi hermano pequeño y coprotagonista, Stark Sands *(Kinky Boots)*, Bertie Carvel *(Matilda)*, Santino Fontana *(Cenicienta)* y Rob McClure *(Chaplin)*. Fue un encuentro de celebración, compañerismo y apoyo. Uno de los camareros nos sacó una foto a los cinco que todavía hoy tengo enmarcada en mi despacho. Me siento orgulloso, honrado y lleno de humildad por haber sido parte de ese grupo de artistas increíbles.

Sally Field y Matthew Broderick se deslizaron sobre el escenario del Radio City Music Hall para presentar las categorías de mejor actor y mejor actriz en un musical. Los hombres iban primero.

*Ay, ay... Esto es que ha llegado el momento de mi categoría. El cámara acaba de agacharse delante de mí. En toda mi cara. Tengo la boca seca. De repente estoy temblando. No pasa nada, Billy, M&M está aquí contigo. Es un honor estar nominado.*

Sally:

—Tenemos el placer... bueno, los dos placeres...

*Es un honor estar nominado*

—.... unos artistas ejemplares que han dado a sus personajes...

*Es un honor estar nominado*

Matthew:

—Cinco artistas con un talento increíble...

*Es un honor estar nominado*

—... cinco papeles muy diversos. Todos ellos originales, cautivadores, incomparables...

*Esunhonorestarnominado*

*Esunhonorestarnominado*

*Esunhonorestarnominado*

—... los nominados a mejor actor en un musical son...

*Parece que Sally y Matthew tienen una patata en la boca. No entiendo nada de lo que dicen...*

Sally:

—Billy Porter: *Kinky Boots.*

*Joder, terror absoluto. Sonríe, zorra*

Matthew:

—Stark Sands: *Kinky Boots.*

*Sé amable con el cámara, que lo tienes en la cara*

*Y sonríe*

Matthew:

—Y el Tony del American Theatre Wing es para...

*¡DIOS SANTO! ¡Soy yo, es mi nombre! Levántate, rápido. Tienes noventa segundos para largarlo todo. Te has olvidado de darle un beso a tu hermana... Desde que dicen tu nombre tienes noventa segundos para hablar antes de que la banda empiece a tocar y te eche. ¿Por qué está todo borroso? ¿Por qué está todo en silencio? ¿Por qué no puedo respirar? ¿Por qué va todo a cámara lenta? Sally Field acaba de abrazarme. Me ha dado mi PREMIO TONY.*

—¡Dios mío! ¡¡¡Ay, DIOS!!! Vale... Vale... A ver...

*¡Empieza a hablar, zorra! El tiempo vuela.* Tempus fugit.

—Emmm...

*Saca las notas. ¡Mierda! Tengo las manos ocupadas, ¡Y ME TIEMBLAN! No tenía esto previsto...*

—Voy a dejar esto en el suelo.

*¡Gracias, señor negro muy amable con rizos que acaba de ahorrarme el ridículo de dejar en el puto suelo el sueño de mi vida que es este premio Tony! Céntrate, céntrate, céntrate... en las notas. ¡Las notas de color rosa que hacen juego con el corbatón!*

—Vale, a ver, Shakespeare dijo: «Ser sincero con uno mismo». Mi viaje hacia la verdad empezó cuando descubrí los premios Tony con once años: mientras estaba en la cocina lavando los platos, me quedé sin aliento al ver la actuación de Jennifer Holliday y del elenco de *Dreamgirls* durante la gala.

*¡Has arrancado algunos aplausos, bien!*

—Ese momento me cambió la vida. Y aquí estoy hoy, delante de todos vosotros. Quiero dar las gracias a mi familia, a la mejor hermana que podría tener un hermano, MaryMartha Ford. A mi madre, Cloerinda Jean Johnson Porter-Ford, que está en casa, en Pittsburgh: eres la personificación de la verdadera cristiandad. Tu voluntad por asimilar lo que no entiendes con un amor incondicional es un ejemplo del que podría beneficiarse todo el mundo. Tu valentía me da vida y te quiero.

*¡Mi madre se ha llevado aplausos, sí!*

—A mi familia de *Kinky Boots*. A mis impresionantes compañeros de elenco, al equipo entero y a todo el Al Hirschfeld Theatre. A nuestros productores, Hal Luftig y Daryl Roth. A Harvey Fierstein y a Cyndi Lauper, por crear el molde que me permite expresar este viaje de perdón y aceptación, y en última instancia una sanación necesaria para mi alma.

»A Jerry Mitchell, por salir a buscar a un viejo amigo y ayudarlo a levantarse, y por darme espacio para crecer. A mi coprotagonista, Stark Sands: eres mi roca de apoyo, mi espada y mi escudo. Tu encanto me da presencia. Esto… esto lo comparto contigo (me lo voy a guardar en mi casa, pero lo comparto contigo).

*¡Y BUM! ¡La broma ha cuajado! ¡FUEGO! ¡JODER! Ya están tocando la musiquita esa…*

*¡Aligera, zorra!*

—A mi glamurosa pandilla, que permite que la señorita Lola sea una fiera a diario. Os quiero.

*¡Estoy hablando lo más rápido que puedo! ¡Ya te oigo, orquesta! Pero ¡voy a soltar esta última parte, así que un MOMENTITO!*

—Ah, y a mi mecenas, Suzi Dietz, a George C. Wolfe, a Tracy Brigden del Cit... Ay, y a Bill Butler, mi mánager durante veintidós años, y a todo el mundo...

»¡Dios os bendiga!

»¡Os quiero!

»¡Os quiero!

»¡Os quiero!

# Capítulo diecinueve

## 30 de diciembre de 2016

*Anoche le pedí matrimonio a Adam. ¡Dijo que sí! La verdad es que le sorprendió. A mí me sorprendió que le sorprendiese, porque lo acordamos los dos el año pasado cuando volvimos juntos después de nuestra ruptura de cinco años, aquella tarde de domingo de marzo de 2015 que fuimos por su cumpleaños a ver* Hamilton *en el Public Theater, antes de su representación en Broadway. Sí, rompimos pero seguimos juntos de muchas maneras. Nos queríamos en la distancia y nos guardamos en un espacio seguro del corazón. En el segundo acto, el elenco de* Hamilton *canta una canción de perdón. Nuestras manos se tocaron. Nos agarramos. Volvimos esa misma tarde y poco después dijimos que, si seguíamos juntos a final del año siguiente —lo que nos situaría en el cuarto trimestre de 2016—, nos casaríamos.*

*¡Yo siempre hago lo que digo que voy a hacer! Adam está aprendiendo que eso es así. Pedí consejo a todos mis amigos emparejados sobre cómo plantear la propuesta. Me angustiaba que no fuese lo bastante romántica. Me he*

*dado cuenta de que no soy una persona muy romántica, y quería intentar serlo. Quería que fuese algo muy especial; todos mis amigos me aconsejaron que lo fuese. Así que llamé a nuestros amigos Karsten y Michael, a quienes conocimos en un crucero de Atlantis ese verano, y entre los tres planeamos la operación encubierta apodada: ¡Operación Alianza Europea!*[12] *Ella, la espléndida; ella, la romántica. Un paisaje europeo onírico. Nuestros colegas de Londres me ayudaron a reservar una mesa para los cuatro en el City Social, un restaurante con estrella Michelin ubicado en la planta vigésimo cuarta de la Tower 42. Nuestro reservado daba a la majestuosa y neblinosa ciudad de Londres. Hinqué la rodilla justo antes del postre y le ofrecí al amor de mi vida el anillo Love de Cartier. ¡Y dijo que sí!*

Por desgracia, a la mañana siguiente nuestro dichoso amor homosexual quedó hecho trizas en un abrir y cerrar de ojos, cuando por todo el mundo saltaron titulares de última hora con la noticia de que una de mis cantantes de góspel preferidas había proferido una diatriba homofóbica mientras daba su sermón en la iglesia en la que, creo, es predicadora. La artista y predicadora en cuestión era Kim Burrell. Dijo unas palabras feroces, expuso un odio manifiesto y lo hizo en nombre de Dios. En su sermón nos llamó pervertidos:

«[...] pero ese espíritu homosexual es un espíritu de engaño y confusión y ha embaucado a muchos hombres y mujeres [...]. Tú, que siendo hombre abres la boca y aceptas el pene de otro hombre en tu cara, tú eres un pervertido, y a mí

---

12 *Operation European En-GAG-ement*, juego de palabras entre «engagement», es decir, compromiso de matrimonio, y «gag», que en el slang drag quiere decir «caer impresionado por la fabulosidad de algo».

será mejor que no me lo cuentes. Porque ya lo dice el Señor: "¡Eres un pervertido!"».

Una vez más, nuestro amor gay solo se mira desde el prisma del sexo: una interacción privada entre adultos que no es asunto de nadie más que de las personas maduras implicadas en el acto.

Esta postura no es nueva en el mundo de la música góspel. Sencillamente me había acostumbrado a separar el mensaje del mensajero. La mañana del 30 de diciembre de 2016 fue el momento en que le puse fin. Nada de seguir separando. Durante años había permanecido pasivo ante este asunto, en silencio, con la esperanza de que la iglesia evolucionase. Pero descubrí que la evolución no era lo que buscaba la gente de la iglesia, así que había llegado el momento de desvincularme de quienes pretendían destruirme. Me tomé como algo personal los azotes de Kim, pero además me parecieron hipócritas. Y es que, como mucha gente sacó a colación tras la posterior cancelación generalizada de la señora Burrell, que llegó muy rápido y fue muy estricta, a Kim le parecían muy bien los maricones siempre y cuando engrosaran su cuenta bancaria; ahí estaba su dueto con el músico Frank Ocean, ya fuera del armario. Y aunque la cultura de la cancelación y de las consecuencias sirvió para darle su merecido (perdió su programa de radio y Ellen canceló la invitación a su programa prevista para la semana siguiente, donde Kim debía cantar un dueto con Pharrell en apoyo a la película *Figuras ocultas)*, su traición me destrozó el alma, porque éramos nosotros, su base de fans principalmente negros y LGBTQ+, quienes la apoyábamos. No nos importaba que tuviese un problema de obesidad, casualmente vinculada de manera directa con uno de los siete pecados capitales: ¡La gula! Pese a todo la queríamos y le dábamos nuestro apoyo incondicional. ¡A la mierda! Muchos famosos publicaron declaraciones de condena contra el discurso de odio de la señora Burrell. Pharrell escribió: «Condeno cualquier tipo de discurso de odio. No hay espacio en este mundo para ninguna clase de prejuicio. Mi mayor esperanza es que toda la humanidad disfrute de inclusión y amor de 2017 en adelante». *¡Suerte, guapo!*

Lo único que me queda es darle las gracias a esa reina que había en la congregación de la señora Burrell y que claramente se había hartado de su hipocresía, porque grabó a escondidas lo que, por experiencia en el seno de la iglesia, sé que suponía el borrado absoluto de la humanidad de una comunidad entera. Mi antiguo trauma se activó hasta tal punto que le escribí una carta abierta a la señora Burrell, publicada en el sitio web de la revista *Out* el 8 de enero de 2017. En esa carta le decía que «como autodenominado marica de iglesia y persona profundamente espiritual, criado en la iglesia pentecostal, no puedo quedarme callado cuando gente como tú, por bienintencionada que sea, piensa que la voluntad de Dios es usar la Biblia para degradar y borrar a la comunidad LGBTQ».

«Las palabras tienen poder y tus palabras son asesinas —continué, y añadí—: Esperé cuarenta y siete años a que alguien tuviese el coraje de expresar nuestra verdad como colectivo gay ante vuestro teórico poder. Ahora me doy cuenta de que soy yo quien debo dar voz a quienes no la tienen».

Creen de verdad que su camino es el único que existe y que el resto de la gente va a arder en el infierno. La Biblia es el logro artístico más grande en la historia del mundo. Y estoy convencido, hasta la última célula de mi ser lo está. El hecho de que un libro sobre la fe, escrito por cuarenta hombres distintos con cuarenta perspectivas diferentes, pueda seguir siendo omnipresente en el control de las masas es... A ver, que todas las guerras libradas en la historia se han reducido básicamente a «mi Dios es mejor que el tuyo». Y eso no está bien.

## 5 de enero de 2017

*Ayer tuve que comprarme un ordenador nuevo. Mi MacBook Pro de tres años está cascado. No funciona. Hace unas semanas la pantalla se quedó en blanco con un signo de interrogación y fui a que me cambiaran el disco duro. Por desgracia, hace un par de días me pasó otra vez lo mismo. Es momento de pasar página y voy a hacer borrón y cuenta nueva. Voy a vaciarlo e iré añadiendo cosas según me hagan falta. Así tendré el disco duro limpio y funcionará mejor.*

*Adam y yo hemos decidido que lo mejor será casarnos antes de que Trump asuma el cargo. Adam está tratando de localizar su certificado de divorcio, algo que en apariencia no es nada fácil: el sistema de archivos está muy anticuado y no lo han digitalizado. Nadie sabe dónde está el documento ni cómo encontrarlo. Es una puta locura.*

## 10 de enero de 2017

*Ayer conseguimos nuestro certificado de matrimonio. No me esperaba que fuera una experiencia tan emotiva. Me recordó que todo este tiempo hemos vivido con la dolorosa realidad de que nuestro amor no importaba, de que nuestro amor era en cierto modo inferior al de ellos, de que su heterosexualidad hacía que su amor fuese superior al nuestro. Y yo lo creía. No sabía que lo creía, pero mis acciones en relaciones pasadas así lo reflejan. Falta de fe en esos compromisos. No había nada ni nadie alrededor que los respaldase. Yo intentaba ser fuerte y actuar como si no fuera así, pero ¿qué era si no? Se me ha abierto el corazón de un modo que no había visto ni sentido antes. Es una sensación preciosa y no quiero que desaparezca. Por primera vez en mi vida me siento a salvo. Seguro de verdad, porque sé que alguien está de…*

## 11 de enero de 2017

*... mi parte para todo. Y yo de la suya. Es mi mejor amigo, en serio. Al que necesito contarle todo. El primero al que quiero llamar cuando necesito compartir alguna noticia. La idea de «hasta que la muerte nos separe» nunca me había entrado en la cabeza hasta que llegó Adam. Ahora bien, ¿creo en el «felices para siempre»? No mucho. Quiero crear unos votos asumibles. Día a día. Levantarme y elegir el amor. Yo elijo amarlo a él. Y aunque en realidad no tenga tanta capacidad de elección en este asunto, porque el corazón hace lo que quiere, soy plenamente consciente de lo que tengo que hacer para que nuestro amor funcione. Voy a mejorar como persona gracias a este hombre. Voy a aprender a recibir este tipo de amor. Un amor que es mucho más grande que yo, o que él, para el caso. Este amor nos encontró y se aseguró de que nos mantuviésemos juntos. La idea de que nos conociéramos en 2009, saliéramos un año, rompiéramos y cinco años después lo tuviese de vuelta en mi vida, y no solo me perdonase, sino que me profesara un amor seguro pese a mis errores, pese a mis imperfecciones... es una cosa tremenda. Nosotros somos tremendos. Nuestro amor es tremendo. Y tranquilo. Es una cosa tranquila.*

## 15 de enero de 2017

*¡Menudo día! Ayer fue el mejor día de toda mi vida. Las bodas son exactamente como la gente dice que son. Delante de nuestros amigos y de nuestra familia elegida me conmovió el amor que lo llenaba todo, el apoyo a nuestra unión. Para mucha gente sigue siendo un misterio quiénes somos y cómo vivimos. No lo ven, así que le tienen miedo. Y por algún motivo sienten que deben castigarnos, simularnos disfuncionales.*

*¿Plantarse ante la gente, en público, y compartir votos con la persona a la que quieres…? Dios, es algo muy profundo. De hecho, podía sentir cómo la relación se hacía más y más profunda… en cuestión de minutos, de segundos, delante de mis propios ojos. El día que le pedí matrimonio, vi cómo se derritieron todas las inseguridades de mi Adam. Se lo vi en la cara, se lo noté en el espíritu. Era lo que le hacía falta, y lo que me hacía falta a mí. ¡Nos hacía falta comprometernos! Un compromiso espiritual y legal con esta unión. El uno con el otro. Nos hacía más falta de lo que yo creía.*

*Después de todo este tiempo, ahora lo noto. Lo noto con mayor profundidad que ninguna otra cosa en la vida. Está en mi alma, en lo más profundo de mi ser. Me siento completamente a salvo. Me siento amado. No soy consciente de haberme permitido sentir algo tan profundo nunca antes. No soy consciente de que algo así se me hubiese entregado con tanta profundidad nunca antes. Ni siquiera tengo palabras para describir lo que se siente: lo que se siente cuando alguien te quiere. Cuando tu amor recibe apoyo. Cuando lo recibes como nunca antes. Nunca lo había sentido; no sabía cómo era. Estoy tratando de no cabrearme demasiado por el hecho de que «esa gente» nos lo haya negado durante tanto tiempo. ¿Y para qué…? Porque la Biblia les decía que lo hicieran. La Biblia les daba permiso para odiar, para tratar a otro grupo como inferior. Yo odio el odio. De verdad. Y me supone un esfuerzo sobrehumano no reaccionar odiando a esas personas. Pero tiene que ganar el AMOR. Debemos ser el cambio que queremos ver. DEBEMOS serlo. Y ahora voy a emprender esa tarea con mi alma gemela. El amor de mi vida, como ningún otro que haya experimentado hasta ahora. ¡Los Porter-Smith se están preparando para cambiar el mundo!*

## 20 de enero de 2017

Menos de una semana después de nuestra boda, Donald J. Trump, alias Zanahorio 45, asumió su cargo. El vacío que sentía en el alma era real. No sabía adónde ir ni cómo podría llegar allí. Creía en la democracia. Creía en nuestro gobierno. Me había expuesto de todas las maneras posibles para hacer de este mundo un lugar mejor. Ya habíamos estado en este punto. Ya habíamos pasado antes por esto. Pero aquel día no sabía qué esperar. Solo sabía que lo que estaba por venir iba a ser muy malo. *Abrochaos los cinturones, niños: el viaje va a ser movidito.*

*¡Mira esos hijos de puta!*, pensé. Tan engreídos en su blancura sobre aquella tribuna, todos y cada uno de ellos eran… *Un momento… A ver, un puto momento. ¿Esa es…? ¡ME CAGO EN TODO! La puñetera Daryl Roth está ahí detrás de esa perra zanahoria. ¡¿¡¿En la tribuna?!?! Sé que su maridito es trumpista, pero ¿¡¿¡Daryl?!?! ¡¿¡¿La productora de Kinky Boots?!?! ¿El musical que se atrevió a «aleccionar» con el evangelio de la autenticidad, de la igualdad y de la inclusión? ¿Quién necesita escuchar eso? ¿La productora? Yo… Es que… A ver… ¿En serio? De verdad, es como si me hubiesen violado. En un callejón. ¡Y sin lubricante! ¡Dios mío de mi vida! ¡Dios! ¡Mío! ¡Joder! ¡No estamos a salvo en ningún sitio!*

En la carta que escribió desde una cárcel de Birmingham, el reverendo Martin Luther King, Jr. dijo:

> He llegado a la lamentable y casi definitiva conclusión de que el gran obstáculo para el hombre negro en su camino hacia la libertad no es el miembro del White Citizen's Council ni el integrante del Ku Klux Klan, sino el blanco moderado, el que está más entregado al «orden» que a la justicia; el que prefiere una paz negativa, esto es, la ausencia

> de tensión, a una paz positiva, es decir, la presencia de la justicia; el que no para de decir: «Estoy de acuerdo contigo en el objetivo que persigues, pero no puedo coincidir con tus métodos de acción directa»; el que tiene la creencia paternalista de que puede disponer un calendario para la libertad de otro hombre; el que vive según un concepto mítico del tiempo y aconseja sin cesar al hombre negro que espere a que llegue «una época más propicia».

Nunca me habían sonado más ciertas las palabras de Martin Luther King que en aquel momento. Creo que nunca había sentido una traición más profunda hacia mi persona, hacia mis verdades y autenticidades marginalizadas y múltiples, y lo que es más devastador, una traición hacia mi querida comunidad de Broadway, que la señora Roth considera suya también. La realidad es que Daryl Roth estaba allí detrás de ese monstruo, en aquella tribuna, el día de la toma de posesión, con un cardado que para qué, cariño; el atuendo era de lo más apropiado, muy en la línea de la señora Roth, aunque ya me estoy yendo por las ramas. Como digo, estaba allí al lado de su esposo, Steven Roth, y muy cerca de Zanahorio 45, detrás, siendo más que consciente de las siniestras intenciones que tenía ese señor de hacer volar por los aires la democracia estadounidense. Aunque ya sabemos que el dinero es el rey supremo de este mundo, y el regalito no tardó en llegar: una exención tributaria de un billón quinientos mil dólares para los ricos, los bancos y las grandes corporaciones.

La familia Roth es el epítome del uno por ciento acaudalado de Estados Unidos: el uno por ciento del uno por ciento. Su riqueza es de esas que nunca se desvanecen, de esas con las que puedes comprarle a Jordan, tu hijo queer, la Jujamcyn Theatre Organization (la tercera institución más grande propietaria de teatros en Broadway, por detrás de la

Shubert Organization y la Nederlander Organization). Tienen esa riqueza que puede invertirse en empresas artísticas por puro amor al arte, o a fondo perdido, sin perder nunca ni un solo céntimo.

A Daryl le encanta el arte. Su hijo y ella están entregados al teatro, como demuestra el «singular mérito de la señora Roth de haber producido siete obras ganadoras de un Pulitzer». Ella fue la productora principal de *Anna en el trópico* de Nilo Cruz, *Wit: despertar a la vida* de Margaret Edson, *Cómo aprendí a manejar* de Paula Vogel y *Tres mujeres altas* de Edward Albee; además, coprodujo *Clybourne Park* de Bruce Norris, *Agosto (condado de Osage)* de Tracy Letts y *La prueba* de David Auburn. Antes de la pandemia, su hijo Jordan le estaba insuflando una vida nueva al corazón y al alma de la Jujamcyn Organization, con ideas frescas y auténticos éxitos simultáneos y constantes en cinco de sus teatros. La presencia de la familia Roth y su contribución a la comunidad artística neoyorquina, especialmente en Broadway, no tienen parangón, y por eso su desaparición resultó aún más devastadora cuando empezó a saltar toda la mierda del país.

Según *The New York Times*, la señora Roth «asistió a la toma de posesión de Trump con su esposo y ha evitado pronunciarse en público sobre esta administración». Voy a dejar las cosas claras a quienes me estén leyendo y tratando de entender por qué despotrico así, de forma tan pública: esto no va de echar por tierra a la señora Roth ni a la familia Roth. No obstante, hay que enfrentar la traición y la hipocresía, y hay que hacerlo en público. He esperado —no, la comunidad entera ha esperado— más de cuatro años a que la señora Roth se pronunciase y, lo más preocupante, a que lo hicieran Jordan, su hijo queer, y Richie, su esposo. Nadie de nuestra comunidad ha sido lo bastante valiente ni ha tenido la suficiente convicción para llamar las cosas por su nombre. Así que lo haré yo.

Después de toda la agitación social del año pasado y con el COVID-19 asolando nuestro país (el día que escribo esto, 31,6 millones de casos y 566 000 muertes, y subiendo), pasando por la gran mentira de calificar las elecciones de fraude y por la insurrección en la capital de la nación, me he planteado con una incredulidad exasperada: ¿Dónde estáis? Vuestro silencio en uno de los momentos de necesidad más oscuros de Estados Unidos resulta ensordecedor. El silencio es violencia. Silencio = muerte. Maya Angelou dijo: «Cuando la gente te demuestra quién es, créela la primera vez».

Aquí sentado en mi recién estrenada casa de Long Island, soy capaz de ver la vida desde ambos prismas. Yo soy la auténtica personificación de lo que significa «hacerse a uno mismo». Sé lo que significa ser pobre como una rata y no tener nada, y ahora por suerte también sé lo que es liberarse al fin de la infraestructura racista y sistemática de Estados Unidos, montada para que gente como yo nunca pueda tener éxito en nada. Es cómodo. Es fácil. A mí también me gustaría quedarme tras las puertas de mi parcela impoluta y actuar como si todo estuviese yendo bien. Pero nada está yendo bien. El experimento democrático de Estados Unidos se está diluyendo ¡y depende de nosotros, de la gente, salir ahí, usar nuestras plataformas y hacer algo al respecto!

Algunos de nosotros, más allá del éxito o de la riqueza que hayamos alcanzado, nunca podremos curar con dinero el trauma que se nos inflige a diario, y desde hace siglos, a manos de nuestro propio gobierno y de su ciudadanía blanca, racista y xenófoba. Elie Wiesel dijo: «Hay que tomar partido. La neutralidad ayuda al opresor, nunca a la víctima». Y por favor, lo digo muy en serio, esto no es un intento de echar por tierra ni cancelar a nadie. No voy a querer menos por esto. Pero sí es una llamada a las armas para toda persona con un ápice de compasión en su interior. Los Roth no son los únicos productores de Broadway (y más allá) de los que estoy hablando. Solo da la casualidad de que han sido los más expuestos en este momento. Estoy pidiendo que construyamos un puente, uno de verdad. Estoy pidiendo que los supuestos aliados blancos se unan a nosotros en esta lucha. El trabajo no ha acabado, ni mucho menos, y necesitamos una ayuda radical, no un silencio agonizante. *Pero ya volveré con ese sermón...*

Me había pasado la mayor parte de 2015-2016 trabajando y ensayando con *Shuffle Along, or, the Making of the Musical Sensation of 1921 and All That Followed,* cuando todavía estaba sumido en el torbellino posterior a mi regreso a los escenarios estadounidenses, tras las victorias para *Kinky Boots* en los Tony y en los Grammy. Teníamos previsto estrenar en Broadway el 21 de abril de 2016. La fecha se aplazó muy pronto hasta el 28 de abril: el último día para poder entrar en la lista de posibles nominados para los premios Tony de 2016.

Yo, ganador de un Tony y de un Grammy, compartía los papeles principales con Audra McDonald, seis veces ganadora de un Tony; Brian Stokes Mitchell, ganador de un Tony, y Brandon Victor Dixon y Joshua Henry, ambos con nominaciones a los Tony. La producción corría a cargo de Scott Rudin, tristemente famoso por su toxicidad y sus abusos. George C. Wolfe era el autor y director y Savion Glover se encargaba de la coreografía.

No voy a dedicarle mucho tiempo a esta historia. En mi opinión, es un caso muy simple. Lo primero y principal es que nuestra protagonista estaba embarazada. Con esto no pretendo decir que el naufragio de nuestra producción guardase relación con el embarazo de Audra, que quede claro. Cuando se anunció el espectáculo, en el verano de 2015, Audra tenía acordado por contrato abandonar nuestra producción un mes después de la ceremonia de los premios Tony y marcharse a Londres tres meses para retomar su papel de Billie Holliday en *Lady Day at Emerson's Bar & Grill,* papel por el que ganó su sexto Tony. Se hizo el anuncio y no se especificó ningún reemplazo en el momento. Para entonces llevábamos casi un año de trabajo. Por otro lado, *Hamilton,* esa apisonadora del paraíso musical, estaba ya en marcha. En mi opinión, si hubiésemos esperado un año y hubiésemos dejado que *Hamilton* siguiera su curso, podríamos haber estrenado al año siguiente y seguramente seguiríamos sobre los escenarios aún hoy. Por desgracia, tengo la sensación de que la soberbia de Scott Rudin lo llevó a pensar que sería capaz de pasar por encima del exitazo que era *Hamilton,* siguiendo con la fama que tenía de arrollador en todos los ámbitos de su carrera. ¿Cómo es que Scott y George no vieron que la historia que contábamos en *Shuffle Along* —la realización del primer musical íntegramente negro que introducía el jazz por primera vez ante el público de Broadway— era paralela a lo que ya estaban haciendo Lin-Manuel y los artistas de *Hamilton?,* que además actuaban en nuestra misma calle. La obra magna de Lin-Manuel cimentó el hip-hop/rap como una forma de música viable para el teatro, un espacio que tradicionalmente había rechazado ese género. *Shuffle Along* era una obra de arte impresionante basada en tiempos pasados (éramos los viejos). *Hamilton* era nuevo. ¡Y PUNTO! Nos nominaron a diez premios Tony. Perdimos los diez ante *Hamilton.* Y así debía ser. ¡Se merecían del primero al último!

Nos comunicaron la cancelación del espectáculo a principios de julio de 2016, solo dos meses después del estreno oficial. Scott Rudin ni siquiera tuvo la decencia de aparecer por el teatro para decírnoslo en persona y le endilgó a uno de sus compinches la responsabilidad de ese trabajo sucio.

Mi época posterior a *Kinky Boots* estuvo plagada de confusión. Pese a que le estoy muy agradecido a *Shuffle Along* por todo, en realidad tenía el foco puesto en el brillo del cine y de la televisión, pero seguían sin mostrarme ningún aprecio. Siempre los mismos comentarios de rechazo por ser «demasiado extravagante». Me pidieron que sustituyera a Andrew Rannells en *Hedwig and the Angry Inch*, en Broadway. Lo rechacé sin pensarlo dos veces. En aquel momento no tenía ningún delirio de grandeza con respecto al poder de mi nombre para generar dinero o llenar teatros. Neil Patrick Harris había estrenado ese espectáculo y había ganado el Tony por su actuación en 2014. Neil es una estrella desde la adolescencia, cuando protagonizó *Un médico precoz*, una serie de médicos que duró cuatro temporadas en la ABC, de 1989 a 1993. Luego, en la madurez, pasó a interpretar el papel de Barney Stinson en *Cómo conocí a vuestra madre*, por el que lo nominaron a cuatro premios Emmy. Neil había agotado todas las entradas en todas las funciones durante el año que estuvo en *Hedwig*. Cuando Andrew lo sustituyó, casi todas las críticas se centraron no en su brillante actuación, sino en lo bajo que habían caído las recaudaciones en taquilla como resultado. Yo no iba a permitir que esas perras cancelaran un espectáculo y me echaran la culpa. Sabía que era prematuro y presuntuoso pensar que pudiera ocurrir otra cosa, por lo que esa oportunidad fue un no clarísimo. Y no olvidemos que, quince años antes, cuando supliqué hacer una audición para sustituir a John Cameron Mitchell en el espectáculo original del circuito alternativo de Broadway, ¡la respuesta fue un NO inequívoco! Así que... el desamor fue mutuo.

No podía parar de llorar. Detuve el coche en la esquina de la calle 132 con la avenida Lenox. Iba camino de casa tras dirigir una producción de *Topdog/Underdog* en el Huntington Theatre de Boston. Me estaba desahogando con mi hermana, quejándome de que todavía me sentía fuera de lugar y despreciado en la industria. Allí estaba, el ganador de un Tony y de un Grammy, incapaz de conseguir ni la serie más tonta de la televisión. Acababa de terminar la primera temporada de episodios pilotos de mi carrera: tuve una serie de audiciones, quince al menos, cuando en años anteriores solo había conseguido un par, cinco a lo sumo, así que no estaba mal. La mala noticia era que seguía sin conseguir ningún papel y el puto comentario ese de ser «demasiado extravagante», después de que pidiesen específicamente algo extravagante, me estaba sacando de mis casillas. Perdía papeles pensados para ser «extravagantes» y «gais» frente a hombres heterosexuales. ¡Tenía ganas de gritar! Así que paré el coche y lo hice, con mi hermana aguantando mi arranque de furia.

La televisión y el cine son el siguiente paso después de los Tony y los Grammy, aunque en mi caso eso no se cumpliría: poco a poco, estaba volviendo a los márgenes. Tenía miedo de convertirme en uno de esos artistas que ganan grandes premios y luego nadie vuelve a oír hablar de ellos. No es un ofensa, es un hecho. Ocurre constantemente y no es culpa de esos artistas. Es esta puta industria.

Ni diez minutos habían pasado de mi ataque de nervios cuando me sonó el teléfono. Era Bill Butler con una audición para mí.

—Ryan Murphy va a hacer una nueva serie para FX sobre la cultura *ball* de los ochenta, basada en el documental *Paris Is Burning*.

Solté una carcajada.

—¿Lo dices en serio? ¿Es una broma?

—Sí, va en serio y va a lo grande. La directora de casting, Alexa Fogel, quiere verte mañana. El papel es de profesor de baile.

—¿Profesor de baile? ¿Y ese profesor de baile está metido en todo el rollo *ball* de la serie? —lo interrogué.

—No lo sé, pero eso da igual. Tú ve allí y que Ryan te vea. Estoy seguro de que, si ahora mismo no hay nada, Ryan conseguirá crear algo específicamente para ti.

Me preparé para la audición del «profesor de baile», en el fondo muy consciente de que yo no iba a ser el profesor de nadie, sobre todo si se necesitaban maestros de ceremonia para otros «bailes». Acabé mi primera audición en persona con Alexa y fui directo al grano.

—Oye, Alexa, ¿puedo hablar contigo? No pretendo extralimitarme, pero necesito decirte una cosa: soy lo bastante mayor para haber vivido la crisis del sida, la cultura *ball*, la plaga, todo. Conozco ese mundo de primera mano y creo que sería un desperdicio de tiempo para todos tenerme en esta serie y no usarme para ese universo. ¿No hay otra cosa para mí, como ser madre de una casa o algo?

A lo que Alexa respondió:

—La idea de Ryan es que todas las madres sean actrices transgénero de color.

Casi lloro ante la brillantez del concepto. ¡Ese dato me dejó claro que aquellas divas iban a hacer las cosas en condiciones! Iban a poner a auténticas mujeres transgénero de color a contar sus propias historias: nuestras historias de personas queer negras y mestizas. Intenté mantener la compostura, pero me estaba derritiendo de la emoción ante la infinidad de posibilidades que eso planteaba.

Le pedí a Alexa que intentara que el señor Murphy me hiciese un hueco en los baaaileeesss.

Alexa me prometió planteárselo a Ryan Murphy y ponerse de nuevo en contacto conmigo. Tres semanas después tuvimos noticias.

—He hablado con Ryan. Quiere que vuelvas y te reúnas con todo el equipo, ¡y dice que si puedes encarnar el espíritu de la maestra de ceremonias de *Paris Is Burning*, crearán algo para ti!

*¿Que si puedo encarnar a la maestra de ceremonias de* Paris Is Burning? *Es como preguntarme si soy negro. ¡Reina, el mundo entero ha estado imitando a esa maestra de* Paris Is Burning *desde que salió a la luz hace más de veinticinco años! ¡Así que claro que sí, perras! Voy a dejar varias bocas abiertas.*

Subí al tren que salía de Fire Island aquel viernes húmedo del 28 de julio de 2017. Llevaba un exquisito mono corto de color verde bosque de Mr. Turk que me había comprado especialmente para la audición. Iba con unos mocasines negros deslumbrantes con una calavera plateada, roja y verde grabada encima. El sombrero lo lucía un poco inclinado sobre el ojo derecho, detalle que se había convertido desde hacía unos años en característico de mi figura.

Me habían mandado unas diecisiete páginas para la prueba, que no eran escenas como tales, sino más bien «sentencias». Diecisiete páginas de mala leche, críticas, reproches y hostias a diestro y siniestro, a un nivel de fiera muy superior al que habría soñado este marica negro de iglesia. Creo que el señor Murphy entendía bien cómo debía presentarnos, a la gente de Nueva York, ante la gente de Los Ángeles, y concretamente en el caso de Mj Rodriguez y en el mío: los dos veníamos del teatro. Mi experiencia era nula en eso de grabarme en cinta, encarnando un papel para cine o televisión, y luego mandarla para que un ayudante todavía en pañales «cribase» el trabajo y decidiera que mis posibilidades interpretativas eran demasiado «extravagantes» y no merecían el respeto que me he ganado en esta industria a recibir, al menos, ciertas notas y la oportunidad de volverlo a intentar. Estar en una sala grande con todo el equipo creativo allí presente, en directo, sí me resultaba muy familiar. Así hacemos las cosas en Broadway. Ryan dispuso nuestras audiciones finales y pruebas de pantalla como si fueran las últimas audiciones para un espectáculo de Broadway. ¡Me lo montó todo para ganar!

La sala era cálida, como un abrazo acogedor. Me cuesta describirlo, pero era como un espacio de amor, un lugar inspirador y agradable. Me sentí totalmente protegido.

¡Me planté en el centro de la sala e hice lo que mejor hago! Puse las cosas claras con mis sentencias. Todo el mundo estalló en risas hilarantes, de esas que casi parecen falsas. Y es que les estaba dando a un Billy Porter en todo su esplendor, sin filtros. Si tenía que haber un sitio para mí como personaje estable en una serie de televisión de gran audiencia, iba a ser ese, en ese momento, con ese equipo de creativos que sin duda aceptaban todo lo que yo les daba.

—¿Tienes un hueco, Billy? —me preguntó Ryan después de arrasar con las diecisiete páginas de sentencias que me había preparado—. Quiero hablar un segundo contigo.

No me acuerdo bien de la pregunta concreta que me hizo Ryan, pero sí recuerdo que era algo relacionado con Zanahorio 45, la política y la situación de nuestro sindicato. *Chico, no hace falta que me preguntes dos veces.* ¡Exploté! Les expliqué a esas reinas, con toda claridad, cómo me inundaba la rabia, y les dije que dependía de nosotros, del pueblo, mover el culo y hacer algo ante el caos en el que se encontraba Estados Unidos, que ya habíamos pasado antes por algo así y que nadie debería estar sorprendiéndose de nada, que tenía ganas de que la prensa dejase de cubrir y encubrir las mentiras, y que todo eran mentiras, y que *la vigilancia eterna es el precio de la libertad,* etcétera, etcétera, etcétera... Unos cuarenta minutos después, cuando Ryan por fin logró tomar la palabra, dijo algo que sonó a oferta velada, pero habló en el idioma de la confusión. *Papi, no me vengas con ambigüedades. Mejor espero a emocionarme cuando la oferta esté clarita.*

Me fui directo de vuelta al ferrocarril de Long Island para regresar a mis vacaciones en Fire Island. Adam y yo estábamos pasando esa semana en casa de Jerry Mitchell. *¿Esto es* *de verdad? ¿Está pasando en serio? ¿Acabo de conseguir un personaje estable en una serie de televisión de Ryan Murphy? ¿El autor de exitazos como* Glee, A golpe de bisturí, American Horror Story *y* American Crime Story: O. J. Simpson *y* Versace?

*Justo en el momento en que estaba dispuesto a tirar la toalla. ¿En serio está pasando? Sé que va a pasar. Ryan Murphy lleva más de una década en mi cuadro de expectativas. Peiné todo el paisaje en busca de artistas en posiciones de poder en el mundo del cine y de la televisión que pudieran entenderme, de alguien que no le tuviese miedo a todo lo que yo encarno. El trabajo de Ryan siempre consigue que me sienta visto, siempre ha tenido la capacidad singular de agarrar arquetipos típicamente relegados a personajes secundarios y ponerlos en el centro de narraciones que se vuelven muy populares. ¡Y ni siquiera sabiendo todo esto habría predicho lo que iba a pasar!*

El iPhone me sonó cuando estaba llegando al ferri de Sayville para cruzar a Fire Island Pines.

—¡Te lo han dado! —chilló Bill Butler con alegría—. ¡El puto Ryan Murphy va a crear un papel específicamente para ti!

Me empezaron a caer lágrimas por las mejillas mientras el sol de última hora de la tarde me calentaba la cara. Las finas gotas que levantaba el ferri al atravesar el agua me parecieron sanadoras, como un bautismo de gracia. El corazón se me puso a latir al ritmo de la felicidad. El alma se me subió a las alturas. Aunque fuera solo un instante. Aquel era el momento que había estado esperando toda mi vida. Supe en lo más profundo de mi ser que ese era mi momento, el momento: ¡y estaba más que preparado para él!

La bola de espejos era fascinante: cientos de rayos rebotando hacia fuera, en todas direcciones, desde el centro, desde el núcleo. La cultura *ball* es el epicentro de nuestra serie. La estructura de valores gira en torno a la familia, la familia elegida. ¡Y de eso sé un poquito! El genio en persona, Ryan Murphy, se ocupó de dirigir el episodio piloto y el segundo episodio de la primera temporada, para fijar el aspecto visual y el tono emocional de toda la serie. Empezamos grabando mi actuación de maestro de ceremonias para el *ball*, porque durante las últimas quince semanas del Año de Nuestro Señor de 2017 tenía que hacer doble turno de nuevo en *Kinky Boots*. Acepté la oferta de reencarnar a Lola antes de que *Pose* fuera siquiera una posibilidad. Los contratos ya estaban firmados, así que Bill Butler lo arregló todo para que pudiera hacer los dos bolos. *Clinclin. ¡¡¡Clinclin, dinerito!!!*

—¡Acción! —Oí que anunciaba Ryan desde el combo, ese sitio apartado del set donde está el monitor del director.

—¡Realeza! ¡La categoría es: Realeza!

Me lancé con una versión de mí moderada y apagada, dando por hecho que esa sería la exigencia para mi primer papel en una serie. ¡No quería cagarla! Dios me librara de resultar demasiado extravagante.

—¡CORTEN! —rugió Ryan desde el combo.

El plató entero paró en seco. *¡Estamos grabando nuestra primera escena de un* ball *y ya la he cagado! Aquí estoy, delante de una sala con unas doscientas personas, a punto de que el jefe en persona me dé una patada en el culo*. Ryan se acercó flotando entre todas aquellas movidas *vintage* ochenteras, con su arrolladora característica de llevar el abrigo echado por los hombros, y se reunió conmigo en la tarima.

—¡Necesito que me lo des tooodooo! ¡Es imposible que seas demasiado fuerte, demasiado grande, demasiado extravagante ni demasiado nada! ¡Suéltalo todo!

Me quedé un segundo callado, incrédulo.

—¿Estás seguro? ¡Porque como liberes al Kraken no habrá vuelta atrás! —repliqué con descaro.

—¡Libéralo ya, reina! ¡El mundo está esperando!

¡Y así nació Pray Tell!

—¡Voy a necesitar que te unas a la alegría! —me dijo Ryan Murphy en cuanto me senté en su reservado, el que ocupaba él siempre en un rincón del Fred's, en el Barneys New York del bulevar Wilshire de Los Ángeles.

Me desconcertó su análisis, tan exacto, de mi estado mental. La espiral era cierta. Pensé que lo estaba sabiendo ocultar. Mi cauto optimismo. Mi miedo.

No debería haberme sorprendido que Ryan perforase el velo protector de optimismo que envolvía todo mi ser. Habíamos rodado la temporada entera y estábamos preparándonos para el estreno. Por eso estaba yo en Los Ángeles. Aquel almuerzo en el Fred's con el jefe Murphy supuso una transformación para mí. Ángeles, una vez más.

—¡Voy a necesitar que te unas a la alegría! —me dijo como sagrada admonición—. Sé lo duro que ha sido. Sé que aún no confías en esto. Pero te digo una cosa: acabo de terminar de editar los episodios cuarto y sexto y te aseguro que, cuando el mundo vea el trabajo tan alucinante que has hecho, nadie va a volver a cuestionarte jamás. Tienes que ser consciente de que, pase lo que pase, estoy aquí.

Me quedé allí sentado en silencio, quieto. Tratando de sentirlo. Tratando de creer. Tratando de unirme a la alegría.

—No sé qué decir...

—¡Pues deberías decir algo! Te lo has ganado. Te has ganado hasta la última gota de la gloria que está a punto de inundar tu mundo. Va a ser intenso, porque eres el primero, y los primeros siempre cargan con un peso que no muchos entienden. Aparte... estás listo. ¡Es momento de que ocupes tu trono!

*¡No me lo digas dos veces!*

—¿Cuál es tu mayor sueño? —me preguntó Ryan.

Se inclinó más hacia mí, con una mirada intensa e incitadora. Lo miré a los ojos con una vulnerabilidad equiparable. Dudaba si decirle toda la verdad. Estaba nervioso..., nervioso por cómo pudiera salir. Mantuve mi mirada en Ryan para verle el alma cuando soltase sin paliativos mi verdad.

—¡Quiero ser como tú! —disparé directamente, con toda mi atención puesta en su reacción.

Esbozó una sonrisa con los ojos, como la del gato de Cheshire. Se recostó y se llevó la mano derecha a la barbilla, acariciándola con mucha delicadeza.

—Entiendo —murmuró mientras me guiñaba un ojo—. ¡Así que quieres un imperio!

—Sí, señor. ¡Eso quiero!

—¡Pues vamos a conseguirte un imperio!

Entonces Ryan procedió a explicarme por qué era el protagonista de *Pose* y no un secundario, como yo creía.

—No soy el protagonista —dije casi en una súplica.

—¡Sí lo eres! —me replicó.

—No, no lo soy. Esta serie va sobre esas divas, no sobre mí. Además, es una serie coral. ¡No puedes presentarme a los premios de la categoría mejor actor protagonista en una serie de drama! ¡Voy a ser el hazmerreír!

Ryan me dijo que seguramente yo tenía la sensación de que no era el protagonista, porque habían creado mi personaje cuando la serie ya estaba muy desarrollada. Siguió apuntalando mi confianza.

—Tendrás material aún más jugoso la próxima temporada. Y con respecto a esta, voy a presentarte como candidato a mejor actor protagonista en una serie de drama en tooodos los premios, querido. Eres el adulto aquí. Eres el artista con más experiencia. Eres un protagonista negro y gay. El mundo necesita ver lo que es eso, ¡y tú eres la reina que va a conseguirlo!

Respiré hondo. Traté de unirme... a la alegría. Notaba una chispa prendiendo en el corazón, pero la luz de la alegría en mi alma es muy tenue. Me pasé décadas sin tener ni idea de que mi relación con la alegría fuera tan nebulosa. Tampoco tuve muchas oportunidades de experimentar una alegría pura y sin adulterar. He sido feliz toda la vida, y la felicidad está bien. Pero la felicidad y la alegría son cosas distintas, en mi opinión. Para mí la felicidad es algo externo, depende de que existan cosas externas. Por su parte, la alegría viene del interior, está o no está: es sencillamente un estado del ser y no depende de cuestiones externas o materiales. En la iglesia cantábamos una canción cuya letra proclama: «Esta alegría que siento no me la ha dado el mundo. El mundo no me la ha dado, ¡y el mundo no me la puede quitar!». Nunca la había entendido de verdad hasta ese momento.

Los premios son una parte complicada del mundo del espectáculo. En un plano superficial, consisten en que nuestra comunidad artística se reúna para celebrar la excelencia. Existen para honrar e iluminar nuestros logros y para arrojar luz sobre los artistas que crean las obras que sanan nuestra civilización.

El proceso de «campaña»: ahí está el meollo. El artista ha de implicarse en un proceso de campaña, que tiende a parecerse más bien a una carrera por la presidencia de los Estados Unidos de América. Y hablo en serio, muy en serio.

Dicho proceso comienza haciendo campaña por la nominación. ¡Sí! Lo que he dicho. El equipo de publicidad del artista y el estudio generan oportunidades para que el artista en cuestión tenga visibilidad, para que empiece a despertar cierto revuelo. Tuve meses de encuentros con la prensa previos a la nominación para los Globos de Oro y para los Emmy. He de decir que es rarísimo tener mesas redondas y actos con la prensa centrados en «posibilidades» y «predicciones» de nominaciones. Durante ese extraño proceso solo pensaba en qué pasaría si, después de todo el follón, no me nominaban.

Por suerte, mi primera nominación al Globo de Oro como mejor actor protagonista en una serie de drama llegó por mi interpretación de Pray Tell en *Pose*. Fue la mañana del 6 de diciembre de 2018. Estaba en plató, grabando una de mis escenas para la comedia *Socias y enemigas*, de Paramount, protagonizada por Tiffany Haddish, Rose Byrne, Salma Hayek y Jennifer Coolidge. Tenía un nudo en el estómago y me sudaban las palmas de las manos. El cuerpo entero me temblaba. Todo el mundo en plató sabía que aquel era el día y todos fueron muy amables al no mencionar las nominaciones. Y entonces, entre dos tomas, sobre las once y media de la mañana en hora de la costa este, entró un productor en el set.

—Disculpadme todos, pero tenemos que parar un segundo porque toca felicitar a alguien. Entre nosotros hay un nominado a los Globos de Oro. Un aplauso para el nominado al Globo de Oro como mejor actor protagonista en una serie de drama: ¡Billy Porter!

Todo el mundo estalló en un aplauso y en elogios efusivos y laudatorios. Se me llenaron las mejillas de lágrimas. Estaba feliz y, sin embargo, no alegre del todo. Aún no sabía que la incapacidad de sentir alegría es una respuesta al trauma. Llegaría a conocer ese detalle en mi futura terapia para el trauma, inmersiva y personalizada, inducida por la epidemia por COVID-19. Todos mis sueños parecían estar haciéndose realidad de maneras con las que nunca había soñado y, aun así, algo me seguía bloqueando la alegría.

Me desperté el 6 de enero de 2019 con el mensaje, no recuerdo de quién, de una captura de pantalla del titular de la sección dominical de moda de *The New York Times:* «Globos de Oro 2019: en las fiestas, el ganador es Billy Porter».

El oportunista Kyle Buchanan escribía: «En una sala llena de estrellas, ¿cuál es el sol? Las fiestas de Hollywood de este fin de semana, celebradas como antesala de los Globos de Oro del próximo domingo, no han estado carentes de grandes nombres como Bradley Cooper, Nicole Kidman o Viola Davis. Aun así, todos se veían reducidos a meros satélites cada vez que aparecía Billy Porter y se paseaba entre las multitudes con un nuevo vestido cruzado, soltando carcajadas de evidente placer».

¡El fin de semana de los Globos de Oro de 2019 fue mi salida definitiva! No tenía ni idea de que eso ocurriría así. Sencillamente ocurrió. Mi plan de vestuario para el día de los premios llevaba meses en desarrollo y mi estilista visionario de aquel momento, Sam Ratelle, me había garantizado la creación de una pieza de alta costura personalizada a cargo de la diseñadora de moda neoyorquina Randi Rahm. La señora Rahm suele trabajar en el escalafón más alto de la alta costura; ha diseñado para celebridades que van desde Carrie Underwood y Beyoncé hasta Mariah Carey.

Tuvimos varias sesiones de conceptualización creativa con la señora Rahm para dar con un look que alertara a la prensa de que ¡la zorra ha llegado! Refinery29, un medio de noticias online, proclamó: «Billy Porter convirtió los Globos de Oro en su pasarela personal». *The Hollywood Reporter* rezaba: «Billy Porter se pavoneó por la alfombra roja con un conjunto colorido OTT que tardaron seis meses en confeccionar: una creación de Randi Rahm, la diseñadora de trajes de novia y de gala residente en Nueva York, que habló en exclusiva con *The Hollywood Reporter*. El atrevido look constaba de una chaqueta con adornos generosos de pedrería y bordados hechos a mano, con una capa incorporada, forrada en color fucsia, y una camisa entallada de tul, con cuello de seda y bordada con hilo y cuentas».

Tuve que buscar qué significaba OTT: *Over The Top*. En casi todos los artículos redactados para describir cómo arrasé con mi estilo el fin de semana se usaron dos adjetivos: «OTT» y «extravagante», aunque esta vez parecía que ninguno tenía un tono peyorativo. Mis atrevidas opciones estéticas para los Globos de Oro modificaron el debate público sobre las prendas que son y no son aceptables para los hombres en esos actos culturales de alfombra roja.

El salto a eliminar de mi estilismo las normas de género llegó de manera natural: durante mi promoción de *Kinky Boots* recurrí a un look *geek chic*. La voz de mi tía Dot —«Vístete para el trabajo que quieres, no para el que tienes»— lleva toda la vida resonando en mi cabeza, así que no me desanimé ni una pizca con las miradas de reojo y las burlas de las facciones maliciosas de la comunidad de Broadway, que no entendían mi progresivo asalto a la moda. Aquellas criaturas quedaron bien servidas con mi estilazo de «dandi inglés presumido + yanqui maricón negro», que lucía a propósito y con orgullo. Todo era intencionado. La consecuencia: un anuncio de Gap a escala internacional junto a Cyndi Lauper para la temporada navideña de 2013. Mi rostro estuvo por todo el mundo, en escaparates de Gap, vallas, autobuses, metros, zonas de construcción y un largo etcétera. *¡FUEGO!*

Pues bien, mientras se terminaba de cerrar mi modelito para la ceremonia de los Globos de Oro, descubrí, a una semana vista, que además de eso estaban «las fiestas». En un ataque de pánico, el día antes de salir hacia Los Ángeles, me fui por mi cuenta a comprar como loco posibles looks de fiesta. Irrumpí en la tienda principal de Calvin Klein —por entonces en el 654 de la avenida Madison—, que tenía diseños del director creativo Raf Simons. Fui sacando ropa de hombre de varias estanterías radiantes, color amarillo canario e inspiradas en andamios. Pero entonces vi algo en el perchero de las rebajas, relegada al fondo de aquella instalación del artista Sterling Rudy que exhibía prendas de lujo en un entorno «en obras», llamó mi atención un vestido suelto, resplandeciente, de un color oro iridiscente y largo hasta el suelo. ¡Fui directo a por él! Seguí rebuscando en esa sección y encontré otro modelito también hasta el suelo, elegante y reluciente, con la parte de arriba en negro, que me agencié al momento. Ninguna prenda de hombre pasó el corte. ¡Y gracias a Dios! Seguí mi instinto, un instinto que se había visto cuestionado, sometido a burlas y puesto en vergüenza durante décadas. Lo que pasó a continuación me sorprendió incluso a mí.

Aquella noche perdí el Globo de Oro frente a Richard Madden, nominado por *Bodyguard,* pero me marché de allí siendo un ganador. Por fin estaba en el lugar donde se cuece todo, firme en mi autenticidad y en mis condiciones.

A través de Ryan Murphy me llegó una invitación para la gala del Met. Ryan había pagado por una mesa en esta gala anual de recaudación de fondos en beneficio del Instituto del Traje del Museo Metropolitano de Arte en la ciudad de Nueva York. Este acontecimiento anual marca la inauguración de la exposición anual de moda del Instituto del Traje. En la gala se muestra la temática de la exposición de cada año, que marca el tono de la vestimenta formal de la noche, dado que se espera que los invitados elijan su atuendo atendiendo a dicha temática. Y en 2019 el tema era... ¡lo *CAMP!*

El titular de *Vogue* fue el primero en salir en internet para resumir mi llegada y mi look, *camp* de arriba abajo: «¡Billy Porter ha hecho la entrada más fabulosa en la historia de la gala del Met!».

Christian Allaire escribió: «Esta noche, Billy Porter ha dado por clausurada la alfombra roja de la gala del Met al llegar sobre una litera (¡portada por seis hombres sin camiseta!) en un guiño teatral al Antiguo Egipto. El traje personalizado de la estrella de *Pose*, denominado «Sun God» y confeccionado por The Blonds, se componía de una malla de cuerpo entero enjoyada de arriba abajo, con unas alas de tres metros, un tocado de oro de veinticuatro quilates y unos zapatos personalizados de Giuseppe Zanotti bañados en oro, todo embellecido con unas exquisitas joyas de Andreoli, John Hardy y Oscar Heyman. Ese momento *mic drop* fue mitad sesión de moda, mitad performance, todo ejecutado a la perfección en una noche en la que las estrellas debían dar rienda suelta a su máxima creatividad».

*¡Bueeeno, FUEGO!*

De la nada, recibí una llamada de los productores de la ceremonia de los Premios de la Academia 2019 para copresentar la alfombra roja previa a los Óscar en la ABC. Quedaban menos de dos semanas y sabía que iba a ser un momento importante para mí, de los de ahora o nunca. Me retrotraigo a la ceremonia de los Óscar número 86, cuando John Travolta se equivocó al decir el nombre de mi amiga Idina Menzel y la llamó Adele Dazeem para presentar su interpretación del «Let It Go» de *Frozen*.

Lentamente, empezaba a bullir el hervidero que se estaba generando en Hollywood en torno a mi persona. Mi imagen pública, muy auténtica en lo personal y en lo profesional, conectaba poco a poco con las multitudes, no solo dentro de la comunidad LGBTQ+, no solo dentro de la comunidad negra y no solo dentro de Estados Unidos. *Pose* estaba convirtiéndose en un fenómeno internacional y la bendición de encarnar el personaje de Pray Tell me expuso a las masas de una manera sorprendentemente popular. Porque, a ver: sobre el papel *Pose* no tiene pinta de ser un bombazo; nadie quiere ver una serie sobre negros y mestizos, sobre la cultura *ball* LGBTQ+ durante la crisis del sida en las décadas de 1980 y 1990, protagonizada por cinco, sí, ¡CINCO mujeres transgénero negras y latinas! Algo así no pegaba fuerte.

Nuestro creador, Steven Canals, tuvo ciento sesenta y seis reuniones en las que la respuesta de los mandamases de Hollywood fue: «En la vida». Y entonces llegó... Ryan Murphy. Cuenta la leyenda que, después de leer el episodio piloto de Steven, la productora Sherry Marsh asumió como misión personal conseguir que el proyecto saliera adelante. La señora Marsh se lo presentó a Ryan Murphy ¡y él aceptó el proyecto al instante! Después, Ryan exigió a FX Network una producción y un presupuesto de marketing adecuados, para asegurarse de que la serie se viese. Así se comportan los aliados de verdad, amigos: usando el poder de hacer el bien para bendecir a otra gente. ¡Gracias a todos por vernos!

Era la Semana de la Moda de Nueva York y me habían elegido embajador para el CFDA. Esa semana era un torbellino del amanecer al anochecer, con entre cinco y seis espectáculos de moda al día, llenos de cambios *in situ* para lucir esos looks proporcionados por las propias casas de moda y conseguir esas instantáneas de famosos en primera fila con las que el mundo se ha obsesionado tanto. Las fabulosas fiestas de alta costura se alargaban hasta bien entrada la noche y dejaban a esta zorra soñando con su cama. *¡Ya dormirás cuando estés muerto! ¡Esto de la moda está funcionando y lo llevabas esperando décadas!*

La idea la tenía: la idea definitiva. Pero ¿qué diseñador sería lo bastante valiente para saltar a ese precipicio conmigo? Mi estilista Sam Ratelle y yo nos estábamos encontrando con una oposición enorme por parte de las casas de moda más consolidadas al pedirles que suprimieran la distinción de uso mujer/hombre. De una manera u otra, nos decían que no estaban por la labor de hacer estallar las normas de género y entablar una conversación nueva y compleja sobre el «porqué» de la separación entre las siluetas masculina y femenina dentro de la moda. ¿Por qué en una mujer es señal de fortaleza llevar un traje pantalón, pero cuando un hombre lleva un vestido se lo considera débil y un pervertido? Sabía que era el momento de hacer saltar toda esa mierda por los aires y… ¡La persona para hacerlo era yo!

Por suerte para mí, estaba sentado en primera fila durante el desfile de Christian Siriano cuando se me encendió la chispa de la inspiración. Me impresionó que todas las modelos que salían fueran un tipo distinto de mujer: todas las formas, todos los tamaños, todas las etnias. Y esas mujeres que pisaban fuerte por la pasarela me recordaron el espíritu de inclusión que había caracterizado el trabajo de Christian desde el principio de su carrera. Me acordé de cuando, en *Pasarela a la fama,* ganó el reto de hacer un vestido «para una mujer normal» gracias a una sorprendente creación que concibió para su madre. Fue un diseño muy natural. Supe, por su concentración y su visión en aquel capítulo, que Christian lo aceptaría todo, porque ya entonces su manera de ver las cosas estaba bañada en el espíritu de la inclusión: alta costura para todo el mundo, más allá de formas y tamaños.

En 2008 Christian ganó esa temporada de *Pasarela a la fama,* la cuarta, y se convirtió así en el ganador más joven del concurso. Presentó su colección homónima, Christian Siriano, y en 2010 ya había obtenido en beneficios más de un millón doscientos mil dólares. En 2012, se calculaba que sus beneficios habían alcanzado los cinco millones. ¿Y por qué? Pues porque se atrevió a crear looks vertiginosos para famosas que pasaban de la talla 38. Sí, lo que he dicho. Antes de la aparición de Christian me llegaban historias de pesadilla de amigas mías, celebridades, que no conseguían que ningún diseñador las vistiese porque en la industria de la moda la talla 40 se consideraba de gorda; durante muchísimo tiempo, mucho, no hubo nadie en ese mundo a quien le importase lo suficiente hacer frente a la infraestructura especialmente crítica con el físico que cimentaba el universo de la moda. Lo que no sabían esas perras era que su pequeña estructura de poder, snob, estilista y humillante, construida sobre la exclusión y el elitismo, estaba a punto de hundirse en el mismo terreno sobre el que se había levantado.

En mi opinión, la carrera de Christian en el mundo de la moda se disparó tan rápido porque se convirtió en el diseñador de referencia para las mujeres olvidadas. Y afrontémoslo: hasta hace muy poco la mayoría de las mujeres, y en realidad también la mayoría de los hombres, estaban completamente olvidadas en la moda, eran invisibles. De verdad.

Mi idea: ¿Y si la mitad superior del modelo era un esmoquin tradicional, con su chaqueta de terciopelo negro, su camisa blanca formal y almidonada, su pajarita y todo, de forma que con la primera toma de la cámara diese la impresión de que mi pose era la de una silueta masculina normal y tradicional, para luego dejar boquiabierto al país entero cuando la cámara se alejase y dejase ver una fantasía absoluta, una falda propia de un vestido de gala anterior a la guerra de Secesión?

Le susurré mi idea a Christian, en la pista de baile durante la fiesta posterior a los desfiles en honor a su colección *prêt-à-porter* Otoño 2019. Se me desmayó de gozo en los brazos y prometió dar forma a mi concepto en el huequecito de diez días que teníamos antes de los Óscar.

Recibimos una llamada de la ABC unos cinco días antes de los Óscar para hablar del vestido. Aquella reunión telefónica me tenía nervioso, había dado por hecho que me insistirían para que no llevase lo que yo quería. Por el contrario, recibí una respuesta muy alentadora. Resultaba que a la ABC no le preocupaba en absoluto el melocotonazo del «hombre con vestido de gala». Su preocupación se centraba por completo en temas de logística. La cuestión: estaba previsto colocarme en el escenario B, situado entre el escenario frontal y el principal, justo en la mitad del recorrido de la alfombra roja. Eso suponía que tendría que moverme entre grandes masas de gente, como una pelota de pimpón, para ir a esos otros dos escenarios y volver. Además, se me informó de que la circunferencia de mi falda seguramente sería demasiado amplia para compartir el escenario que tenía asignado (del tamaño de un sello de postal) con la copresentadora, Elaine Welteroth, más conocida por ser la jefa de redacción más joven y más negra de *Teen Vogue*, ascendida a su puesto con veintinueve años, lo que la convertía por entonces en la redactora más joven de la historia de Condé Nast. ¡Estábamos a punto de ofrecer pura magia de diva negra para reventarlos a todos, cariño!

Uno de los ejecutivos de la ABC expuso la realidad: «... A ver, afrontémoslo: ¿tú con un vestido de gala? Nadie va a prestar atención a los nominados que entrevistes».

Cierto, cierto. ¡Llega el *show*, zorras! Entre todos alcanzamos un acuerdo expeditivo: yo aparecería primero en la alfombra roja, me haría las fotos pertinentes y luego correría a mi caravana a cambiarme y ponerme unos pantalones de campana de terciopelo negro y cinturilla alta que Christian cosería en cuestión de unas horas. ¡Fiu, tragedia estilística evitada!

Fui el primerísimo en llegar a la alfombra roja de los Óscar. Los fotógrafos enloquecieron. Sacamos tomas individuales desde varios ángulos y en pareja con mi marido, y luego me llevaron rápidamente a cambiarme y ponerme los pantalones de fiesta para entrar en faena. No fue hasta más o menos una hora después cuando mi estilista y mi marido vinieron a mi escenario; habían estado viéndome por televisión desde la habitación del hotel y me contaron que internet se había revolucionado conmigo. Todo el mundo, por todas partes, se había quedado sin habla. El titular en tiempo real de la periodista Rachel Syme para *The New Yorker* decía:

«Billy Porter ha ganado la alfombra roja de los Óscar incluso antes de que empiece».

Se escribieron muchos artículos de opinión sobre el porqué y el para qué de mi esplendor estilístico durante aquella noche de ensueño de los Óscar. La respuesta del mundo fue en su mayoría positiva, aunque hubo muchos ataques movidos por el odio, por supuesto. Algunos hombres negros especialmente alterados, marcados por su masculinidad tóxica, lanzaron comentarios airados en redes sociales afirmando que al llevar ese vestido de gala a los Óscar había castrado al hombre negro. Cuando un periodista me preguntó cuál era mi respuesta a todo ese veneno, contesté: «En primer lugar, si tienes una masculinidad tan débil, está bien que alguien la ataque. En segundo lugar, no sabía que tuviese tanto poder, pero ahora que lo sé pienso utilizarlo en cada ocasión que se me presente. ¡Siempre! Mi objetivo es ser una pieza de arte político en todas mis apariciones. Es una vocación. Es mi ministerio. Es algo intencionado. Sé exactamente para lo que estoy aquí. ¡Y eso es poder!». ¡Y diría que la cosa está funcionando! ¡Uníos a mí, zorras! ¡Uníos a mí! #Conmigono #Hedicholoquehedicho.

El segundo domingo de junio de 2019 trajo consigo otra espectacular clausura de una alfombra roja, esa vez gracias a un diseño personalizado de Celestino Couture: un traje de noche de género fluido con una cola larguísima y treinta mil cristales de Swarovski. Ese modelo tiene un significado especial para mí, porque lo hicieron a partir de un trozo de telón reutilizado de la producción de *Kinky Boots* para Broadway. El espectacularísimo tul de color rosa y terciopelo rojo lucía además un útero bordado, que elegí para apoyar los derechos reproductivos de las mujeres en mitad de la revuelta política que se estaba viviendo al respecto.

Tenía que presentar uno de los premios Tony, así que al principio de la ceremonia me llevaron entre bastidores, porque los productores temían que mi cola-útero me ralentizara y no me permitiese llegar a tiempo. ¿Nos conocemos? ¡Es evidente que no!

Estar esperando entre bastidores más de una hora supuso que me perdiese el momentazo de James Corden, durante una pausa publicitaria, al sacar a las estrellas de Broadway de entre el público para cantar canciones de una lista de karaoke. Cuando James vino más tarde directo a mí, con el cuaderno de canciones y el micrófono en la mano, me encantó complacerle. Lo que no entendí mientras hablábamos a gritos fueron las normas que ya se habían estipulado. Al parecer, la gente había estado cantando canciones enteras con el acompañamiento de un pianista del foso. *Everything's Coming Up Roses* fue el único título que alcancé a leer en el cuaderno de karaoke de Corden. No llevaba las gafas progresivas, así que intentar leer de cerca era caso perdido. En cuanto mi vista envejecida se centró en un título que reconoció, me lancé con el estribillo, del tirón...

—*Curtain up, light the lights...*

James me interrumpió abruptamente.

—¡Espera, espera al piano!

—Confío en que esté en la clave correcta —pensé en voz alta, a sabiendas de que esa canción era altísima.

Canté la intro. Fui subiendo y coloqué técnicamente la nota más alta en la máscara, como decimos en Broadway.

—... *they think that we're through...* —Despejé esa nota alta y luego bromeé—: ¡Esta noche no había venido aquí a trabajar!

A lo que, sin saltarse ni un puñetero compás, James replicó, arrancándome el micro de las manos en un gesto cómico:

—¡No, ya se ve que no querías que nadie te mirase!

¡La multitud enloqueció!

—... *but baby*...

Y en ese momento el salvador de mi culo, el músico de acompañamiento del foso, tocó una nota en el piano que bajaba la clave, en un gesto amable y compasivo.

—Ay... ¿estás cambiando la clave?

El pianista volvió a tocar una nota más baja, dejándonos a los dos en armonía.

—¡Gracias, reina!

Y para qué más. A partir de ahí me puse en plan Mama Rose en *Gypsy* y me metí al público en el bolsillo. Llevaba tanto tiempo cantando que el director que hay en mi interior temía que la pausa publicitaria se acabase antes de terminar mi canción. Le grité a James, mientras avanzaba lentamente hasta el centro del escenario de la pasarela del Radio City Music Hall:

—¡¿¡¿Me vas a hacer cantarla entera?!?!

James asintió y ese fue todo el incentivo que me hizo falta. ¡Permiso para arrasar! ¡Y fue un éxito épico! Puse el punto final y lo hice durante una pausa publicitaria: una ovación en pie en toda regla. De inmediato, se convirtió en un momento viral tan inesperado que la noche siguiente James Corden destacó la actuación completa en su popularísimo programa.

«¡Billy Porter debe ser el único hombre de la historia que haya conseguido una ovación en pie de seis mil personas durante una pausa publicitaria!».

*¡FUEGO!*

Estaba de vacaciones en Provincetown, Massachusetts, el 9 de julio de 2019: el día de las nominaciones a los Emmy. Intenté no pensar en ello. Intenté hacer caso omiso de mis nervios. Compartimentar. Disociar. Se me da muy bien. La noche antes no pude dormir. En la fiesta a la que fuimos en el Crown & Anchor, probé a anestesiarme a base de sustancias que silenciasen mis nervios. Era la Semana de la Cerveza en Provincetown (a los gais nos encantan las temáticas). Nos alojábamos en casa de un amigo ¡y no pegué ojo!

Esa mañana di un paseo en bici para calmarme mientras esperaba a que Los Ángeles despertase y anunciara a los nominados. Eran sobre las once y media de la mañana cuando llegó la llamada. Mi marido y nuestros invitados de fuera de la ciudad seguían dormidos. No sabían que era el día; no había querido recordárselo a nadie, ya que el día antes habíamos estado en una espiral vacacional. El objetivo último era intentar relajarse, intentar bajar la presión de la locura de estrella en alza que durante los dos años anteriores había procurado sobrellevar con encanto, gratitud y estilazo de maricón. Estaba pasando lo que tenía que pasar. Sueños que nunca había sabido que tenía se estaban haciendo realidad. Y a mi manera. La retórica de mis años de infancia del «nunca recibirás ninguna bendición» empezaba a estar en peligro de erradicación, de extinción, por así decirlo. El peso de lo que significaría para mí una nominación a los Emmy adoptaba un significado más profundo. Y ganarlo… Bueno… Menuda locura.

Mi mánager, Bill Butler, y su socia Michelle Kittrell fueron los primeros en llamar para elogiarme y felicitarme. Ryan Murphy no tardó en seguirlos y luego llegó una marea poderosa e intensa de amor procedente de las distintas relaciones de familia elegida que tenía en mi vida, y de muchos amigos pasados y presentes. Mi iPhone era una plétora de mensajes de texto y de voz, de correos electrónicos y mensajes directos de Instagram que marcaron aquel día histórico. El día en que el primer hombre gay y negro recibía una nominación al Emmy a mejor actor protagonista en una serie de drama.

*Ay… querida. Solo puedo decir… ¡FUEGO!*

La campaña, de julio a septiembre, fue monumental. He vuelto a consultar mi iCal para escribir esto y no hubo un solo día que no tuviese algo que hacer entre Nueva York y Los Ángeles para garantizar la victoria, con el respaldo de Ryan Murphy y FX Studios. Así es el negocio, queridos. ¡Y quien algo quiere, algo le cuesta! Las divas me guardaban las espaldas. Me sentía plenamente bendecido porque, después de más de treinta años en el mundillo, tenía el apoyo de todas esas personas en posiciones de poder, mandamases y gente influyente de la maquinaria del espectáculo. Estaban conmigo, me sostenían. Nuestros aliados. No tengo palabras… Más allá de, desde lo más profundo de mi corazón y de mi alma, ¡gracias!

Michael Kors se apuntó para crear un look personalizado de inspiración disco junto a un sombrero también personalizado de Stephen Jones, el diseñador británico de sombrerería. Mi reluciente conjunto se componía de un traje negro de raya diplomática enjoyado, un pañuelo extralargo como corbata y unas botas de plataforma de Ric Owens. El sombrero fue la sensación. Hubo muchos memes posteriores al evento que lo comparaban con el logo de Nike. Ella, la «excesiva», como dirían los niños, y… Bueno… De qué os sorprendéis, ¡si sabéis cómo se pone en todos los bailes!

Supe que había llegado la hora de mi categoría cuando un cámara se plantó directamente delante de mí durante la pausa publicitaria. Mi hermana era mi cita en aquella velada, como el día de los Tony. Me agarró la mano temblorosa y se la llevó al corazón, recordándome así que respirase. *¡Gracias, hermana!*

La actriz y activista Kerry Washington entró pavoneándose al escenario de los Emmy, sobre en mano, para presentar mi categoría. Tenía un aspecto espectacular, como siempre, y parecía haber recibido instrucciones de lucir disco: vino allí con una blusa de esmoquin de Alexandre Vauthier con el cuello levantado, unos pantalones negros con lentejuelas y unos tacones de punta abierta. Se puso muy poética hablando de lo únicos y originales que éramos los nominados, a un nivel impresionante:

—Lo que comparten todos es un talento enorme y la capacidad de crear personajes verdaderamente inolvidables. Estos son los nominados a mejor actor protagonista en una serie de drama: Milo Ventimiglia *(This Is Us)*, Jason Bateman *(Ozark)*, Bob Odenkirk *(Better Call Saul)*, Kit Harington *(Juego de Tronos)*, Sterling K. Brown *(This Is Us)*, Billy Porter *(Pose)*.

La señora Washington abrió el sobre, le echó un vistazo al nombre y ahogó un emotivo grito.

—Y de nuevo somos testigos de cómo avanza la historia. El Emmy es para... ¡BILLY PORTER!

Me vine abajo. Esta vez sí me acordé de darle un beso a mi hermana. Y luego sacudí los brazos y subí las escaleras a saltos (como una niña chica) hasta llegar a Kerry, que se unió a mí en la celebración copiando mis movimientos, agitando los brazos y saltando (como una niña chica), sin movernos del sitio. El hombre de la voz en off, el cómico Thomas Lennon, fue enmarcando mi subida:

—Esta noche, las botas altas van a reventar en honor a un héroe local. ¡Y disculpas a quien haya estado sentado justo detrás de él a la izquierda!

Ah, vale, ¡que tienen chistes preparados! Kerry y yo nos abrazamos como viejas amigas y hermanas, y le pedí que me sujetase el Emmy mientras hablaba. (¡Esta vez no iba a poner el premio en el suelo!).

Me dirigí al público con los brazos extendidos y abarqué la sala entera.

—¡Aaaah...!

Todo el mundo estaba en pie. Enfocaron a los del elenco de *Pose*, que me jaleaban como si estuvieran en un concierto de Beyoncé.

—¡Ay, Dios mío, tengo que leer! ¡Tengo que leer!

Me coloqué entonces mis robustas gafas negras DITA (Creator), el accesorio que se había visto en todo el mundo gracias a mi anuncio de Gap con Cyndi Lauper.

—¡Ay, Dios mío! ¡Que Dios os bendiga a todos!

Y entonces me centré en mis notas, ya listas. *Me alegro de que te preparases un discurso, reina. Es lo que toca, ¿no? Hacer gala de este instante. ¡Aprovechar el momento y decirle algo bueno a la gente!*

—La categoría es... ¡Amor, amigos, AMOR! Estoy muy abrumado, estoy repleto de alegría por haber vivido lo suficiente para ver llegar este día. James Baldwin dijo: «Tardé muchos años en terminar de vomitar toda la basura que me habían enseñado sobre mí mismo, y que me había creído a medias, antes de ser capaz de caminar sobre la tierra como si de verdad tuviese derecho a estar aquí». ¡Y es que lo tengo! ¡Y vosotros también lo tenéis! ¡Tooodos tenemos ese derecho! Hay muchísima gente que me ha ayudado a llegar aquí, que me ha ayudado en este camino, así que solo voy a decir gracias. Gracias en primer lugar a los otros hombres de talento exquisito con los que comparto categoría. Os quiero muchísimo. Es un honor enorme estar aquí arriba respirando el mismo aire que todos vosotros. Gracias, gracias, gracias. A mi madre, Cloerinda: no hay una mujer más fuerte y resistente que haya honrado a esta tierra con su presencia. Te quiero, mamá. Y mando mucho amor a la residencia de Actors Fund. A mi hermana, M&M, a mi marido, Adam Porter-Smith, a Suzi Dietz y a Lenny Beer, a Bill Butler, mi mánager desde hace veintinueve años, veintinueve años: tú me ayudaste a creer en mí mismo cuando yo no era capaz de hacerlo... ¡Ay! ¡Y a FX! A toda la gente de FX. A mi familia de SlatePR. A Alexa Fogel. A quienes hacen *Pose*. A toda la gente del reparto de *Pose*. A Ryan Murphy, Ryan Murphy, Ryan Murphy: tú me viste. Tú creíste en nosotros.

Graciasgraciasgraciasgracias. Ay, madre mía, madre mía... Nosotros somos la gente, nosotros, los artistas, somos la gente capaz de cambiar la estructura molecular del corazón y de la cabeza de quienes habitan este planeta. Por favor, ¡no dejéis nunca de hacerlo! No dejéis nunca de contar la verdad, os quiero a todos... Me están pidiendo que, por favor, pare ya. ¡Dios os bendiga! ¡Dios os bendiga! Si me he olvidado a alguien, perdón. ¡Os quiero a todos!

Y en solo un instante, la vida te puede cambiar para bien. Me fui flotando entre bastidores, hasta la sala de prensa, donde de inmediato tuve que leerle la cartilla a una periodista de la revista *Essence* que intentó enfrentarme contra RuPaul (que ganó, creo, su tercer Emmy esa noche por presentar *RuPaul's Drag Race)*. Ya estamos. Tratando de enfrentar a dos reinas ganadoras de premios Emmy, la una contra la otra. ¡No pensaba consentirlo! ¡La puse en su sitio! Le callé la boca.

Me olvidé de darle las gracias a Steven Canals. Me olvidé de Janet Mock, Brad Falchuk, Mj Rodriguez, Dominique Jackson, Indya Moore, Angelica Ross, Hailie Sahar, Sandra Bernhard, Ryan Jamaal Swain, Dyllón Burnside, Angel Bismark Curiel, Jason A. Rodriguez y Jeremy McClain. La culpa es de mi cerebro, no de mi corazón. Porque el corazón lo tengo lleno. Lleno de amor. Suficiente amor para aguantar más allá de la eternidad. Me queda muchísimo por hacer. Me queda muchísimo por dar. Durante toda mi vida, la gente me ha dicho que mi verdad y mi autenticidad serían mi lastre. Y así fue... Durante décadas... Hasta que dejó de serlo.

He aprendido mucho sobre cómo es vivir en la época que me ha tocado, y cuanto más creo que sé, menos entiendo. Pero lo que sí sé con absoluta certeza es que, cuando tu propósito final se aleja del estado egoísta del hombre y se acerca al propósito de servir, el resto sale solo. ¡Oprah Winfrey, la doctora Maya Angelou e Iyanla Vanzant me lo explicaron bien! Hace más de veinte años, cuando oí a esas mujeres hablar sobre el poder de una verdad tan radical como esta, me miré al espejo y me pregunté: «¿Cómo puedo prestar servicio en una industria (y, para ser sincero, en todo un planeta) que es inherentemente narcisista?». Y de pronto la respuesta me arrolló como una tempestad: *Tu servicio consiste en mantenerte firme en tu verdad, en tu condición queer, en tu autenticidad. Sí, eso que te dijeron que tenías que arreglar. Sí, eso que todo el mundo te dijo que sería un lastre de por vida. Contigo basta, tal y como eres.*

¡Siempre he dicho que es muy fácil ser quien eres cuando lo que eres es lo popular! Yo me elegí a mí mismo frente a la nada. Y pasado un tiempo, mucho tiempo, el mundo ha empezado a estar conmigo. Rezo para que, al ver cómo se ha manifestado mi misión de vida, aquellas personas que vivan con miedo a que su verdad quede difamada por fuerzas de validación externa consigan encontrar la paz definitiva que llega cuando vives tu verdad personal sin reparos. Hay que creer siempre en uno mismo, elegirse siempre primero, cueste lo que cueste, pues llegado el momento aparecerán la luz y la alegría de llevar una vida gloriosa. Yo soy la prueba viviente de que, cuando te atreves a soñar con lo imposible, los sueños imposibles se hacen realidad.

# Epílogo

«A Cristo lo crucificaron. Tú vas a estar bien». Eso es lo que me decía mamá. Soy consciente de que, en un plano superficial, a mucha gente esa respuesta le parecerá insensible, en especial dicha por una madre a su hijo de siete años que lo estaba pasando mal. No obstante, en retrospectiva yo la entiendo de otra manera: mi madre me estaba diciendo la verdad. Solo intentaba prepararme para la vida y para todas sus decepciones violentas. En los últimos años, he estado buscando conectar con una práctica espiritual distinta del constructo cristiano en el que me crie. He estado explorando los diferentes preceptos del budismo. Uno de los principios fundamentales de la doctrina budista afirma que «la vida es sufrimiento». Y cuando aceptemos el hecho de que el sufrimiento en la vida es algo que viene dado, cuando seamos capaces de vivir de forma consciente lo incómoda que es esa verdad, sufriremos menos como seres humanos. Mi madre no tenía el lenguaje complejo ni la capacidad intelectual suficientes como para crear un contexto para esta verdad y que su niño pequeño la comprendiera. Pero lo que sé ahora es que ella solo intentaba facilitarme las herramientas para avanzar por la vida con elegancia, compasión, perdón y, por supuesto, ¡estilazo!

El mundo entero se ha visto en un punto de inflexión, en un momento que exige reflexión colectiva, que requiere compasión, respeto y decencia humana, y voluntad para crecer. El mundo solo gira hacia adelante. Ya hemos estado aquí antes, hemos pasado por los peores y los mejores momentos y por los más desesperados. La esperanza es una elección. Mis ancestros dieron la vida para que yo pudiera ser la persona que soy en la actualidad. Es el momento de recordarle al mundo quiénes somos. Así que fuera miedos. Nada de atemorizarse. Nada de esperar a que acabe la batalla. Hay que luchar ya. Porque el amor siempre gana.

Mientras escribía este libro descubrí, a mitad de camino, que mi historia no iba solo sobre superar adversidades: mi vida es un testimonio del poder del arte para sanar el trauma.

Estamos viviendo tiempos insólitos, un ajuste de cuentas mundial, por así decirlo. Y en momentos como este siempre he confiado en mi arte, en mi vocación, en mi propósito, en mi ministerio incluso: el de mantenerme con los pies en la tierra, mantenerme consciente. Me apoyo en los hombros de los ángeles que me precedieron; todos lo hacemos. Así que mi última ofrenda en este volumen es una canción que escribí hace poco y que considero que engloba toda esta verdad. Debemos conservar la fe y seguir metiéndonos en líos que valgan la pena. Gracias a todos por pasar un rato conmigo. Dios os bendiga. Paz.

*Stranger Things*
de Billy Porter, Andrea Martin y
Future Cut

*Blue Rabbit crossin' the street*
*Red pills for me to eat*
*I'm down to my last treat*
*Losin' rubber to my soul*
*Hopin' I can let this go*
*But it's out of my control*

*You see me more than I see me*
*I can't do nuthin' but turn that*
*energy*
*Into something I can be*
*So fear me*

*I'ma keep it together*
*Make it rain forever*
*'Cause stranger things have*
*happened to me*

*I'ma make the world see*
*And be more than a memory*
*'Cause stranger things have*
*happened to me*

*Red flares in the sky*
*Fueled by the big red lies*
*So I started a revolution*
*That I ain't never losin'*

*Cosas raras*

Un conejo azul que cruza la calle
Pastillas rojas para que me las trague
Un último capricho y me lo gasto
Por mi alma me desgasto
Poder dejarlo ir es lo que espero
Pero el control yo no lo tengo

Me ves más de lo que yo me veía
Solo puedo transformar esa
energía
En algo que yo sí pueda ser
Así que témeme

Pienso mantener la calma
Hacer que llueva sin pausa
Porque me han pasado cosas aún
más raras

Pienso hacer al mundo ver
Y algo más que un recuerdo ser
Porque me han pasado cosas aún
más raras

En el cielo, destellos rojos
Avivados por las grandes mentiras rojas
Así que una revolución empecé
Y nunca la voy a perder

*If you could see the things I've seen*
*Connect with all the unhuman beings*
*You'd get emotional*

*Cain't eat or sleep*
*Tryin' to find my peace*
*And I ain't movin' silently*
*No no no no no no no…*

*Friendship forever*
*We can't lose when we stick together*
*'Cause stranger things have happened to me*

*I'ma make the world see*
*And be more than a memory*
*'Cause stranger things have happened to me*

*Stranger things, stranger things*
*Have happened to me…*

*I'ma keep it together*
*Make it rain forever*
*'Cause stranger things have happened to me*

*I'ma make the world see*
*And be more than a memory*
*'Cause stranger things have happened to me*

Si pudieras ver lo que he visto yo
Conectar con los seres inhumanos
Sentirías la conmoción

Ni comer ni dormir puedo
Hallar mi paz intento
Y no pienso moverme en silencio
No no no no no no no…

Eterna amistad
Si estamos juntos, imposible fracasar
Porque me han pasado cosas aún más raras

Pienso hacer al mundo ver
Y algo más que un recuerdo ser
Porque me han pasado cosas aún más raras

Cosas raras, cosas aún más raras
Me han pasado…

Pienso mantener la calma
Hacer que llueva sin pausa
Porque me han pasado cosas aún más raras

Pienso hacer al mundo ver
Y algo más que un recuerdo ser
Porque me han pasado cosas aún más raras

*No weapon formed against me*
*shall prosper*
*No no no no no no no…*
*I'm tired of being scared*
*I'm tired of being terrified, y'all*
*'Cause stranger*
*'Cause stranger things*
*Have happened to me, y'all*
*I got a testimony*
*'Cause stranger things have*
*happened to me.*

Ningún arma contra mí va
a triunfar
No no no no no no no…
Estoy cansado de estar asustado
Estoy cansado de estar aterrorizado, sí
Porque cosas
Porque cosas aún más raras
Me han pasado, sí
Tengo la prueba
Porque me han pasado cosas aún
más raras.

Este libro se imprimió en los talleres de la imprenta Blanca por cuenta de Plankton Press, una editorial sin rumbo de Málaga, provincia donde, durante la Guerra Civil, ejerció como corresponsal de guerra Jean Ross, quien fue la inspiración para Sally Bowles, protagonista de *Cabaret*, musical para el que Billy Porter fue rechazado en 1998 por ser negro y de cuya producción en 2025 en Londres forma parte con el papel de Emcee;
*Willkommen*,
*bienvenue*,
*welcome*
...

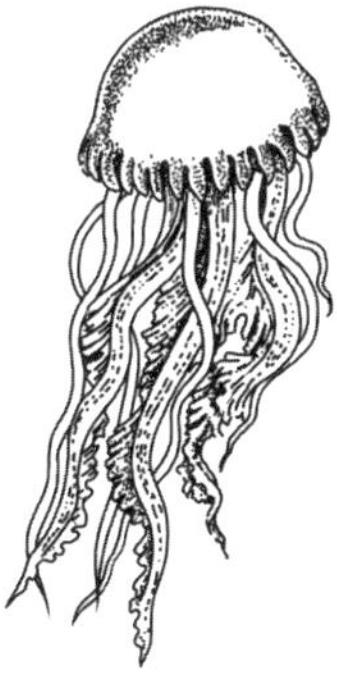